"十四五"职业教育国家规划教材

操作系统

第六版

新世纪高职高专教材编审委员会 组编
主　编　汤承林　房　超
副主编　李　焱　黄丽萍　王国军

大连理工大学出版社

图书在版编目(CIP)数据

操作系统 / 汤承林，房超主编. -- 6版. -- 大连：大连理工大学出版社，2021.7(2024.2重印)
新世纪高职高专计算机应用技术专业系列规划教材
ISBN 978-7-5685-3078-1

Ⅰ. ①操… Ⅱ. ①汤… ②房… Ⅲ. ①操作系统－高等职业教育－教材 Ⅳ. ①TP316

中国版本图书馆CIP数据核字(2021)第126659号

大连理工大学出版社出版

地址：大连市软件园路80号　邮政编码：116023
发行：0411-84708842　邮购：0411-84708943　传真：0411-84701466
E-mail:dutp@dutp.cn　URL:https://www.dutp.cn
大连市东晟印刷有限公司印刷　　大连理工大学出版社发行

幅面尺寸：185mm×260mm　　印张：16.25　　字数：373千字
2003年2月第1版　　　　　　　　　　　2021年7月第6版
2024年2月第6次印刷

责任编辑：赵　部　　　　　　　　　责任校对：高智银
封面设计：张　莹

ISBN 978-7-5685-3078-1　　　　　　　　　定　价：51.80元

本书如有印装质量问题，请与我社发行部联系更换。

前 言

《操作系统》(第六版)是"十四五"职业教育国家规划教材、"十三五"职业教育国家规划教材、"十二五"职业教育国家规划教材、普通高等教育"十一五"国家级规划教材、高职高专计算机教指委优秀教材,也是新世纪高职高专教材编审委员会组编的计算机应用技术专业系列规划教材之一。

党的二十大报告指出,加快实现高水平科技自立自强。本教材将"以德树人、课程思政"有机融入理论教学环节和实践教学环节中,增加了课程的知识性、人文性,引导学生在知识学习和能力培养过程中,将正确的世界观、人生观、价值观内化于心,外化于行,培养学生的职业素养、科学素养、社会责任感,强化学生的创新意识,提高学生的创新能力,争取将来为祖国的科技自立自强贡献一份力量。操作系统是计算机系统中最基本的系统软件,它管理计算机的软件和硬件资源,合理组织计算机的工作流程,为用户提供方便操作的接口。操作系统和计算机用户关系密切,计算机用户离不开操作系统。

"操作系统"是计算机及相关专业的一门必修课程,又是一门实践性很强的课程。为了适应高职高专教育的发展需要,编者按照高职高专教育培养目标要求,总结了多年来该门课程的教学经验,以"够用、实用"为目标,在上一版基础上,做了修订和勘误工作,编写了本版教材。

本版教材共分9章:第1章导论,讲解操作系统的定义、结构、发展历程、分类、特征和基本功能;第2章进程和线程,讲解进程的定义、状态转换、进程控制,进程的同步与互斥,进程通信和线程;第3章处理器调度与死锁,讲解处理器调度设计原则、常用处理器的几种调度方式、作业调度、进程调度和死锁;第4章存储管理,阐述存储管理的功能,存储管理的方式——连续分配存储管理方式(单一连续、固定分区、可变分区)、离散分配存储管理方式(页式),以及实现虚拟存储器的方法;第5章设备管理,介绍设备管理的基本功能、控制方式、设备分配等;第6章文件管理,讲解文件管理的基本功能,文件分类,文件的结构及存取方式,目录管理,文件的使用,文件的共享、保护和保密等;

第7章接口管理,讲解接口管理的用户接口和系统调用;第8章计算机系统安全简介,讲解计算机系统安全的概念、内容和性质,信息技术安全评价公共准则,数据加密技术,防火墙等;第9章云计算简介,介绍云计算的概念、关键技术和安全管理平台。

本版教材编者通过阅读大量的操作系统相关教材,结合本人近几年教学经历,将上一版教材第7章的进程并发性调整到第2章的进程和线程中;将上一版教材第2章处理器管理的处理器调度(进程调度和作业调度)、上一版教材第7章中的死锁一节调整到第3章;删除了上一版教材第4章的段式、段页式、请求分段存储管理内容。随着互联网技术的发展,计算机系统安全已经提升到国家战略层面,云计算将成为今后计算机技术、通信技术发展的主流,因此,本次修订增加了计算机系统安全和云计算知识;限于篇幅删除了上一版教材中的"课外拓展知识"。

本版教材没有详细讲解UNIX/Linux知识,把上一版教材第8章中的Linux内容调整到每章的尾部,简单介绍操作系统原理在Linux中的具体应用。

本版教材在每节后仍保留"要点讲解"和"典型例题分析",并做了大量修改,以加强学生对本节知识的复习与练习,这是本教材与其他操作系统教材的最大不同之处;每章附有大量的选择题、填空题和简答题供读者学习、复习和考核使用,也做了大量修改,删除难度较大的内容,保留简单且易于理解的内容。

本教材的教学资源在上一版的基础上增加自学考试讲义(30讲)、研究生考试练习题(以选择题为主),以方便某些高职院校的3+2班、4+0班学生的学习需求。

限于高职高专学生能力水平,本版教材没有给出实验部分的具体内容,由各高职高专院校结合学生素质和自己学院情况安排实验内容。

所有原教材中被删除的内容、操作系统涉及教学资料将在职教数字化服务平台中给出,供读者下载使用。

本版教材由江苏电子信息职业学院汤承林、山东大学房超任主编,江苏电子信息职业学院李焱、黄丽萍及盐城工业职业技术学院王国军任副主编。具体编写分工如下:第1、9章由李焱编写,第2、8章由黄丽萍编写,第3、7章由房超编写,第4章由王国军编写,第5、6章由汤承林编写。全书由汤承林负责统稿。

在编写本教材的过程中,编者参考、引用和改编了国内外出版物中的相关资料以及网络资源,在此表示深深的谢意!相关著作权人看到本教材后,请与出版社联系,出版社将按照相关法律的规定支付稿酬。

限于编者的水平有限,加之时间仓促,书中难免有不妥之处,恳请广大读者批评指正。

编 者

所有意见和建议请发往:dutpgz@163.com
欢迎访问职教数字化服务平台:https://www.dutp.cn/sve/
联系电话:0411-84706671　84707492

目 录

第1章 导 论 ·· 1
1.1 计算机系统概述 ·· 1
*1.2 操作系统的结构 ·· 4
1.3 操作系统的发展历程 ·· 7
1.4 操作系统的分类 ··· 11
1.5 操作系统的特征 ··· 16
1.6 操作系统的基本功能 ··· 18
1.7 Linux 简介 ·· 20
本章小结 ·· 25
习　题 ··· 25

第2章 进程和线程 ·· 27
2.1 进　程 ··· 27
2.2 进程的同步与互斥 ·· 41
2.3 进程通信 ·· 61
2.4 线　程 ··· 65
2.5 Linux 的进程管理 ··· 68
本章小结 ·· 72
习　题 ··· 73

第3章 处理器调度与死锁 ··· 75
3.1 处理器调度设计原则 ··· 76
3.2 常用处理器的几种调度方式 ···································· 76
3.3 作业调度 ·· 77
3.4 进程调度 ·· 85
3.5 死　锁 ··· 91
3.6 Linux 进程调度 ·· 104
本章小结 ·· 105
习　题 ··· 106

第 4 章　存储管理 … 109

- 4.1　存储器管理概述 … 109
- 4.2　单一连续存储管理方式 … 115
- 4.3　固定分区存储管理方式 … 118
- 4.4　可变分区存储管理方式 … 121
- 4.5　页式存储管理方式 … 128
- 4.6　虚拟存储器 … 136
- 4.7　请求分页存储管理 … 138
- 4.8　Linux 的存储管理 … 146
- 本章小结 … 148
- 习　题 … 149

第 5 章　设备管理 … 152

- 5.1　设备管理概述 … 152
- 5.2　输入/输出(I/O)控制方式 … 159
- 5.3　中断和缓冲技术 … 161
- 5.4　设备分配 … 168
- 5.5　虚拟设备 … 172
- 5.6　磁盘的驱动调度 … 176
- 5.7　Linux 的设备管理 … 182
- 本章小结 … 184
- 习　题 … 184

第 6 章　文件管理 … 186

- 6.1　文件系统概述 … 186
- 6.2　文件的结构及存取方式 … 191
- 6.3　目录管理 … 202
- 6.4　文件的使用 … 207
- 6.5　文件的共享、保护和保密 … 209
- 6.6　Linux 的文件系统 … 213
- 本章小结 … 218
- 习　题 … 219

第 7 章　接口管理 … 221

- 7.1　用户接口 … 221
- 7.2　系统调用 … 227

  7.3 Linux 系统的命令接口 ………………………………………………………… 230

  本章小结 ……………………………………………………………………………… 231

  习　题 ………………………………………………………………………………… 231

第 8 章　计算机系统安全简介 ……………………………………………………… 232

  8.1 计算机系统安全的概念 …………………………………………………… 232

  8.2 系统安全的内容和性质 …………………………………………………… 232

  8.3 信息技术安全评价公共准则 ……………………………………………… 234

  8.4 数据加密技术 ……………………………………………………………… 235

  8.5 防火墙 ……………………………………………………………………… 239

  本章小结 ……………………………………………………………………………… 241

  习　题 ………………………………………………………………………………… 241

第 9 章　云计算简介 ………………………………………………………………… 242

  9.1 云计算的概念 ……………………………………………………………… 242

  9.2 云计算的关键技术 ………………………………………………………… 246

  9.3 云计算安全管理平台简介 ………………………………………………… 248

参考文献 ……………………………………………………………………………… 251

第1章 导 论

本章目标

- 理解与掌握操作系统的概念。
- 理解操作系统的结构知识。
- 理解与掌握操作系统的发展历程。
- 理解与掌握操作系统的类型(分类)和特征。
- 理解与掌握操作系统的基本功能。

操作系统是管理计算机硬件的程序,它还为应用程序提供基础,并且充当计算机硬件和计算机用户的中介。令人惊奇的是,操作系统完成这些任务的方式多种多样。大型机的操作系统是为了充分优化硬件的使用,个人计算机的操作系统是为了能支持从复杂游戏到商业应用的各种事务,手持计算机的操作系统是为了给用户提供一个可以与计算机方便地交互并执行程序的环境。因此,有的操作系统设计是为了方便,有的设计是为了高效,而有的设计目标则是兼而有之。

操作系统到底是什么?操作系统要做哪些工作?这些是一个初学者必然提出的问题。下面我们根据操作系统在计算机系统中的地位与作用阐述操作系统的基本知识。

> **鸿蒙操作系统——国人的骄傲**
> 华为鸿蒙系统是一款全新的面向全场景的分布式操作系统。2021年10月,华为宣布搭载鸿蒙设备破1.5亿台。鸿蒙智能终端操作系统是所有中国人的骄傲。

1.1 计算机系统概述

我们知道,计算机系统是由硬件系统和软件系统组成的。操作系统是配置在计算机硬件上的第一层软件,是对硬件系统的第一次扩充。它在计算机系统中占据了特殊的地位,其他所有的软件都将依赖于操作系统的支持。操作系统已成为从大型机直至微型机都必须配置的软件。

1.1.1 计算机系统的组成

现代计算机是20世纪40年代人类最伟大的发明之一。在计算机投入使用的半个多世纪,它对人类社会的进步与发展发挥了巨大的作用。随着计算机的不断普及,它被广泛地应用于科学计算、工业控制、数据分析及信息传递等方面,已经涉及教育、经济、文化、家庭等诸多领域。

计算机系统是由硬件系统和软件系统两部分组成的层次结构,如图1-1所示。

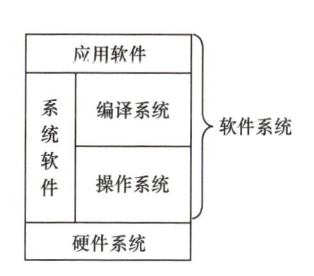

图1-1 计算机系统层次结构

众所周知,根据冯·诺依曼的指导思想,计算机硬件系统部分包括控制器、运算器、存储器、输入设备和输出设备。软件系统部分包括系统软件和应用软件,如图1-2所示。系统软件又分为操作系统和编译系统,而操作系统属于软件系统,它是直接在硬件系统的基础上工作的。

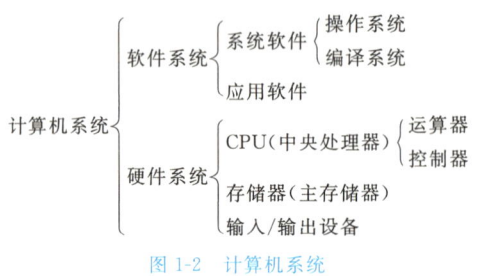

图1-2 计算机系统

计算机硬件的控制器、运算器、存储器、输入设备和输出设备等安装在计算机主板上,通过逻辑连接而构成计算机硬件系统,如图1-3所示。

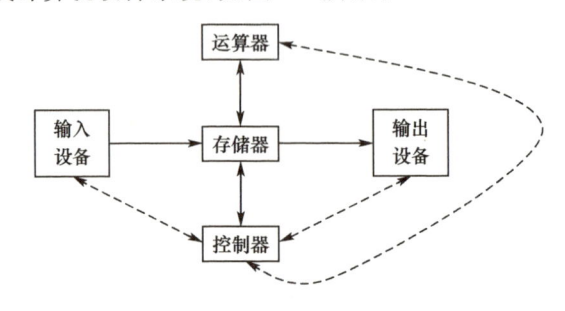

图1-3 计算机硬件的组成

说明:图1-3所示为数据的处理过程,当信息经过输入设备到达存储器中后,再送到运算器运算,并将运算结果返回存储器,再由存储器经输出设备输出。图中的"→"代表传输的是数据;"--▶"代表传输的是控制信号,控制器将控制信号送到被控制设备,而被控制设备又将其状态信息反馈给控制器。

1.1.2 操作系统的定义

操作系统尚未有一个被普遍接受的定义。但通常认为:操作系统既是计算机系统资源的管理员,又是计算机系统用户的服务员。资源管理以提高资源利用率为目标,以给用户提供尽可能多的服务项目和最大方便为宗旨。管理与服务的功能用一组程序来描述,这组程序通过事件驱动以并发执行方式发挥作用。人们把这组程序称为操作系统,它是计算机系统中极为重要的系统软件。

从三个观点来理解操作系统:用户、资源管理和程序控制。

(1)从用户观点来理解,操作系统是用户与计算机之间的接口,也就是说,用户通过操作系统使用计算机。

(2)从资源管理观点来理解,操作系统是管理和控制计算机系统的软件、硬件资源,即把操作系统看成计算机系统的资源管理程序的集合。一个计算机系统中有许多硬件和软件资源,包括CPU时间、主存空间、文件存储空间、I/O设备等,操作系统就负责管理这些系统中的资源。面对程序所提出的大量而且可能互相冲突的资源要求,操作系统必须决定如何分配系统中所有的资源,使得系统可以有效且公平地运行。

操作系统本身也是一个程序,在计算机开机后持续执行以管理软件、硬件资源,其内核(Kernel)是操作系统运行的最基本组件;系统程序则是除内核之外,负责帮助系统运行的程序;用于解决各种具体问题的程序都称为应用程序。内核与系统程序的功能区分并不明确,不过现今的趋势是将内核的功能尽量移到系统程序处理,如独立的主存或文件管理系统;甚至系统程序与应用程序的区分也不明确,由用户的身份来决定,如系统程序对内核来说却是应用程序。

(3)从程序控制观点来理解操作系统是对程序的管理。操作系统识别用户的命令和要求,按照用户的意图控制程序的运行。

总之,操作系统的主要用途是创造出一个便利的系统使用环境,一个系统的基本目标是执行用户的程序,并且能够简单地解决用户的问题,计算机的硬件也是根据此目的设计的。因为直接使用硬件并不方便,所以设计出许多的软件程序来操作硬件,而这些软件程序需要一些基本的操作才能控制系统中的硬件,于是就将这些常用的控制硬件、协调软件及分配资源的函数(程序)集合成一个独立的程序,这就是操作系统。

从上面对操作系统的理解,我们把操作系统定义归纳为:
(1)管理和控制计算机的软件、硬件资源。
(2)合理组织计算机的工作流程。
(3)提供方便用户操作的接口的软件的集合。
总之,计算机配置操作系统的目的是提高资源利用率。

常用 Windows 系统简介

要点讲解

1.1 节主要学习如下知识要点:

1. 计算机系统由软件与硬件系统组成。其中硬件系统包括运算器、控制器、存储器和输入/输出设备。具体的硬件有 CPU、主存、辅存、键盘、鼠标、打印机、显示器等。

2. 操作系统的定义。
- 从用户观点,操作系统是人机交互接口。
- 从资源管理观点,操作系统用于管理计算机的软件、硬件资源。
- 从程序控制观点,操作系统控制计算机程序的执行。

3. 总结之,操作系统是:
(1)管理和控制计算机的软件、硬件资源。
(2)合理组织计算机工作流程。
(3)提供方便用户操作的接口软件的集合。

典型例题分析

1. 计算机系统由(　　)组成。
A. 硬件系统和主存存储器　　　　　　B. 软件系统和操作系统
C. 硬件系统和软件系统　　　　　　　D. 主机和外设

【答案】C

【分析】计算机系统由硬件系统和软件系统组成。

2.能使计算机网络中的若干台计算机系统相互协作完成一个共同任务的操作系统是（　　）。

A.分布式操作系统　　　　　　　B.网络操作系统
C.多处理器操作系统　　　　　　D.嵌入式操作系统

【答案】A

【分析】分布式操作系统把一个计算机处理的共同任务分解成多个子任务，分布在不同的计算机上并行执行，相互协作完成。

3.在计算机系统中，通常把火车订票系统软件看作（　　）。

A.系统软件　　　B.支撑软件　　　C.接口软件　　　D.应用软件

【答案】D

【分析】应用软件是为了某一特定用途而开发的软件，火车订票系统软件是专门为买火车票而开发的软件。

4.计算机硬件系统主要由处理器、主存储器、_____以及各种_____组成。

【答案】辅助存储器（外存）、输入/输出设备

【分析】计算机的硬件由五大部件组成：控制器、运算器、存储器、输入设备和输出设备，控制器和运算器合称为处理器，主存储器和辅助存储器合称为存储器，输入设备和输出设备称为输入/输出设备。

*1.2　操作系统的结构

操作系统是一个十分复杂而庞大的系统软件，为了降低该软件的复杂性，可以用软件概念、原理、规范来开发、运行和维护软件，以杜绝开发软件的随意性、编程冗余和维护困难等问题。为此，人们经过长期的探索，把做工程的思路和方法等应用到系统软件的开发过程中。下面展示较为常见的层次结构、模块结构和微内核结构。

1.2.1　操作系统的层次结构

在层次结构中，整个操作系统的构成通常以分层的结构来实现，各个部分关系非常清晰，一目了然。通常用图1-4和图1-5来划分计算机系统结构，按照层次结构可以非常清楚地知道操作系统在整个计算机系统中的位置。

内核层：它是操作系统的最里层，是唯一直接与计算机硬件打交道的层。它使得操作系统和计算机硬件相互独立。也就是说，只要改变操作系统的内核层就可以使同一操作系统运行于不同的计算机硬件环境下。内核层提供了操作系统最基本的功能，包括装入、执行程序以及为程序分配各种硬件资源的子系统。软件与硬件所传递的各类信息在内核层进行处理，这样，对普通用户来讲，复杂的计算机系统便变得简单易操作了。

图1-5中间的命令层、服务层和内核层实际上就是操作系统部分。

图1-4 计算机系统的层次结构

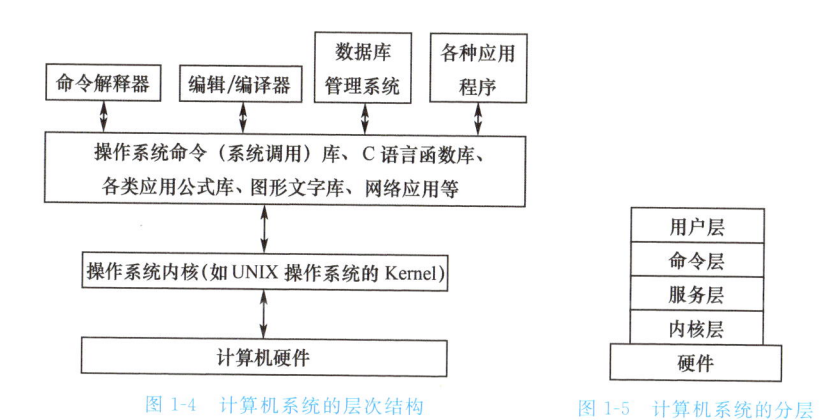

图1-5 计算机系统的分层

服务层:服务层接收来自应用程序或命令层的服务请求,并将这些请求译码为传送给内核执行的命令,然后再将处理结果回送到请求服务的程序。通常,服务层是由众多程序组成的,可以提供如下的服务。

(1)访问I/O设备:将数据进行输入/输出。

(2)访问存储设备(内存或外存):从磁盘读或将处理后的数据写入磁盘。

(3)文件操作:通常指打开(关闭)文件、读写文件。

(4)特殊服务:窗口管理、网络操作系统中唯一直接与用户(应用程序)打交道的部分(如UNIX操作系统的Shell)。

1.2.2 操作系统的模块结构

模块结构是指在开发软件(尤其是像计算机操作系统这样的大型软件)时,由于其功能复杂、参加开发工作的人员众多,要使每个人都能各负其责、各尽所能,有序地完成开发任务,通常会根据软件的大小、功能的强弱和参与人员的多少等具体情况,把开发工作按功能(任务)划分若干模块,分散开发,集中组合、调试,使所开发的软件功能完善、结构优化。图1-6所示为操作系统的模块化结构。

> **模块结构——高内聚、低耦合**
> 生活和工作中也可以运用"高内聚、低耦合"的设计原则。一个人只有独立思考、修炼内功,才能更好地服务他人,奉献大家。

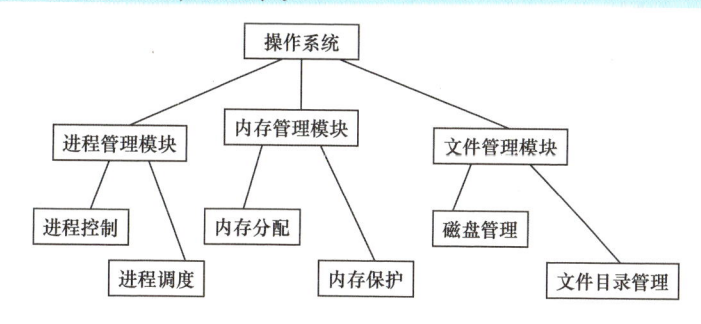

图1-6 操作系统的模块化结构

从图1-6中可以看到,操作系统一般由进程管理、内存管理、文件管理三个模块组成。

这些模块分别又由若干子模块组成。这样的结构类似一个倒树型，层次清晰，有利于操作系统的修改、扩充和维护。例如，现在要增加一个 I/O 子模块，只要把 I/O 子模块连接在操作系统的主模块上就可以了，不需要修改系统的其他模块。

1.2.3 操作系统的微内核结构

操作系统的微内核结构是 20 世纪后期发展起来的，由于其多处理器运行，故非常适用于分布式系统环境，当前所使用的多数操作系统都采用微内核结构。例如，UNIX/Linux、Windows 等。

与微内核技术同时发展运用的还有客户/服务器技术、面向对象程序设计技术，这样在软件中就形成了以微内核为操作系统核心，以客户/服务器为基础，以面向对象为程序设计方法的特征。

1. 客户/服务器模式

(1) 基本概念

为了提高操作系统的灵活性和可扩展性，可将操作系统划分为两部分。

一部分是用于提供各种服务的一组服务器（进程），主要包括用于提供进程管理的进程服务器、提供存储器管理的存储器服务器、提供文件管理的文件服务器等，所有这些服务器（进程）都工作在用户态。当某一用户进程要求读文件的某一磁盘块时，该进程便向文件服务器（进程）发出一个请求。当服务器完成了客户的请求后，便给该客户一个响应。

另一部分是内核，主要用于处理客户和服务器之间的通信，即由内核来接收客户的请求，再将该请求发送到相应的服务器，同时也接收服务器的应答，并将此应答回送给请求客户，如图 1-7 所示。

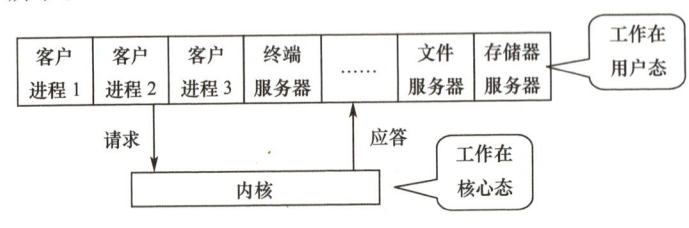

图 1-7 单机环境下的客户/服务器模式

(2) 客户/服务器模式的优点

在客户/服务器模式的结构中，操作系统的大部分功能是由相对独立的服务器来完成的。用户可根据需求选择操作系统的一部分或全部功能，该模式提高了系统的灵活性和可扩展性，同时提高了系统的可靠性，这种结构的操作系统可以运行于分布式系统中。

2. 面向对象程序设计技术

(1) 基本概念

面向对象程序设计技术是 20 世纪 80 年代提出并快速推广的。该技术基于"抽象"和"隐藏"原则来控制大型软件的复杂程度。所谓对象，就是指在现实世界中具有相同属性、服从相同规则的一系列事物的抽象，其中的具体事物称为对象的实例，操作系统中的各类实体如进程、线程、消息和存储器等都使用了对象这一概念，相应地就有了进程对象、线程对象、消息对象、存储器对象等。

面向对象程序设计技术,是利用被封装的数据结构和一组对其进行操作的过程来表示系统中的某个对象的。

(2) 面向对象程序设计技术的优点

该技术将计算机中的实体作为对象来处理,提高了程序的可修改性和可扩展性,同时也提高了正确性和可靠性。

3. 微内核技术

为了减少 OS 的复杂性,增加操作系统的可扩展性和可维护性,微内核技术应运而生。

什么叫微内核技术?微内核就是指精心设计、短小、能实现现代操作系统核心功能的小型内核,它运行在核心态,常驻则不被虚拟存储器换进/换出。微内核(例如 Windows 中的 BIOS,UNIX 中的 Kernel)并不是一个完整的操作系统。

通常,由于在微内核操作系统的结构中采用了客户/服务器模式,因此操作系统的大部分功能和服务,都是由若干服务器来提供的,如文件服务器、网络服务器等。

微内核的基本功能包括进程管理、存储器管理、进程通信和低级 I/O 操作等。

由于微内核操作系统结构建立在模块化、层次化结构的基础上,并采用了客户/服务器模式和面向对象的程序设计技术,所以,微内核结构在 20 世纪 90 年代是操作系统发展的主流技术。

要点讲解

1.2 节主要学习如下知识要点:

1. 操作系统的层次结构

(1) 层次结构;(2) 模块结构;(3) 微内核结构。

2. 微内核结构

(1) 客户/服务器模式;(2) 面向对象程序设计技术;(3) 微内核技术。

典型例题分析

1. 常见的计算机系统结构,不包括(　　)。

A. 层次结构　　　B. 模块结构　　　C. 微内核结构　　　D. 虚拟机

【答案】D

【分析】常见的计算机系统结构:层次结构、模块结构、微内核结构。

2. 客户/服务器模式中,客户服务器工作在_____。

【答案】核心态

【分析】CPU 有两个状态(详见 7.2 节):用户态(目态)、核心态(管态)。

1.3　操作系统的发展历程

操作系统是随着计算机的发展而发展起来的。如今离开了操作系统的计算机将无法运行,也就是说操作系统是计算机上的第一层软件,是对计算机硬件的首次扩充。操作系统的发展综合起来可划分为如下四个阶段。

1.3.1　无操作系统阶段

1. 人工操作

在 20 世纪 50 年代末期以前的第一代(1946—1955 年)计算机中,操作系统尚未出现,那时只是人工操作。操作员通过控制台上的各种开关来控制各部件的运行(如装入卡片或纸带、按电钮和查看存储单元等)。

这种方式有以下两个明显的缺陷:

(1)当一个用户开始操作后,全部计算机资源都被他独占,一直到他完成所有的操作时,才把这些资源转让给下一个用户。

(2)操作是联机的,输入/输出也是联机的,CPU 的执行要等待人工操作完成。如图 1-8 所示。

这种操作方式在计算机速度较慢的情况下是允许的。但是当计算机速度大大提高以后,就暴露出其缺陷,操作时间远远超过了机器运行时间。因而,缩短人工操作时间就显得非常必要。

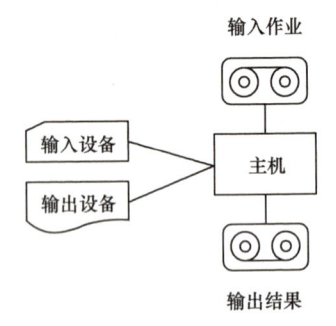

图 1-8　联机输入/输出

2. 脱机输入/输出

脱机输入/输出阶段的技术是为解决 CPU 与 I/O 设备之间的速度不匹配而提出的。它减少了 CPU 的空闲等待时间,提高了 I/O 速度。

为解决低速输入设备与 CPU 速度不匹配的问题,可将用户程序和数据放在一台外围计算机的控制下,预先从低速输入设备输入磁带上,当 CPU 需要这些程序和数据时,再直接从磁带机高速输入主存,从而大大加快了程序的输入过程,减少了 CPU 等待输入的时间,这就是脱机输入技术。

当程序运行完毕或告一段落,CPU 需要输出时,无须直接把计算结果送至低速输出设备,而是高速地把结果输出到磁带上,然后在外围机的控制下,把磁带上的计算结果由相应的输出设备输出,这就是脱机输出技术。如图 1-9、图 1-10 所示。

图 1-9　脱机输入/输出(1)

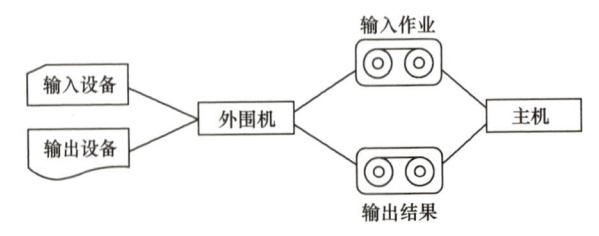

图 1-10　脱机输入/输出(2)

为了启动读卡机、磁带机、打印机等设备进行工作，必须配置控制设备工作的程序。由于每种设备都有自己的特点，所以，对每一种设备都需要编写专门的例行子程序，这种例行子程序被称为设备驱动程序，供用户需要时调用，这些设备驱动程序可以看成最原始的操作系统。

1.3.2 管理程序阶段

20世纪50年代末至60年代初，计算机进入第二代(1955—1965年)。不仅计算机速度有了很大提高，而且存储容量大幅度增长。这给软件的发展奠定了基础，先后出现了FORTRAN、ALGOL和COBOL等程序设计语言和相应的编译程序。程序员用这些程序设计语言能很容易地编写程序。但是，如果对计算机的操作仍停留在人工操作方式上，那么仍要不断地装卸卡片或磁带，不仅花费时间，而且操作复杂，容易出错。于是人们迫切需要一种能对计算机硬件和软件进行管理的调度程序。当时在美国的IBM 360系列计算机系统和英国的1900系列计算机系统上都配置了这种程序，称为管理程序。

有了管理程序后，程序员不必亲自上机操作，可由专业化的操作员代劳。操作员只需从控制台输入命令，然后由管理程序来识别和执行即可。这样，不仅操作速度快，而且当计算机在执行过程中发生错误或意外时，管理程序将输出信息向操作员报告，管理程序不仅协助操作员操纵计算机，而且还管理计算机的部分资源。例如，当设备发生故障时，管理程序将负责处理而不必用户费心。管理程序还对文件进行管理，用户可以按文件名而不是物理地址存取信息，这不仅方便灵活，而且安全可靠。

在此阶段，计算机的主要功能仍然是科学与工程计算以及数据处理。由于设备价格昂贵，时间浪费是主要问题，于是人们为计算机设计了批处理程序(Batch Program)并用此程序来管理用户提交的作业。批处理就是集中处理一批用户提交的作业。

这种批处理程序只是解决了作业间的自动转换，减少了时间浪费，尤其是CPU时间的浪费，但它还没有真正形成对作业的管理控制。如果一个用户的计算作业非常大，它将一直独占CPU，在它运行完毕之前，任何其他用户的作业都只能等待。因此，对批处理程序还需要改进，以适应越来越多的资源管理，从而形成了系统资源管理的概念。对这一时期采用批处理程序控制的计算机系统称为批处理系统，早期的监管程序和这种批处理软件称为初级操作系统。

1.3.3 操作系统阶段

20世纪60年代，计算机进入第三代(1965—1980年)，硬件有了很大发展，特别是主存储器容量的增加和大容量磁盘的出现，给发展更先进的管理程序奠定了物质基础。另一方面，随着计算机应用的日益广泛，各种软件的产生，也要求进一步发展和扩大功能简单的管理程序。这样管理程序就迅速发展成为一个重要的软件分支——操作系统。

在操作系统控制下，对计算机系统资源的管理水平又提高了一步。

在IBM System 360上运行的OS/360操作系统被认为是真正的(完整的)操作系统。因为它真正实现了资源管理，建立了资源管理的机制，所以直到现在许多操作系统中仍然保留了它的技术和结构。尽管OS/360存在较大的隐患和不足，但它引入了一种新技术来满足通用性,即多道程序设计技术,从而大大提高了 CPU 的利用率,但同时也要求有专门的硬件机构来支持多道程序、支持存储器分块并防止作业间交叉混用。此外,磁盘存储装置和 CRT 显示装置的引入,改变了以往脱机形式的批处理,成批作业的输入和输出都直接与磁盘有关,磁盘成为作业的一个暂存缓冲区,而批处理操作成为这个大型资源管理程序中的一项功能。这样对系统不同资源的管理分工,使操作系统程序形成了相应的资源管理模块,建立了传统操作系统结构和层次模型。这就是处理器管理、存储器管理、设备管理和文件管理。

对于一个单处理器的系统来说,"作业同时处于运行状态"显然只是一个宏观的概念,其含义是指每个作业都已进入主存中开始运行,但尚未完成。就微观上来说,在任一特定时刻,在处理器上运行的作业只有一个。

引入多道程序设计技术的根本目的是提高 CPU 的利用率,充分发挥并行性。这包括程序之间、设备之间、设备与 CPU 之间均并行工作。

1.3.4 现代操作系统阶段

随着超大规模集成电路(VLSI)技术的迅速发展,大规模和超大规模集成技术用于计算机,将运算器、控制器和相应接口集成在一块基片上,产生了微处理器。计算机硬件价格迅速下降,按照计算机硬件分代的概念趋于模糊,计算机的体系结构趋于灵活、小型、多样化。小型计算机在运算速度、存储容量、外存容量、I/O 接口等方面有了很大的发展。许多原来只有在大型计算机上才能实现的技术,逐步下移到小型、微型计算机上,出现了面向个人用户的计算机(1971 年),简称 PC,并同时向便携式计算机发展,计算机直接与用户交互,系统操作界面更加友好、灵活、方便,功能更加强大,且可靠性高、体积小、价格低,得到了越来越广泛的应用。此时的软件系统(包括操作系统)要求面向用户,使用户操作更加方便、灵活,无须了解计算机硬件及其内部操作。自 1984 年 APPLE 公司的 Macintosh 计算机系统引入图形化界面(GUI)以来,Windows(视窗)操作和视窗界面得到迅速发展,从而形成了操作系统的用户界面管理功能模块。这个时期(1980—1994 年)被认为是第四代计算机系统发展时期,其上配置的操作系统称为现代操作系统。

这一代最有代表性的操作系统是 UNIX 操作系统(分时系统或称动态优先数分时系统)。

要说操作系统还有第五代,那应称为智能和网络计算操作系统。

操作系统发展综述如下:
- 1946—1955 年:第一代,电子管时代,无操作系统。
- 1955—1965 年:第二代,晶体管时代,批处理系统。
- 1965—1980 年:第三代,集成电路时代,多道程序设计。
- 1980—1994 年:第四代,大规模和超大规模集成电路时代,分时系统。
- 1994 年至今:第五代,极大规模集成电路时代,智能和网络计算操作系统。

现代计算机正向着巨型、微型、并行、分布、网络化和智能化几个方向发展。

谷歌"断供"事件——国人当自强

2019 年 5 月 20 日,出现"谷歌将停止与华为合作"的"断供"事件。由此,华为的海外业务受到极大影响,如何建立鸿蒙系统新生态变得越来越重要,国人当自强。

要点讲解

1.3 节主要学习如下知识要点：

1. 人工操作阶段（控制台）。早期，程序的装入、调试以及控制程序的运行都是程序员通过控制台上的开关来实现。（第一阶段）

2. 原始汇编系统。用汇编语言编写的程序称为源程序，它不能直接在机器上执行，只有通过汇编语言解释程序把源程序转换成用机器指令序列表示的目标程序后才能在计算机上运行。

3. 设备驱动程序。它是最原始的操作系统，是一种控制设备工作的程序。

4. 管理程序。这是初级的操作系统。它是一种能对计算机硬件和软件进行管理和调度的程序。出现大容量的磁盘，主存容量增大，CPU 速度加快，软件有了较大的发展。（第二阶段）

5. 操作系统阶段。采用了 SPOOLing 的处理形式。SPOOLing 又称"斯普林"（这将在设备管理一章中讲解）。（第三阶段）

6. 现代操作系统阶段。代表性的有 UNIX（多用户分时操作系统）。（第四阶段）

典型例题分析

操作系统的发展过程是（　　）。

A. 设备驱动程序组成的原始操作系统—管理程序—操作系统

B. 原始操作系统—操作系统—管理程序

C. 管理程序—原始操作系统—操作系统

D. 管理程序—操作系统—原始操作系统

【答案】A

【分析】设备驱动程序是最原始的操作系统，是一种控制设备工作的程序。

1.4 操作系统的分类

操作系统有各种分类方法，通常按其所提供的服务来划分。大致分为批处理操作系统、实时操作系统、分时操作系统、网络操作系统和分布式操作系统等，其中批处理操作系统、实时操作系统、分时操作系统为基本的操作系统。

操作系统概述（下）：
操作系统的分类

1.4.1 批处理操作系统

1. 单道批处理系统

20 世纪 50 年代，单道批处理系统由 General Motors 研究室在 IBM 70 上实现，是指在加载到计算机上的一个系统软件的控制下，计算机能够自动地成批处理一个或多个用户的作业。这里所说的"作业"，是指用户使用计算机完成一个独立完整的任务。其工作流程：操作员将若干个待处理的作业以脱机方式输入磁带（盘）上，再由系统中的监督程序控制这批作业一个接一个地连续处理。

单道批处理的自动处理过程：由监督程序将磁带（盘）上的第一个作业调入主存，并把运行控制权交给作业。当该作业处理完后，又将运行控制权交给监督程序，监督程序再将磁带（盘）上的下一个作业调入主存，再次将运行控制权交给在主存中的作业，如此反复，直到磁带（盘）上的所有作业全部完成。由于系统处理作业是成批完成的，且主存中始终只有一道作业，因此被称为单道批处理。

由自动处理过程可以得出单道批处理系统的特点，具体如下：
- 自动性。作业在无人工干预下，一个接一个地自动完成。
- 顺序性。作业执行的次序是按作业先后调入主存的次序。
- 单道性。主存中只有一个作业在运行。

单道批处理系统可以减少人工操作时间，提高系统的利用率。但当外设程序发出请求时，由于其单道性，因此CPU处于等待I/O完成状态，致使CPU空闲。尤其当I/O设备是故障设备时，机器的等待时间就会变长，故处理器的利用率就会下降。

2. 多道批处理系统

20世纪60年代中期，又引入了多道程序设计技术。即CPU与外设可以并行操作，同时把多个作业放入主存并允许它们交替执行，共享CPU和系统中的各种资源。

在多道批处理系统中，用户提交的作业暂放在外存设备上，一个被称为"后备队列"的队列中，再由作业调度程序按一定的算法从这个后备队列中选择若干个作业调入主存，让它们并发执行。

与单道批处理相比，多道批处理系统具有如下特点：
- 多道性。主存中可以同时有几道作业，且允许它们并发执行。
- 无序性。作业完成的先后次序与它们进入主存的次序无关。
- 调度性。作业从提交到完成要经历两次调度：一是按作业调度算法从外存设备的作业队列中选若干个作业调入主存；二是按进程调度算法，从已在主存中的作业中选择一个作业进行执行。

多道批处理系统的优点如下：
- 提高了资源的利用率。主存中可以以共享资源的形式，同时驻留多道作业，作业的并行执行可以保持资源处于"忙碌"状态，从而提高了资源利用率。
- 提高了系统的吞吐量。各种资源处于"忙碌"状态且要等到作业处理结束时，才被切换出去，故可以提高系统单位时间内所完成的总工作量。

多道批处理系统的不足如下：
- 两次调度。作业调入主存和从主存中选择一个作业占用处理器运行，从而周转时间较长。
- 交互能力差。用户一旦把作业提交给系统，直到作业完成，用户都不能与其进行交互，这样不便于信息的交流。

1.4.2 实时操作系统

"实时"是指计算机能及时响应外部事件的请求，并以足够快的速度完成对事件的处理。实时操作系统主要应用于实时控制和实时信息处理领域。

1. 实时控制系统

实时控制系统是指把计算机用于生产过程的控制,形成以计算机为中心的控制系统。该控制系统中有一个被控制的对象,通过特殊的外设将控制对象所产生的信息传递给计算机系统,计算机接到后,对信号进行分析处理,并做出决策,然后将结果信号通过特殊的外设传递给控制对象。常见的实时系统有工业控制系统、宇航控制系统、铁路运输控制系统等。

2. 实时信息处理系统

实时信息处理系统是指用于对信号进行实时处理的系统,根据用户提出的请求,对信息进行检索或处理,并在很短的时间内做出回答。常见的实时信息处理系统有火车的订票系统、图书管理信息系统等。

实时系统的特点如下:
- 及时性。即要求能对外部事件请求做出及时响应和处理。
- 可靠性。实时系统要求系统高度可靠,往往都采取了多级措施来保障系统的安全性及数据的安全性。

1.4.3 分时操作系统

在人工操作阶段,用户可以直接控制程序的运行,但人工操作方式因用户独占机器而造成机器效率的低下。

在批处理系统中,用户将自己的作业提交后就与作业脱离了,等到这批作业被处理后,用户才可以得到结果。在这种方式下,用户没办法与自己的作业交互,哪怕作业中有错误,只要提交了作业,用户就不能修改其中的错误;如果用户想要修改作业中的错误,只有等到作业被处理完,得到错误的结果后,再修改作业中的错误,然后再次提交给系统,所以批处理方式虽然可以提高系统的吞吐量,但不方便用户。

能否有一种技术既保证计算机的效率,又可以方便用户使用计算机?答案是肯定的,这就是分时技术。所谓分时技术,是指把处理器的时间分成较短的"时间片",把"时间片"轮换地分配给各个联机的作业使用的一种技术。如果某作业在规定的"时间片"内未完成,则该作业被无条件地停下来,将处理器控制权让给下一个作业而去等待下一轮的运行。在一个相对较短的时间内,每个用户作业都可以得到处理器,以实现人机交互。

分时系统的特点如下:
- 同时性。即允许在一台主机上,同时连接多台联机终端,而每个终端按分时原则都可以得到处理器。
- 独占性。每个用户占用一个终端,彼此独立操作,互不干扰。因此,用户觉得是自己独占了主机。
- 及时性。即用户的请求能在很短的时间内得到响应。
- 交互性。用户可以通过终端与系统进行广泛的人机对话。

1.4.4 网络操作系统

为了更有效地利用现有的计算机,扩大其应用范围,把分散在各地的相同型号或不同型号的具有独立功能的多台计算机,用通信线路连接起来形成计算机网络。其主要目的是实现硬件资源、软件资源的共享。对网络中的用户来说,这种计算机网络是一个整体,他们可以使用网络中的任何资源。由于网络中各主机及其操作系统在功能和类型上是不同的,所以任何一个计算机网络必须确定一套全网络共同遵守的约定,称之为"协议",以实现不同主机、操作系统间或两机用户进程间的通信。

综上所述,网络操作系统,除应具备通常操作系统所具备的功能外,还应具有管理的功能,即通信软件和网络控制软件。

网络操作系统主要的功能如下:
- 网络通信。这是网络最基本的功能。
- 资源管理。对网络中的共享资源实施管理,使资源在各用户间合理地流通、使用。
- 网络服务。主要有电子邮件服务,文件传输、存取和管理服务,共享硬盘服务等。
- 网络管理。最基本的是通过各种方法实现网络安全管理,防止用户有意或无意地对网络资源造成破坏。

1.4.5 分布式操作系统

分布式操作系统用于对分布式系统资源进行管理。分布式计算机系统是由多台计算机经互联网络连接而形成的系统,系统的处理和控制功能都分别在各个处理单元(系统的计算机)上,系统中的所有任务都是被分布到各个处理单元上并行执行完成,系统中的各台计算机无主次之分。

分布式操作系统最基本的特征是在处理上的分布,其实质是资源、功能、任务和控制都是分布的。它还有并行性、共享性强、系统处理的透明度高、效率高以及易于维护等优点。

操作系统类型还有嵌入式操作系统、多机操作系统等,此处不再赘述。

要点讲解

1.4节主要学习如下知识要点:

按照操作系统提供的服务进行划分,大致可分为批处理操作系统、实时操作系统、分时操作系统、网络操作系统、分布式操作系统、多机操作系统和嵌入式操作系统等。其中批处理操作系统、实时操作系统和分时操作系统是基本的操作系统。

下面简单回顾一下基本的操作系统。

1. 批处理操作系统

(1) 定义

用户为作业准备好程序和数据后,再写一份控制作业执行的说明书(作业说明书)。然后把作业说明书连同相应的程序和数据一起交给操作员。操作员将收到的一批作业的有关信息输入计算机系统中等待处理,由操作系统选择作业,并按其操作说明书的要求自动控制作业的执行。采用这种批量化处理作业的操作系统称为批处理操作系统。

(2) 分类

- 单道批处理系统。一次只选择一个作业装入计算机系统的主存储器运行。

• 多道批处理系统。允许多个作业同时装入主存储器,使中央处理器轮流地执行各个作业,各个作业可以同时使用各自所需要的外设。

(3)缺点

①平均周转时间长(从进入系统到完成所经历的时间),一个作业一旦运行便运行到完成,使许多短作业的周转时间显著增长。

②不提供交互能力。用户将作业交给系统后,无法再与之进行交互作用,因此必须提供一份详细的作业说明书。

2.实时操作系统

(1)定义

能使计算机系统接收到外部信号后及时进行处理,并且在严格的规定时间内处理结束,再给出反馈信号的操作系统称为实时操作系统,简称为实时系统。

(2)设计实时操作系统注意点

①要及时响应、快速处理。

②实时系统要求高可靠性和安全性,不强求系统资源的利用率。

(3)实时操作系统特点

①及时性。首先必须考虑及时性,其次才是资源的利用率,确保任何时候都能及时响应。

②可靠性。常用双工体制,两台计算机同时运行,一台为主机,另一台为备用机。

3.分时操作系统

(1)定义

能使用户通过与计算机相连的终端来使用计算机系统,允许多个用户同时与计算机系统进行一系列的交互,并使得每个用户感到好像自己独占一台支持自己请求服务的计算机系统称为分时操作系统,简称分时系统。

(2)分时

分时即把CPU时间划分成许多时间片,每个终端用户每次可以使用一个由时间片规定的CPU时间。这样,多个终端用户就轮流地使用CPU时间。如果某个用户在规定的一个时间片内还没有完成它的全部工作,这时也要把CPU让给其他用户,等待下一轮再使用一个时间片的时间,循环轮转,直至结束。

(3)分时操作系统主要特点

①同时性。允许多个终端用户同时使用一个计算机系统。

②独立性。用户在各自的终端上请求系统服务,彼此独立,互不干扰。

③及时性。对用户的请求能在较短时间内给出应答。响应时间与用户数目和时间片长度有关。

④交互性。采用人机对话的方式工作。

典型例题分析

1.具有及时性和可靠性特点的操作系统是(　　)。

A.分时操作系统　　　　　　　　B.实时操作系统

C.批处理操作系统　　　　　　　D.网络操作系统

【答案】B

【分析】实时操作系统的特点是及时性和可靠性。

2.网络操作系统和分布式操作系统的主要区别是（　　）。

　　A.是否连接多台计算机　　　　　　B.各台计算机有没有主次之分
　　C.计算机之间能否通信　　　　　　D.网上资源能否共享

【答案】B

【分析】分布式操作系统中计算机没有主次之分，各计算机能够同时完成一个大任务的各个子任务，网络操作系统主要服务是实现资源共享和信息传送。

3.在（　　）操作系统的控制下，计算机能及时处理由过程控制装置反馈的信息，并做出响应。

　　A.网络　　　　B.分时　　　　C.实时　　　　D.批处理

【答案】C

【分析】实时操作系统的特点：要及时响应、快速处理。

4.网络操作系统把计算机网络中的各台计算机有机地互连起来，实现各台计算机系统之间的_____以及网络中各种资源的_____。

【答案】通信、共享

【分析】网络操作系统可使各台计算机相互间传送数据，实现各台计算机系统之间的通信以及网络中各种资源的共享。

1.5　操作系统的特征

1.并发性

并发性是指在计算机系统中同时存在若干个运行着的程序。从宏观上看，这些程序在同时向前推进，计算机程序的并发性具体体现在两个方面：用户程序与用户程序之间的并发执行；用户程序与操作系统程序之间的并发执行。实际上，从微观上看，在单处理器系统环境下，这些看似同时运行着的程序是交替的(交叉)在CPU上运行的。在多处理器系统环境下，多个程序不仅在宏观上是并发的，而且在微观上，即在处理器一级上，程序也是并发执行的。而在分布式操作系统中，多台计算机的并存，使得程序的并发特征得到更充分的体现，因为在每台计算机上都可以有程序执行，它们共同构造了程序并发执行的场景。

要强调的是，不论是哪一种计算环境，本书中所指的并发都是在操作系统统一指挥下的并发。在两个独立的操作系统控制下的机器，它们的程序也在同时运行着，这种情况不属于本书所讨论的并发性范畴。

这里要区分两个相似的概念：并行性和并发性，这两个概念是有区别的。并行性是指两个或多个事件在同一时刻发生，这是一个具有微观意义的概念，即在物理上这些事件是同时发生的。而并发性是指两个或者多个事件在同一时间间隔内发生，它是一个较为宏观的概念，与所使用的时间间隔相对应的，具有某种程度的统计意义。换句话说，并行的若干事件一定是并发的，反之则不然。在单处理器系统中，多个程序的并发执行不具有任何的并行性，因为它们在微观上是顺序执行的，没有任何两条指令是并行执行的。

2. 共享性

共享性是指某个硬件或软件资源不为某个程序独占，而是供多个用户共同使用。这种共享性是在操作系统控制下实现的。共享资源主要是指计算机系统中的处理器、主存储器、辅助存储器、输入/输出设备。

在计算机系统中，对资源的共享一般有两种形式：互斥共享和同时共享。

(1) 互斥共享

系统中的有些资源比如打印机、磁带机、扫描仪等，虽然可以供多个用户程序同时使用，但是在一段特定的时间内只能由某一个用户程序使用，当这个资源正在被使用的时候，其他请求该资源的程序必须等待，并且在这个资源被使用完以后才由操作系统根据一定策略再选择一个用户程序占用该资源。通常把这样的资源称为临界资源。许多操作系统维护的重要系统数据都是临界资源，它们都被要求互斥共享。

(2) 同时共享

系统中还有一类资源，它们在同一段时间内可以被多个程序同时访问。需要说明的是这种同时访问是指宏观上的同时，微观上这些程序访问这个资源有可能还是交替进行的，而且它们交替访问这个资源的顺序对访问结果没有什么影响。一个典型的可以同时共享的资源是磁盘。

并发性和共享性是操作系统两个最基本的特征，它们是互为存在的条件。一方面，资源共享是以程序的并发执行为条件的，或者说，若系统不允许程序的并发执行，就不会有资源的共享；另一方面，若系统不能对资源共享实施有效的处理，程序并发执行也不能顺利实现。

3. 虚拟性

操作系统中的虚拟是指通过某种技术把一个物理上的实体变为若干个逻辑的对应物。物理实体是实际存在的，而逻辑上的对应物是用户的一种感觉。

例如，在操作系统中引入多道程序设计技术后，虽然只有一个 CPU，每次只能执行一道程序，但当引入分时技术后，在一段时间间隔内，宏观上看起来有多个程序执行。在用户看来，就好像是多个处理器在各自运行自己的程序。

4. 不确定性

不确定性可表现为程序执行结果不确定和程序何时被执行及每道程序所需时间的不确定。

要点讲解

1.5 节主要学习如下知识要点：

1. 并发性

并发性是指两个或多个事件在同一个时间间隔内发生。

2. 共享性

共享性是指某个硬件或软件资源不为某个程序独占，而是供多个用户共同使用。

3. 虚拟性

操作系统中的虚拟是指通过某种技术把一个物理上的实体变为若干个逻辑的对应物。

4. 不确定性

不确定性可表现为程序执行结果不确定和程序何时被执行及每道程序所需时间的不确定。

典型例题分析

1. 操作系统最基本的特征是（   ）。
   A. 并发性和共享性　　　　　　　　B. 共享性和虚拟性
   C. 虚拟性和不确定性　　　　　　　D. 并发性和不确定性

【答案】A

【分析】在操作系统的发展过程中，较早出现了多道程序设计技术，进程之间往往存在相互制约、相互依赖的关系，另外操作系统是管理计算机的硬件和软件资源，实现软件和硬件资源的共享，充分发挥硬件和软件的功能。

2. 操作系统有＿＿＿＿、＿＿＿＿、＿＿＿＿、＿＿＿＿基本特征。

【答案】并发性、共享性、虚拟性和不确定性。

【分析】操作系统有并发性、共享性、虚拟性和不确定性四个基本特征。

1.6　操作系统的基本功能

从资源管理的观点看，操作系统的基本功能可分为处理器管理、存储器管理、设备管理、文件管理和接口管理。操作系统的这些部分相互配合，协调工作，实现计算机系统的资源管理、控制程序的执行、扩充系统的功能、为用户提供方便的使用接口和良好的运行环境。

操作系统的运行环境包括硬件环境、操作系统与其他系统软件的关系以及操作系统与人的接口。其层次结构如图 1-11 所示。

1. 处理器管理

处理器管理的主要功能包括：创建和撤销进程（线程），对诸进程（线程）的运行进行控制，实现进程（线程）之间的信息交换，按照一定的算法条件把处理器分配给进程（线程），当进程（线程）使用完 CPU 后，操作系统又要将 CPU 回收（也称资源回收），再按照分配策略将 CPU 分配给需要使用 CPU 的用户。这样，周而复始地进行下去，直至整个系统中的各类用户任务得以完成。

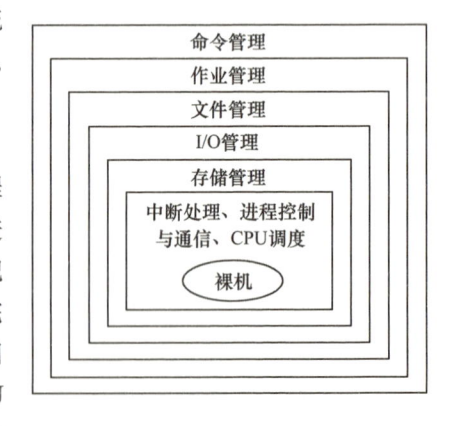

图 1-11　操作系统的层次结构

处理器管理主要涉及如下四个方面：

（1）进程控制。在传统的多道程序环境下，要使作业（程序）能够运行，就必须先为作业创建一个或数个进程，并为该进程分配必要的资源。多进程运行结束时，系统会立即撤销该进程，以便能及时回收该进程所占用的各类资源。进程控制的主要功能就是为作业创建进程,撤销已经结束的进程和控制进程在运行过程中的状态转换。在现代的操作系统中,进程控制还应该具有为一个进程创建若干个线程的功能和撤销(终止)已经完成任务的线程的功能。

(2)进程同步。进程是以异步方式运行的,并以不可想象的速度向前推进。为了使多个进程能有条不紊地运行,操作系统必须设置进程同步机制,进程同步的主要任务是为多个进程(含线程)的运行进行协调,通常有两种协调方式:一是进程互斥方式,就是诸进程(线程)在对临界资源进行访问时所采用的互斥方式;二是进程同步方式,就是在相互合作完成共同任务的诸进程(线程)之间,由同步机制对各进程(线程)的执行顺序进行协调的方式。

(3)进程通信。在传统的多道程序系统中,为了加速应用程序的执行,不仅应该在系统中建立多个进程,还应该为每个进程建立若干个线程,由这些进程(线程)相互合作去完成一个共同的任务。当然,在这些进程(线程)之间还需要交换信息。

(4)处理器调度

在后备队列中等待的每个作业都需要经过调度才能运行。在传统的操作系统中,处理器调度分为进程调度和作业调度两种。

进程调度是指按照一定的算法从就绪队列中选择一个满足运行条件的进程,把处理器(CPU)分配给该进程让其运行。

作业调度是指从后备队列中按照一定的算法,选择若干个作业,为这些被选择的作业分配必要的资源(内存空间),再将这些被选择的作业调入内存,为其创建进程,并按照一定的算法把这些进程放入就绪队列。

本书将进程控制、进程同步和进程通信放在第 2 章中讲解,而把处理器的调度和死锁相关知识放在第 3 章中讲解。

2. 存储器管理

存储器管理是对主存储器进行管理。根据用户程序的要求为它分配主存(内存分配)空间和实现重定位(地址映射);同时还保护用户存放在主存储器中的程序和数据不被破坏(内存保护)。必要时可以提供虚拟存储技术,扩充主存空间(内存扩充),为用户提供比实际容量更大的虚拟存储空间。

3. 设备管理

设备管理负责管理各类外设,包括设备的启动、分配和故障处理等。为了提高设备的使用效率,还实现了虚拟设备。

4. 文件管理

文件管理面向用户,实现按名存取,支持对文件的存储、检索,解决文件的共享、保护和保密等问题。一般来说,操作系统中都有功能较强的文件管理系统。

* 5. 接口管理

操作系统还为用户提供使用计算机的手段,为用户提供两类使用接口:命令接口和程序接口。

命令接口也称操作员接口,它是用户利用操作系统命令组织和控制作业的执行或管理计算机系统,用户在命令输入界面输入命令,由系统在后台执行,并将结果反映到前台的界面或特定的文件内。命令接口可以进一步分为联机用户接口和脱机用户接口。

程序接口,也称程序员接口,或称为系统调用,即用户程序可以利用系统提供的一组"系统调用"命令来调用操作系统内核中的一个或一组程序来完成自己所需的功能。

要点讲解

1.6 节主要学习如下知识要点:

1.从资源管理的角度来看,操作系统的功能:
(1)处理器管理:对 CPU 进行管理。
(2)存储器管理:对主存储器进行管理。
(3)文件管理:通过对磁盘进行管理,实现对软件资源进行管理。
(4)设备管理:对各类输入/输出设备进行管理。

2.操作系统为用户提供的使用接口:
(1)程序员接口:通过"系统调用"使用操作系统功能。(开发者,系统级,程序接口)
(2)操作员接口:通过操作控制命令提出控制要求。(应用者,用户级,命令接口)

典型例题分析

1.为实现对磁盘上文件的按名存取,这方面的功能属于操作系统的(　　)功能。
A.处理器管理　　B.存储器管理　　C.文件管理　　D.设备管理
【答案】C
【分析】为实现对计算机的信息管理,操作系统把程序和数据以文件的形式存放在外存上长期保存,供用户需要时使用,操作系统中的文件系统负责管理外存上的文件,并负责对文件的存取、共享和保护。

2.操作系统有处理器管理、_____、_____、_____、_____等基本功能。
【答案】存储器管理、文件管理、设备管理、接口管理。
【分析】操作系统有处理器管理、存储器管理、文件管理、设备管理和接口管理等基本功能。

1.7　Linux 简介

1.7.1　Linux 概述

Linux 是为 Intel 架构的个人计算机和工作站设计的操作系统。一方面,它既有字符界面,又可提供像 Windows 和 Macintosh 那样功能齐全的图形用户界面,人们普遍认为 Linux 性能稳定;另一方面,Linux 被定位为一个自由软件(GNU),是免费的、开放源代码的产品。编制它的一个重要目的就是建立不受任何商品化软件版权制约的、全世界都能自由使用的 UNIX 兼容产品。自从 20 世纪 90 年代初期 Linus Torvalds 开发出 Linux 系统以来,世界上众多的程序员对它进行了改进和提高。如今,经过三十多年的努力,Linux 已被应用到多个领域,小到手机、PDA 等嵌入式系统,大到上千台主机的超级计算机及银行、太空实验等对稳定性要求的高端系统。在纷繁的商业软件产品中，Linux 的存在为广大的计算机爱好者提供了学习、探索以及修改计算机操作系统内核的机会。

1. UNIX 的兴起

UNIX 从诞生之日起就是高效、多用户和多任务的操作系统，且价格并不昂贵。尽管 UNIX 操作系统非常复杂，但是它颇具灵活性，可以很容易地被修改，这种设计上的固有灵活性不会影响它的性能，反而使其能够在实践中适应各种环境的需要。事实上正是由于其灵活性，许多厂商也因此拥有自己的专用版本，从而使 UNIX 发展多样化，并日趋昂贵。

在 UNIX 不断发展的过程中，它一直是一个条件要求相对苛刻的大型操作系统，仅对工作站或小型机有效。UNIX 的一些版本被设计为主要适用于工作站环境。Solaris 就是主要为 Sun 工作站开发的，AIX 是为 IBM 工作站开发的，HP-UX 则是为 HP 工作站开发的。随着 PC 逐渐发展且功能日趋强大，人们开始着手开发 UNIX 的 PC 版本。UNIX 固有的可移植性使它几乎适用于任何类型的计算机，同样，产生 PC 版本的 UNIX 也是可行的。

2. Linux 的诞生

1991 年 10 月，一位名叫 Linus Torvalds、21 岁的芬兰赫尔辛基大学计算机系的大学生，当时正在学习 UNIX 课程，他使用由 Andrew Tanenbaum 教授自行开发、发布在 Internet 上提供给全世界的学生免费使用的小型教学用操作系统 Minix。为了自己的操作系统课程研究和后来的上网用途，Linus 在他自己购买的 Intel 386 PC 上开发出了自称为 Linus 版的 Minix，后来命名为 Linux，并在 USNET 新闻组 comp.os.minix 上发布了一条消息："……我正在开发一套类似 Minix 的、运行于 AT-386 上的免费的操作系统……而且我准备把这些源代码发布出来让其更为广泛地传播。"

正是这篇不起眼的短文开启了目前风行全球的 Linux 发展之门。当时发布的也就是第一个 Linux 正式版本——Linux 0.0.2 版，其稳定性及功能很不完善。但 Linux 可以充分利用个人电脑所提供的性能资源，并使 UNIX 最重要的性能——快速、高效和灵活性能够在 PC 上得以体现。

Linus 事后回忆说，他的初衷并不是编写一个操作系统内核，更未想到这一举动会在计算机界产生如此重大的影响，他只是出于实际需要。起初需要一个进程切换器，然后上网需要终端仿真程序，继而希望从网络下载文件则需要自行编写硬盘驱动和文件系统。之后发现他实现了一个几乎完整的操作系统内核。出于对这个内核的信心，美好的奉献精神与发展希望，Linus 希望这个内核能够免费扩散使用，由此诞生了 Linux 操作系统的第一个版本（基于 386 体系结构），并公开了源代码。从此，计算机科技发展领域多了一道亮丽的风景。

Linux 的兴起可以说是 Internet 创造的一个奇迹。到 1992 年 1 月，全世界只有约 100 人在使用 Linux，但由于它是在 Internet 发布的，所以网上的任何人在任何地方都可以得到 Linux 的基本文件，并可以用电子邮件发表评论或修改代码。这些 Linux 的爱好者有把它作为学习和研究对象的大学生、科研单位的科研人员、网络黑客等。他们所提供的所有初期下载代码和评论后来被证明对 Linux 的发展至关重要。正是众多爱好者的努力使 Linux 在不到 3 年的时间里成了一个功能完善、稳定可靠的操作系统。

3. 开源、自由和 Linux

Linux 从诞生之日起，Linus 就希望把它定位为供全人类共享的自由软件，不仅把它的代码全部开放，而且坚持不把 Linux 作为牟利的工具。

在开源和自由的旗帜下，Linux 的持续发展和完善凝聚了全世界无数开发人员的心血，体现了信息世界里的共建、共享和共荣的精神。对工程师来说，根据自身需要可任意修改 Linux 的源代码；对学生来说，阅读 Linux 的源代码可以了解操作系统的内部运行原理，学习高手的编程技巧以及提高个人能力；而对于其他人来说，则可以免费或以低成本获得高手们对系统改良的成果。

尽管 Linux 是在开放的 Internet 环境下开发的，但它依然遵循了正式的 UNIX 标准，在过去的几十年里，由于不同的 UNIX 版本的大量出现，美国电子和电气工程师协会(the Institute of Electrical Engineers，IEEE)为美国国家标准化协会（ANSI)开发了一个独立的 UNIX 标准。这个新的 ANSI UNIX 标准被称作计算机环境的可移植性操作系统界面（the Portable Operating System Interface for Computer Environments，POSIX）。这个标准定义了 UNIX，规定了 UNIX 版本必须遵循的通用标准，当今流行的大部分 UNIX 版本都遵循 POSIX 标准。Linux 从一开始就是依照 POSIX 标准开发的。

4. Linux 操作系统的应用前景与未来

Linux 运行的硬件平台由起初的 Intel 386 开始，到目前已经提供了对现有大部分处理器体系结构的支持，如 Alpha、PowerPC、MIPS、PPC、ARM、NEC 等，Linux 不但支持 32 位体系结构，还支持 64 位体系结构，如 Alpha。此外，Linux 还支持多 CPU。

现在，Linux 应用越来越广泛，从桌面到服务器，从操作系统到嵌入式系统，从零散的应用到整个产业的初见雏形，Linux 已拥有了许多大型企业用户和团体用户，其中包括 NASA、迪士尼、洛克希德、通用电气、波音等世界级的企业以及世界著名大学机构。此外，IBM、Dell、Oracle、SGI、AMD、Transmeta 等大型公司也都为 Linux 的发展贡献力量。

目前，Linux 在企业应用中已经相当成熟，成为增长速度最快的操作系统，已占据服务器领域近 40% 的市场。由于全球各国政府的大力支持，Linux 在桌面市场也获得突破。市场发展阶段显示，Linux 已经突破发展瓶颈，开始冲击以往由 UNIX 主导的服务器市场份额和微软产品主导的桌面系统市场份额，步入了全面发展的黄金时期。同时，Linux 在嵌入式系统中也成为最受欢迎的操作系统之一。

嵌入式技术已经不再局限于"控制、监视或者辅助设备、机器和车间运行机制的装置"，它已经渗透到人们日常生活的许多角落，从 MP3、手机，到智能家电、网络家电、车载设备等都有嵌入式系统在发挥着作用。目前，各种各样的新型嵌入式系统设备在应用数量上已经远远超过了通用计算机。嵌入式系统的特点是内核小、专用性强、系统精简、需要的开发工具和环境、开发的产品往往对价格比较敏感。Linux 的开源、自由、内核小，且易于定制裁减、支持众多的 CPU 芯片、有大量的开发工具等决定了它天然就适合于嵌入式系统的开发。

随着 Linux 的继续扩张，全球 Linux 的人才需求也正在升温。随着人工智能（AI）、大数据和云计算对人才需求的不断增长，使得对具备 Linux 经验的人才需求猛增。

5. Linux 操作系统的特点

Linux 操作系统在短短几年内的迅速发展,除去时机、需求和市场机会几个方面的因素,Linux 本身具有的良好特性仍旧是 Linux 在全球普及和流行的主要原因。

我们在这里谈论的 Linux,准确地说,是指它的 kernel,即系统的内核,Linux 内核至今仍由 Linus Torvalds 领导下的开发小组维护,在 GNU(自由软件工程项目)的 GPL 版权协议下发行。从本质上讲,Linux 是 UNIX 的"克隆"版本或 UNIX 风格的操作系统,它包含了 UNIX 的全部功能和特性,但另一方面,Linux 系统无论从结构上还是应用上都有其自身的特点。概括起来,Linux 具有如下特点:

(1) 开放性

Linux 系统既遵循正式的 UNIX 标准,也遵循"开放系统互连参考模型"(OSI)国际标准。凡遵循国际标准开发的硬件和软件,都能彼此兼容,互通互连。同时,由于 Linux 源代码开放,用户可以免费从 Internet 下载,或者花很少的费用得到 Linux 光盘,这种便捷使得 Linux 相比其他商用操作系统,可大大节省企业的投资,并且用户能够根据源代码,按照需要对部件进行搭配,或自定义扩展。

(2) 多用户

Linux 系统继承了 UNIX 系统的多用户特性,即系统资源可以被不同用户共享使用,而每个用户对自己的资源有特定的权限,互不影响。

(3) 多任务

多任务是现代计算机最主要的一个特点,这是指计算机可同时执行多个程序,而且各个程序的运行相互独立。Linux 系统调度每一个进程平等地占用微处理器。多用户和多任务使得计算机的使用性能达到最高。

(4) 稳定的执行效能

Linux 的内核源代码针对 32 位计算机进行了最优化的设计,所以可确保其稳定性能。并且,随着内核的升级,Linux 不断改进了对多线程技术的支持,从而实现了可在一个程序的主存空间中执行多个线程,来提高硬件资源的利用。Linux 可以把每种处理器的性能发挥到极限。从实际应用情况来看,Linux 连续运行数月数年不死机的现象比比皆是。

(5) 优秀的主存管理

Linux 会将未使用主存区域作为缓冲区,以加速程序的执行。另外,系统会采取主存保护模式来执行程序,以避免因一个程序执行失败而影响整个操作系统的运行。

(6) 支持多种文件系统

Linux 支持多种文件系统,如 FAT16、FAT32、NTFS、EXT 等。它本身使用的文件系统是 EXT2,能提供最多达 4 TB 的文件存储空间,文件名可以长达 255 个字符。

(7) 具有标准兼容性

Linux 遵循 POSIX 规范,它的子系统支持所有相关的 ANSI、ISO、IETF 和 W3C 业界标准。Linux 在工业标准的支持上做得非常好。

(8) 良好的可移植性

由于 Linux 的系统内核只有低于 10% 的源代码采用汇编语言编写,其余以 C 语言来完成,因此平台的可移植性很高。Linux 目前能运行的硬件是所有操作系统最多的,而且还支持多个处理器体系结构。

(9) 广泛的协议支持

Linux 是在 Internet 基础上发布并发展起来的,因此,对网络协议的完善支持是 Linux 的一大特点。同 UNIX 一样,Linux 使用 TCP/IP 为默认的网络通信协议。

(10) 良好的用户界面

Linux 向用户提供了 3 种界面——操作命令界面、系统调用界面和图形用户界面。其中图形界面可采用多个图形管理程序,来变更不同的图案或是功能菜单,例如 Enlightenment、TWM 和 Window Maker,这点是 Windows 操作系统的单一界面无法比拟的。

6. Linux 版本

如前所述,纯粹意义上的 Linux 是指内核,它负责进程管理、存储管理、文件系统、网络通信以及系统初始化(引导)等工作。内核版本是以 Linus 领导下的开发小组开发出的系统内核版本号为标准。

目前较流行的 Linux 发行版本主要有 Red Hat、Redflag(红旗)、OpenLinux、UOS 等,这里就不多赘述。

1.7.2 Linux 操作系统的注册和退出

1. 注册

只有被授权的用户才能注册进入 Linux 系统。如果是一个新用户,那么在第一次注册进入系统之前,应由系统管理员建立一个帐户,包括用户名、用户口令、用户主目录等信息。在系统中建立帐户以后,就被授权使用了。

当在计算机屏幕上看到如下提示时,就表示计算机已准备接受注册。

localhost login:

这时,需要在此提示之后输入注册名(也称用户名),然后按回车键。此时,用户在屏幕上会看到自己输入的用户名和要求输入口令的提示:

localhost login:tcl(tcl 是用户输入的注册名)
Password:

当看到屏幕上出现"Password:"提示时,可输入帐户口令。应注意的是:此时输入的字符并不在屏幕上显示出现,光标也不移动,别人看不到输入的口令,从而避免无效帐号进入系统,在输入口令后,按回车键。

之后,出现提示信息:

Password:
[tcl@localhost tcl#] $ _

使用 root 帐户,将出现如下信息:

localhost login:root
Password:
[root@localhost root#] _

对于一般用户来说,系统默认的提示符为"＄";对 root 用户(超级用户)来说,系统默认提示符号为"♯"。

在一般情况下,应尽量避免使用 root 注册帐户,除非要完成系统管理任务,这是为了避免误操作造成严重后果。

2. 退出

当完成任务想要退出系统时,可以在提示符后输入命令 logout,然后按回车键 Enter。

[tcl@localhost tcl♯] ＄ logout

系统做相应处理后,重新在屏幕上显示注册提示信息。

本章小结

计算机系统由硬件系统和软件系统组成。软件、硬件系统的组成就是计算机系统资源,当不同的用户使用计算机时都要占用系统资源并且有不同的控制需求。

操作系统就是计算机系统的一种系统软件,由它统一管理计算机系统的资源并控制程序的执行。

操作系统的形成过程:

早期没有操作系统(设备驱动程序,即原始操作系统)→原始汇编系统→管理程序→操作系统。可以看到,操作系统是随着计算机硬件的发展和应用需求的推动而形成的。

按照操作系统提供的服务,大致可以把操作系统分为以下几类:批处理操作系统、实时操作系统、分时操作系统、网络操作系统和分布式操作系统。其中批处理操作系统、实时操作系统、分时操作系统是基本的操作系统。

操作系统功能可分为五大部分:处理器管理、存储器管理、文件管理、设备管理和接口管理。

最后简要介绍 Linux 知识。

Android OS 系统简介　　　　Mac OS 系统简介　　　　Harmony(鸿蒙) OS 系统简介

习　题

一、选择题

1. 关于操作系统,下列叙述不正确的是(　　)。

A. 管理系统资源　　　　　　　　B. 控制程序执行

C. 改善人机界面　　　　　　　　D. 提高用户软件运行速度

2. (　　)不是基本的操作系统。

A. 分时操作系统　　　　　　　　B. 实时操作系统

C. 分布式操作系统　　　　　　　D. 多道批处理系统

3.在（　　）的控制下，计算机系统能及时处理由过程控制反馈的数据，并做出响应。
A.批处理操作系统　　　　　　　　B.实时操作系统
C.分时操作系统　　　　　　　　　D.多处理器操作系统

4.能使计算机网络中的若干台计算机系统相互协作，完成一个共同任务的操作系统是（　　）。
A.分布式操作系统　　　　　　　　B.网络操作系统
C.多处理器操作系统　　　　　　　D.嵌入式操作系统

5.计算机中配置操作系统属于（　　）。
A.增强计算机系统功能　　　　　　B.提高系统资源利用率
C.提高系统运行速度　　　　　　　D.提高系统吞吐量

6.在下列性质中，不是分时系统的特点的是（　　）。
A.多路性　　　B.交互性　　　C.独占性　　　D.成批性

7.操作系统的基本分类是（　　）。
A.批处理系统、分时系统和多任务系统
B.实时系统、分时系统和批处理系统
C.单用户系统、多用户系统和批处理系统
D.实时系统、分时系统和多用户系统

8.使用户能按名存取辅助存储器上的信息主要是由操作系统中（　　）实现的。
A.文件管理　　　B.处理器管理　　　C.设备管理　　　D.存储管理

二、填空题
1.计算机系统由_____和_____组成。
2.分时操作系统具有的四个主要特点是及时性、_____、_____和_____。
3.操作系统的资源管理功能主要包括处理器管理、_____、_____、设备管理和_____。
4.用户和操作系统之间的接口主要分为_____和_____。
5.客户/服务器模式采用_____技术。

三、简答题
1.计算机系统由哪些部分组成？
2.什么是操作系统？
3.实时操作系统的主要特点是什么？
4.从资源管理的角度来看，操作系统的基本功能可分成哪些部分？
5.操作系统可分几种类型？

第2章 进程和线程

本章目标

- 理解和掌握进程的定义、状态、进程控制块和进程队列等知识。
- 理解和掌握进程并发性与进程通信。
- 理解线程知识。

操作系统中最核心的概念是进程,它是对正在运行的程序的一种抽象描述。操作系统的其他所有内容都是围绕着进程的概念展开的。所以,让操作系统的读者(或设计者)尽早并透彻地理解进程是非常重要的。

在学习进程概念之前,要理解多道程序设计技术概念。多道程序设计技术利用和发挥了处理器与外设之间以及外设之间的并行工作能力,从而极大地提高了处理器和其他各种资源的利用率,增加了单位时间内处理作业的能力。但是,多道程序设计可能会延长程序的执行时间。

把一个程序在一个数据集合上的一次执行称为一个进程。进程是有生命期的,每个进程都有一个进程控制块记录进程的执行情况。随着进程状态的变化,进程经常要从一个队列退出,进入另一个队列,直至进程消亡。

进程与程序的本质区别是动态与静态之分。进程的标记是进程控制块。进程有三个基本状态:就绪态、运行态和等待态。

本章还讲述进程控制(原语)、进程同步与互斥、进程通信等方面的内容。

2.1 进 程

实际上许多系统都有能力同时完成多种活动。例如,人体能够并行地完成许多运作,或者说是我们将要提到的并发(Concurrently)操作。例如,呼吸、血液循环、思考问题、走路和消化能够并发地发生;在感觉方面也是如此,视觉、触觉、嗅觉和听觉也可以同时运行。同样,计算机也可以并发地完成操作。对桌面计算机来说,编译一个程序、向打印机发送一个文件、呈现 Web 网页、播放数字视频剪辑和接收电子邮件等,同时执行这些操作是一件很平常的事情。

在这一节中,我们要正式介绍进程(Process)这一概念。要理解今天的计算机如何同时执行并跟踪许多活动,关键是要理解进程。我们要介绍进程的一些更普遍的定义,提出进程状态(Process State)的概念,并讨论进程如何在这些状态之间转换。同时学习操作系统为进程提供服务需要完成的各种操作,例如:创建进程、撤销进程、阻塞进程和唤醒进程。

2.1.1 多道程序设计

1. 程序的顺序执行

程序是一个在时间上按严格次序前后相继的操作序列。它体现了编程人员要求计算机完成所要求功能时应该采取的顺序步骤。

程序的顺序执行具有以下三个特点：

①顺序性。即上一条指令的执行结束是下一条指令执行开始的充分必要条件，程序总是严格按照给定的指令序列顺序执行的。即使要改变执行顺序，也是通过程序本身的指令（如转移指令、循环指令等）来实现的。

②封闭性。程序一旦开始运行，就必然独占所有的系统资源，其执行结果由给定的初始条件决定，而不会受到外界因素的影响。

③可再现性。这是指程序执行的结果与执行的时间、速度和次数都无关。也就是说，只要给定的初始条件相同，无论在什么机器上，在任何时间，以任何速度，多次重复执行程序都必然得到相同的结果。

显然，在这种单道程序系统环境下，系统资源是以程序为单位进行分配的，而且被获得了全部资源而运行的程序所独占，也就不存在资源共享、多个程序同时运行以及用户程序执行的随机性问题，操作系统的设计和功能也因此变得非常简单。但在这种系统中，资源利用率极低。

例如，在为某个数据处理问题而编制的程序中，通常总是先从输入机读入一批数据，然后按要求进行处理，最后把结果打印（或显示）输出。从时间上来看，该程序的执行过程中不可能使输入机、处理器和打印机同时处于忙碌状态，如输入数据时，处理器和打印机是空闲的，而在打印数据时，输入机和处理器又在空等。如图 2-1 所示。

图 2-1 程序的顺序执行

2. 程序的并发执行

为了增强计算机系统的处理能力，提高资源利用率，可以让多个程序同时在系统中运行，这种多个程序的同时操作技术就称为程序的并发执行。例如，有 A、B、C 三个程序同时在系统中运行，如图 2-2 所示可以让这三个程序顺序分时地占用 CPU。

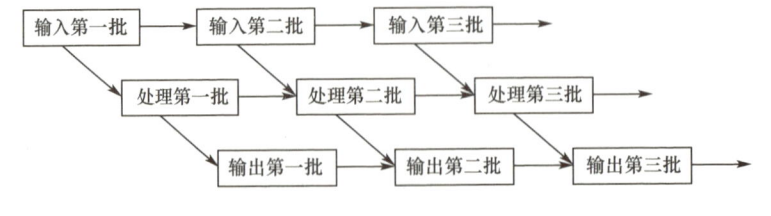

图 2-2 程序的并发执行

当程序 A 占用 CPU 处理数据时，或让程序 B 占用输入机输入数据，当程序 A 处理完数据后就可以打印结果，而此时程序 B 可以使用 CPU 来处理数据，程序 C 又可以使用输入机输入数据。显然,只要在时间上能对多个程序使用资源进行合理调度,就可以使系统中所有资源都尽可能满负荷、均衡地使用。

3. 多道程序设计技术

让多个计算问题同时装入一个计算机系统的主存储器并行执行,这种程序设计技术称为多道程序设计。这种计算机系统称为多道程序设计系统,简称为多道系统。

(1) 采用多道程序设计技术应注意的问题

① 存储保护

在多道程序设计系统中,主存储器中同时存放了多个作业程序。为避免相互干扰,必须提供必要的手段使主存储器中的各道程序只能访问自己区域。这样,每道程序在执行时都不会破坏其他各道的程序和数据。特别是当某道程序发生错误时,也不至于影响其他程序。也就是说,在多道程序设计系统中,应采用存储保护的方法保证各道程序互不侵犯。

② 程序浮动

在多道程序设计系统中,不能事先规定程序存放在主存储器的哪个区域内。这要根据程序的大小及主存储器中空闲区域的大小来决定。因此,要求编制的程序存放在主存储器的任何区域都能正确执行。甚至在执行过程中,当程序被改变了存放区域,其执行仍不受影响。也就是说,程序可以随机地从主存储器的一个区域移动到另一个区域,程序被移动后,仍丝毫不影响它的执行。这种技术称为程序浮动。

③ 资源的分配和调度

任何一个装入主存储器的程序只有占用了处理器后才能运行。程序运行时又可能要求使用外设。如果在多程序设计的系统里只配置了一个处理器,则多个程序就要竞争处理器。系统必须进行合理的调度,决定哪一道程序可以占用处理器,哪一道程序应该释放处理器。如果某个程序要求使用另一个程序正在使用的外设,则必须等待。当外设工作结束时,由系统决定分配给哪个程序使用。所以,在多道程序设计的系统中必须对各种资源按一定的策略进行分配和调度。

例如,如图 2-3 所示,设有两道作业程序 A、B 要在同一台处理器上运行,假设程序 A 在其执行过程中要进行 I/O 操作,即要求从外设读取数据到主存缓冲区,或将主存缓冲区内的数据写到外设,在 I/O 操作未完成之前,后继程序无法进行。作业程序 A、B 的执行过程:处理器先执行 A 中的指令,一段时间后,A 要求 I/O 操作,则启动操作系统外设管理设备(通道),完成 A 的请求,同时调度 B 程序运行,当 A 的 I/O 操作完成后,停止 B 的执行,返回 A,继续执行。

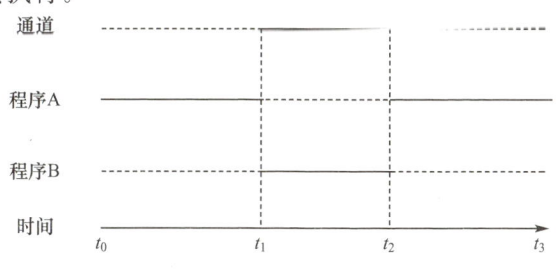

图 2-3 多道程序设计中 CPU 处理时间的分配

(2) 多道程序设计的效率

对具有处理器与外设并行工作能力的计算机系统来说,采用多道程序设计技术后,能提高整个系统的效率。具体表现为:

① 提高了处理器的利用率

从图 2-2 可以看到,第一批数据输入后,处理器开始处理数据时,输入设备已经开始输入第二批数据,在输入第二批数据时,已经可以输出第一批处理后的数据了。这样,在此系统中处理器的空闲时间减少了,提高了处理器的使用效率,从而提高了单位时间内的算题量。

② 充分利用外部资源

一个计算机系统经常配置多种外设,如输入机、打印机、磁带机和磁盘机等。单道程序可能只需要使用其中的一部分设备,因而另一部分设备就被闲置。而采用多道程序并行工作时,只要把使用不同外设的程序搭配在一起,同时装入主存储器,那么,系统中的各种外设就会经常处于忙碌状态,使系统中的设备资源得到充分利用。

③ 发挥了处理器与外设,以及外设之间的并行工作能力

尽管硬件具有处理器与外设并行工作的能力,但按照如图 2-1 所示的工作方式,输入设备(输入机)、处理器和输出设备(打印机)是不能并行工作的。当采用多道程序设计后,情况就不同了,从图 2-2 可以看到,输入机、处理器和打印机能够同时工作。所以,多道程序设计实际上利用并发挥了硬件中各种资源的并行工作能力。显然,也只有采用多道程序设计才能发挥它们的并行工作能力。

因此,采用多道程序设计技术后,可有效提高系统中资源的利用率,增加单位时间内的算题量,从而提高系统的吞吐量。

要点讲解

2.1.1 节主要学习如下知识要点:

1. 什么是多道程序设计

(1) 多道程序设计定义

让多个计算问题同时装入一个计算机系统的主存储器并行执行,这种程序设计技术称为多道程序设计。这种计算机系统称为多道程序设计系统,简称为多道系统。

(2) 注意事项

① 存储保护。必须提供必要的手段使得在主存储器中的各道程序,只能访问自己的区域,避免相互干扰。

② 程序浮动。是指程序可以随机地从主存储器的一个区域移动到另一个区域,程序被移动后,仍丝毫不影响它的执行。(可集中分散的空闲区,提高主存空间的利用率)

③ 资源的分配和调度。多道程序竞争使用处理器和各种资源时,多道程序设计的系统必须对各种资源按一定的策略进行分配和调度。

2. 为什么要采用多道程序设计

(1) 程序的顺序执行。处理器和外设以及外设之间都得不到高效利用。

(2) 程序的并行执行。让程序的各个模块可独立执行、并行工作,从而发挥处理器与

外设之间的并行工作能力。

(3)多道并行执行。在一个程序各个模块并行工作的基础上,允许多道程序并行执行,进一步提高处理器与外设之间的并行工作能力,具体表现在:

①提高了处理器的利用率。

②充分利用外部资源。

③发挥了处理器与外设,以及外设之间的并行工作能力。

注意:并行,宏观可同时执行,微观也是同时执行。

典型例题分析

1. 多道程序设计技术需注意_____、_____、资源的分配和调度。

【答案】存储保护、程序浮动

【分析】采用多道程序设计需注意存储保护、程序浮动、资源的分配和调度。其中,存储保护可保证各道程序互不侵犯;程序浮动可保证程序移动后不影响其运行。

2. 为了减少处理器的空闲时间,提高它的利用率,可采用_____技术。

【答案】多道程序设计

【分析】多道程序设计充分发挥硬件中的并行工作能力,减少了处理器的空闲时间。

3. 采用多道程序设计能( )。

A. 增加平均周转时间

B. 发挥且提高了 CPU 与外设之间、外设与外调之间的并行工作能力

C. 缩短每道程序执行时间

D. 降低对处理器调度的要求

【答案】B

【分析】多道程序设计使多个程序同时驻留主存,充分发挥了硬件资源的并行工作能力。

4. 简述采用多道程序设计需要注意的问题。

【答案】采用多道程序设计能改善资源的使用情况,提高系统效率,但需要注意以下两个问题:

(1)可能延长程序执行时间。

(2)并行工作道数与系统效率不成正比。

2.1.2 进程概念的引入

20 世纪 60 年代,MULTICS(第一个完整的操作系统)的设计人员首次在操作系统环境中使用了"进程"这一术语。从那时起,进程与任务(Task)可以适当地互相使用,并对进程下了许多定义。例如,进程是执行中的程序;进程是异步活动;进程是执行中的过程的控制轨迹;进程是由一个数据结构(操作系统中称为进程控制块)的存在来证明的东西;进程是被分配处理的实体;进程是可"调度的"单元。

进程和程序是既有联系又有区别的两个概念,类似于铁路交通中所使用的列车与火车的概念。火车是一种交通工具,而列车是指已经从某个起点始发但还没有到达终点的

正在行驶中的火车。

这些定义提出了两个关键概念。第一个概念是,进程是一个实体,每一个进程都有它自己的地址空间。第二个概念是,进程是一个"执行中的程序"。程序是一个没有生命的实体,只有处理器赋予程序生命时,它才能成为一个活动的实体。也就是说,进程与程序的关系有如下几个方面:

(1)进程是一个动态的概念,而程序则是一个静态的概念。程序是指令的有序集合,没有任何执行含义,而进程则强调执行过程,它动态地被创建,并在调度执行后消亡。

(2)进程具有并行特征,而程序没有。进程的并行特征具有两个方面,即独立性和异步性。也就是说,在不考虑资源共享的情况下,各进程的执行是独立的,它们之间不存在逻辑上的制约关系,各进程的执行速度是异步的,由于程序不反映执行过程,所以不具有并行特征。

(3)进程是系统中独立存在的实体,是分配资源的基本单位。进程对应特殊的描述结构,并有申请、使用和释放资源的资格,由于系统中存在多个进程,系统资源的有限性必然导致多个进程对资源的共享和竞争,从而使进程的并行性受到系统的制约。

(4)进程的存在必然需要程序的存在,但进程和程序不是一一对应的。由于进程是程序的执行过程,所以程序是进程的一个组成部分。处于静止状态的程序并不对应于任何进程,当程序被处理器执行时,它一定属于某一个或者多个进程,属于进程的程序可以是一个,也可以是多个,不同的进程可以包含同一个程序,只要该程序所对应的数据集不同。

从上面几个方面,我们可以这样理解,进程是一个正在运行的程序,程序的执行必须依赖于一个实体——数据集,一般我们将进程定义如下:进程是一个程序在一个数据集上的一次运行。

注意:

- 进程包括程序和数据集。
- 进程是一个程序的一次运行。
- 进程的程序运行在一个数据集上。

要点讲解

2.1.2节主要学习如下知识要点:

1. 进程的定义

(1)程序是具有独立功能的一组指令或一组语句的集合,或者说是指出处理器执行操作的步骤。

(2)进程是指一个程序在一个数据集上的一次执行。

(3)程序和进程的区别:程序是静态的文本,进程是动态的过程。进程包括程序和数据集。

2. 为什么要引入进程

(1)提高资源的利用率。一个程序被分成若干个可独立执行的程序模块,每个可独立执行的程序模块的一次执行都可看作一个进程,通过进程的同步可提高资源的利用率。

(2)正确描述程序的执行情况,便于描述一个程序被执行多次时各自的执行进度。

典型例题分析

1. 一个程序在一个数据集上的一次执行称为一个进程,所以(　　)。

   A. 进程与程序一一对应

   B. 一个进程没有结束前,另一个进程不能开始工作

   C. 每个进程都有一个生命周期

   D. 一个进程完成任务后,它的程序和数据自动被撤销

【答案】C

【分析】一个执行进程是有生命周期的,所以答案 C 是正确的;一个进程可以对应多个程序,一个程序也可能对应多个进程,答案 A 是错误的;在多道程序设计中,多个进程可并发执行,答案 B 是错误的;程序是永久的,不会随进程的完成而撤销,答案 D 也是错误的。

2. 进程是_____的动态描述。

【答案】程序

【分析】进程是一个程序的一次执行,它反映了程序的执行过程。

2.1.3　进程的状态及转换

1. 进程的三个基本状态

操作系统必须确保每一个进程都能得到足够的处理器时间。对任何一个系统来说,真正并发执行的进程数只能与处理器数一样多。正常情况下,系统中的进程数比处理器数多得多,因此,在任何指定的时间点,有些进程能够执行,而有些进程则不能执行。

进程在其生命过程中,在一系列的进程状态中变化。各种事件都可以引起进程状态的改变。例如,一个正占用处理器运行的进程 P1 启动了一个外设后,往往要等待外设传输完信息后才能再运行,于是,P1 启动了外设后,应让出处理器,这时另一进程 P2 可占用处理器运行。但当 P1 启动的外设完成了传输工作后,可能要 P2 暂停运行,让进程 P1 先继续运行下去。所以,对一个单处理器的系统来说,若干个进程是轮流占用处理器运行的,一个进程运行若干条指令后,由于自身或外界的原因让出处理器,然后别的进程可以占用处理器。为了便于管理进程,我们按进程在执行过程中不同时刻的不同状态定义三个基本状态。

① 就绪态。等待系统分配处理器,以便运行。

② 运行态。占用处理器正在运行。

③ 等待态(又称为阻塞态)。等待某个事件的完成。通常,由于造成等待的条件是各种各样的,所以处于等待状态的进程也按不同的条件处于不同的等待队列中。

在某些操作系统中,进程的运行状态又进一步划分成用户态和系统态。进程的用户程序段在执行时,该进程处于用户态;而一个进程的系统程序段在执行时,该进程就处于系统态。

2. 进程的状态转换

由于并发执行的多个进程对系统资源的共享与竞争，一个进程有时处于运行态，有时又处于就绪态或等待态，即进程在执行过程中状态不断发生变化，进程状态的转换关系如图 2-4 所示。

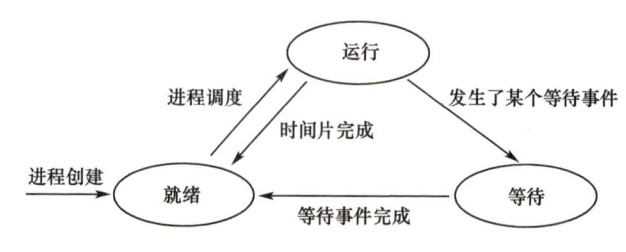

图 2-4 进程状态的相互转换

每个进程在执行过程中的任一时刻一定处于且仅处于上述三种基本状态之一。

(1) 运行态→等待态

一个进程运行中启动了外设，等待外设传输；进程在运行中申请资源（主存空间、外设）得不到满足变成等待资源状态；进程在运行中出现了故障（程序错、主存错等）变成等待人工干预状态。

(2) 等待态→就绪态

外设工作结束，使等待外设传输者结束等待；等待的资源得到满足（另一进程归还）；故障排除后，等待干预的进程结束等待。

一个结束等待的进程必须先转换成就绪状态，当分到处理器后才能运行。

(3) 运行态→就绪态

分配给进程占用处理器的时间到强迫进程让出处理器；有更高优先权的进程要先运行，迫使正在运行的进程让出处理器。

(4) 就绪态→运行态

有多个进程等待分配处理器时，系统按一种规定的策略从多个处于就绪状态的进程中选择一个进程，让它占用处理器，被选中进程的状态就变成运行态。

要点讲解

2.1.3 节主要学习如下知识要点：

1. 进程三个基本状态
   (1) 等待态：等待某一事件。
   (2) 就绪态：等待系统分配处理器，以便运行。
   (3) 运行态：正在占用处理器运行。

2. 进程状态变化的几种情况
   (1) 运行态→等待态
   (2) 等待态→就绪态
   (3) 运行态→就绪态
   (4) 就绪态→运行态

典型例题分析

1. 进程在执行过程中状态会发生变化，不可能出现的状态变化是（　　）。
   A. 运行态→等待态　　　　　　　B. 等待态→就绪态
   C. 运行态→就绪态　　　　　　　D. 等待态→运行态

【答案】D

【分析】等待态结束后，必须先转到就绪态，等待进程调度程序选择占用处理器后再运行。

2. 进程所请求的一次打印输出结束后，将使进程状态从（　　）。
   A. 运行态变为就绪态　　　　　　B. 运行态变为等待态
   C. 就绪态变为运行态　　　　　　D. 等待态变为就绪态

【答案】D

【分析】进程在访问外设时，发生了等待事件，使进程处于等待态，等待事件结束，重新进入就绪态。

3. 当一个进程被选中占用处理器时，就从_____态变为_____态。

【答案】就绪、运行

【分析】进程状态变化中，进程被选中运行前，必须处于就绪态。

2.1.4　进程控制块

从处理器调度的角度看，操作系统必须要有一个特殊的数据结构来描述进程的存在及活动的过程。进程的描述由三部分组成：进程控制块（Process Control Block，PCB）、有关程序段及其所操作的数据集。

进程控制块通常包含：

（1）描述信息

①进程名或进程 ID：每个进程都有唯一的进程名或进程标识号，用来标识该进程。

②用户名或用户 ID：标识创建该进程的用户，有利于资源共享与保护。

③家族关系：用来记录创建该进程的进程（父进程），以及该进程所创建的子进程。通常，父进程可以多次产生子进程，即有多个子进程，但子进程只能有一个父进程。

（2）控制信息

①进程的当前状态：说明进程当前处于何种状态。

②进程的优先级（Priority）：是选取进程占用处理器的重要依据。与进程优先级有关的 PCB 表项，还有占用 CPU 时间、进程优先级和占据主存的时间等。

③程序和数据区指针：指明该进程所对应的程序和要处理的主存中数据的起始地址。

④各种计时信息：给出进程占用、等待和利用资源的有关情况。

⑤通信信息：说明该进程在执行过程中与其他进程所发生的信息交换情况。

（3）管理信息

①主存使用信息：包括占用主存大小及其管理用的数据结构指针，如主存管理中用到的页表指针等。

②程序共享信息：包括共享程序段大小及起始地址。

③I/O设备使用信息：包括I/O设备号，所要传送的数据长度、缓冲区地址、缓冲区长度及设备的有关数据结构指针等，用于进程对设备的申请、释放和数据传输。

④文件系统指针及标识：进程可使用这些信息对文件系统进行操作。

(4) 现场信息

当进程因等待某个事件进入等待状态或因某种事件发生被中止在处理器上的执行时，为了以后该进程能在被打断处恢复执行，操作系统需要保护当前进程的 CPU 现场信息。

I/O 状态信息包含了进程在执行中使用到的 I/O 设备、打开的文件等。这些信息包括通用寄存器内容、控制寄存器内容和程序状态字寄存器内容等。

操作系统依据进程控制块对进程进行控制和管理。进程控制块信息如图 2-5 所示。

描述信息	进程名或进程ID
	用户名或用户ID
	家族关系
控制信息	进程的当前状态
	进程的优先级
	程序和数据区指针
	各种计时信息
	通信信息
管理信息	主存使用信息
	程序共享信息
	I/O设备使用信息
	文件系统指针及标识
现场信息	通用寄存器内容
	控制寄存器内容
	程序状态字寄存器内容

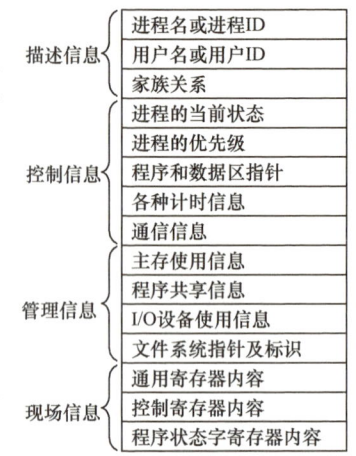

图 2-5 进程控制块信息

一个进程在执行过程中，为了请求某种服务，可以再要求创建其他进程。例如，一个作业被接收进系统后，首先要对源程序进行编译，于是系统为该作业创建一个能实现编译任务的"编译进程"；编译进程工作时要请求系统启动外设把源程序读入主存储器，因此，又要创建一个"读源程序"的进程；读源程序时有可能发现分配的主存区域不够大，而要求再创建一个"分配主存"进程来扩充主存区域。各进程相互协作，完成一个特定的任务。

在创建进程时，首先需要创建其 PCB。系统通过 PCB 的操作为有关进程分配资源，从而使该进程得以有被调度执行的可能；进程从 PCB 中记录的对应程序段起始地址开始执行，而进程被打断又恢复执行时也依赖于 PCB 中的现场信息；进程执行结束后，也是通过释放 PCB 来释放进程占用的各种资源，然后一个进程就结束它的生命而消亡。因此，进程控制块是一个进程是否存在的标志。正因为操作系统中 PCB 的重要性，以及系统需要频繁地对 PCB 进行操作，因此，几乎所有的多道程序操作系统中，一个进程的 PCB 结构应常驻主存。

我们把进程包括的程序、数据和进程控制块称为进程的三要素或进程的组成部分。

📘 要点讲解

2.1.4 节主要学习如下知识要点：

1. 进程控制块即 PCB，它是进程存在的唯一标识。

2. 进程控制块构成。

(1) 描述信息。用来标识进程的存在和区分各个进程的标识和进程名。

(2) 控制信息。用于说明本进程的情况。包括进程状态、等待原因、进程程序存放位置和进程数据存放位置。

(3) 管理信息。用来对进程进行管理和调度的信息，包括进程优先级、队列指针。

(4) 现场信息。当进程由于某种原因让出处理器时，记录与处理器有关的各种现场信息，包括通用寄存器内容、控制寄存器内容、程序状态字寄存器内容。

典型例题分析

1.进程由_____、_____和_____三部分组成。

【答案】程序、数据、进程控制块。

【分析】进程是一个程序在一个数据集上的一次运行;进程控制块是进程存在的唯一标识。

2.进程控制块的现场信息包括(　　)信息。

A.控制寄存器内容、通用寄存器内容

B.控制寄存器内容、通用寄存器内容和程序状态字寄存器内容

C.通用寄存器内容和程序状态字寄存器内容

D.程序计数器内容、通用寄存器内容和程序状态字寄存器内容

【答案】B

【分析】现场信息是当进程由于某种原因让出处理器时,记录与处理器有关的各种现场信息,包括通用寄存器内容、控制寄存器内容、程序状态字寄存器内容。

2.1.5 进程的队列

在单处理器的情况下,每次只能让一个进程运行,其他进程处于就绪态或等待态。为了便于管理,经常把处于相同状态的进程链接在一起,称为进程队列。

在多道程序设计的系统中,往往会同时创建多个进程,这些被创建的若干就绪进程可按一定的次序排成队列,这个队列称为就绪队列,等待系统把处理器分给它们以便运行。把等待资源或等待某些事件的进程也排成队列称为等待队列。

由于每个进程都有一个进程控制块,进程控制块能标识一个进程的存在和动态地刻画进程的特性。于是,为了便于控制和管理,进程的队列可以通过对进程控制块的链接来形成。链接的方式可以有两种:单向链接和双向链接,如图 2-6 所示。

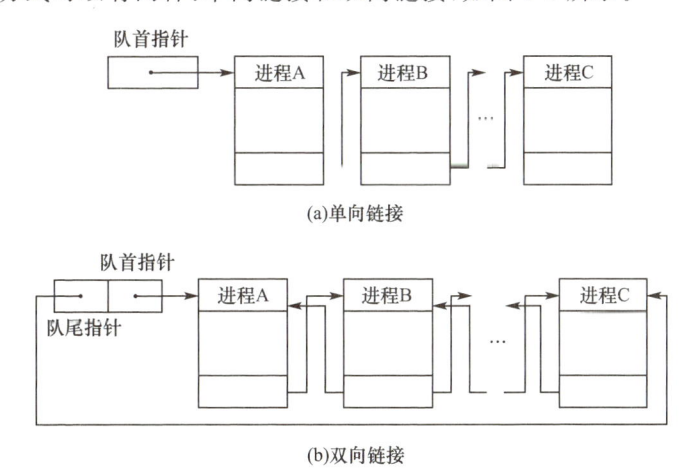

图 2-6　队列链接

同一队列中的进程,通过进程控制块中的队列指针联系起来,前一个进程的进程控制

块中的指针指向它的下一个进程的进程控制块的位置,队首指针指向队列中第一个进程的进程控制块的位置,最后一个进程的进程控制块中的指针值为"0"(空指针)。

在双向链接中,可设置两个指针,称为左邻指针和右邻指针,分别指向队列中与其左邻或右邻的进程控制块位置。

系统中的等待队列不止一个。例如,若干进程都要求使用同一台外设时,则每次只能让一个进程使用,其他的进程必须等待,可让这些等待的进程形成一个等待队列。系统可把等待不同资源的进程组织成不同的等待队列。

一个进程被创建后,它被置于就绪队列中,当它能得到处理器时,就从就绪队列中退出,进入"运行态"。例如,在运行过程中可能要求读磁盘上的信息而处于等待传输信息的状态,进入等待队列;当它要求的磁盘传输操作结束后,又要退出等待队列而进入就绪队列。所以,一个进程在执行过程中,由于进程的状态不断变化而要从一个队列退出且进入另一个队列,直至进程结束。一个进程从所在的队列中退出称为"出队",相反,一个进程进入一个指定队列中称为"入队"。系统中负责进程入队和出队的工作称为队列管理。

我们以图2-6中双向链接的队列来讨论一个进程如何出入队。当一个指定的进程要退出某队列时,首先找到队首指针,沿链查找要出队的进程,找到后只要修改该进程的左邻和右邻进程的队列指针值就可以了。例如,现在某队列中有A、B、C、D四个进程。由于某种原因,现在B进程要退出该队列。首先找到该队列的队首指针,由右邻指针值可找到第一个进程A,比较进程名得知它不是指定的进程B。于是,继续按A的右邻指针找到下一个进程,比较进程名,得知该进程是指定的要退出队列的进程B。只要把进程B的右邻指针值送到进程A的右邻指针中,把进程B的左邻指针值送到进程C的左邻指针中,这样就使进程A与进程C链接起来了,而进程B与队列断链,它就退出了队列。若出队的进程是队列中的第一个进程(或最后一个进程),则必须把它的右邻指针值(或左邻指针值)送到队首指针的右指针(或左指针)中。当一个进程要加入某队列中去,若原队列为空,则只要把入队进程的进程控制块地址填入队首指针中,该进程的队列指针值填上"0",就表示它既无右邻进程又无左邻进程。若原队列非空,则找到应插入的位置后,按链接要求修改相应的队列指针值,就可把一个进程插到队列中。

要点讲解

2.1.5节主要学习如下知识要点:

1. 进程队列概念

为了便于管理,经常把处于相同状态的进程链接在一起,称为进程队列。

2. 进程队列分类

(1)就绪队列,是指把若干个等待运行的进程(就绪进程)按一定的次序链接起来的队列。

(2)等待队列,是指把若干个等待资源或等待某些事件的进程按一定的次序链接起来的队列。

3. 队列实现方法

只需将状态相同的进程控制块链接起来就可以。链接的方式包括单向链接和双向链接。

4. 队列管理

队列管理是指系统中负责进程入队和出队的工作。

(1)入队是指一个进程进入指定的队列。

①从队首入队成为新的队首进程。

②从队尾入队成为新的队尾进程。

③插入队列中某两个进程之间。

(2)出队是指一个进程从所在的队列中退出,也存在如上的相应三种情况。

典型例题分析

1.进程在时间片到后插入(　　)中。

A.就绪队列　　　　B.等待队列　　　　C.运行队列　　　　D.其他队列

【答案】A

【分析】进程在运行一段时间片后,并不是因为发生了等待事件,而是因为缺少处理器运行,所以应处于就绪状态,排在就绪队列中。

2.进程队列链接的两种方式为＿＿＿＿、＿＿＿＿。

【答案】单向链接、双向链接。

【分析】单向链接和双向链接为进程队列链接的两种方式。

2.1.6　进程控制(原语)

进程控制的职责是对系统中的全部进程实施有效的管理。其功能包括进程的创建、撤销、阻塞和唤醒等。这些功能一般是由操作系统的内核对应的原语来实现的。

所谓原语,是由若干条机器指令构成的,用来完成某一特定功能的一段程序。原语在执行期间不可分割,所以原语操作具有原子性(或理解原语为一个不可中断的进程)。为了防止操作及关键数据如PCB(进程控制块)等受到用户程序有意或无意的破坏,通常将处理器的执行状态分为两种:核心态和用户态。

- 核心态。又称管态,是操作系统管理程序执行时机器所处的状态。它具有较高特权,能执行一切指令,访问所有的寄存器和存储区。

- 用户态。又称目态,是用户程序执行时机器所处的状态。这是具有较低特权的执行状态,它只能执行规定的指令,访问指定的寄存器和存储区。

1.进程的创建

进程的创建是由创建原语实现的。当需要进程时,就可以建立一个新进程,被创建的进程称为子进程,创建进程的进程称为父进程。

创建原语的主要功能是为被创建进程形成一个PCB,并填入相应的初始值。其主要操作过程是为进程分配一个工作区,接下来向系统申请一个PCB结构,再根据父进程所提供的参数将子进程的PCB初始化,并将PCB插入就绪队列。

2.进程撤销

进程撤销是由撤销原语实现的。一个进程在完成其任务后,应予以撤销,以便及时释放它所占用的各类资源。撤销原语可采用两种撤销策略:一种策略是只撤销一个具有指定标识符的进程,另一种策略是撤销指定进程及其子孙进程。

撤销原语的主要功能是收回被撤销进程占用的所有资源,并撤销它的 PCB,其主要操作过程是先从 PCB 集合中找到被撤销进程的 PCB。若被撤销进程正处于运行态,则应立即停止该进程的执行,设置重新调度标志,以便进程撤销后将处理器分给其他进程。对于后一种撤销策略,若被撤销进程有子孙进程,还应将该进程的子孙进程予以撤销,对于被撤销进程所占用的资源,或者归还给父进程,或者归还给系统,最后撤销它的 PCB。

3. 进程阻塞和唤醒

阻塞原语的作用是将进程由执行状态转变为等待状态,而唤醒原语的作用则是将进程由等待状态转变为就绪状态。

当一个进程期待的某一事件未出现时,该进程调用阻塞原语就将自己阻塞起来。阻塞原语在阻塞一个进程时,由于该进程正处于执行状态,故应先中断处理器和保存该进程的 CPU 现场,然后将该进程插入等待该事件的等待队列中,再从就绪队列中选择一个新进程投入运行。

对于处于等待状态的进程,当该进程期待的事件出现时,由发现者进程调度唤醒原语将阻塞的进程唤醒,使其进入就绪状态。

应当注意,一个进程由执行状态转变为阻塞状态是这个进程自己调用阻塞原语去完成的,而进程由阻塞状态转变为就绪状态,是另一个发现者进程调用唤醒原语实现的,一般这个发现者进程与被唤醒进程是合作的并发进程。

要点讲解

2.1.6 节主要学习如下知识要点:

1. 进程创建和撤销

当系统为一个程序分配一个工作区(存放程序处理的数据集)和建立一个进程控制块后就创建了一个进程。刚创建的进程其状态为就绪状态(若执行过程中还缺少资源可以再将其转变为等待状态)。

当一个进程完成了特定的任务后,系统收回这个进程所占用资源和取消该进程的进程控制块,就撤销了该进程。

2. 进程的唤醒和阻塞

当进程处于等待状态时,就要通过唤醒原语,把进程的状态转变为就绪态,并将进程控制块插入就绪队列队尾。

当进程等待的事件发生时,把进程的状态转变为就绪态,并将进程控制块插入等待队列队尾。

3. 原语

原语是操作系统设计用来完成特定功能且不可中断的过程,包括创建原语、撤销原语、阻塞原语、唤醒原语。

典型例题分析

1. 进程在创建时所处的状态是(   )态。
   A. 就绪   B. 等待   C. 运行   D. 阻塞

【答案】A

【分析】进程在由创建原语创建时,首先创建一个进程控制块并将其插入就绪队列。

2. 进程被唤醒后的状态是(　　)态。

　　A. 就绪　　　　　　B. 等待　　　　　　C. 运行　　　　　　D. 阻塞

【答案】A

【分析】进程由阻塞原语使进程进入等待态,当等待事件结束后,由唤醒原语使之由等待态进入就绪态。

3. 进程控制原语包括创建原语、_____、阻塞原语和唤醒原语。

【答案】撤销原语

【分析】进程控制原语包括创建原语、撤销原语、阻塞原语和唤醒原语。

4. 原语是操作系统设计用来完成_____且_____的过程。

【答案】特定功能、不可中断

【分析】原语是操作系统设计用来完成特定功能且不可中断的过程。

2.2　进程的同步与互斥

在多道程序设计的系统中,若干个作业同时执行。一个进程的工作,没有全部完成之前,另一个进程就可开始工作,即进程可同时工作,我们把这些可同时工作的进程称为并发进程。

进程同步是操作系统管理共享资源和避免并发进程产生与时间有关的错误的一种手段,进程同步包括进程的互斥和进程的同步两个方面。进程的互斥是指并发进程在竞争共享资源时,若有进程正在使用共享资源,则其他欲使用该资源的进程必须等待,直至使用者归还该资源后才能让另一进程去使用该资源,即共享资源互斥地使用。进程的同步是指一个进程的执行依赖其他进程的执行情况,即一个进程在没有收到其他进程的消息时必须等待,直至另一进程送来消息后才继续执行下去。实际上进程的互斥可以看作一种特殊的同步,所以把进程的互斥和进程的同步统称为进程同步。本章将介绍怎样使用PV操作来实现进程的同步。

进程间除了要实现同步外,有时还要交换更多的信息,操作系统设置专门的通信机制来管理进程间的通信。

2.2.1　进程的 PV 操作

在多道系统环境中,进程间共享系统资源或为了完成某项任务需要进行合作。进程之间会因共享资源而产生竞争关系,而当进程为了完成任务需要分工合作时,又存在合作关系。为了使共享资源得到充分利用,并且并发执行的程序具有可再现性,引入进程的同步和互斥机制。

1. 进程的并发性

在多道程序设计的系统中,若干个作业可以同时执行,而每一个作业又需要有多个进程的协作来完成。因此,系统中会同时存在许多进程,在单处理器的情况下,这些进程轮流地占用处理器,即一个进程的工作没有全部完成之前,另一个进程就可开始工作,我们说这些可同时执行的进程具有并发性,并且把可同时执行的进程称为并发进程。

并发进程相互之间可能是无关的。例如,为两个不同的源程序进行编译的两个进程,它们可以是并发的,但它们之间却是无关的。因为这两个进程分别为不同的源程序进行编译,也就是分别在不同的数据集合上运行,因此一个进程的执行不会影响另一个进程的执行,且一个进程的执行与另一个进程的进展情况无关,它们是各自独立的。然而,有些并发进程相互之间是有交往的。例如,假如有一个计算问题,需要三个进程:输入进程、处理进程、输出进程,它们是并发进程,其中每一个进程的执行依赖另一进程的进展情况。只有当输入进程把一批数据读入后,处理进程才能对它加工,输出进程要等数据加工好后才能把它输出,也只有当处理进程把输入进程读入的一批数据取走后,输入进程才能读下一批数据。这三个进程工作时,会出现输入进程在读第三批数据,处理进程在处理第二批数据,而输出进程在输出第一批数据的现象,可见它们是一组有交往的并发进程。有交往的并发进程一定共享某些资源,例如上例中的输入数据、输出数据以及存放数据的工作区等都是共享资源。

2. 临界区和临界资源

(1)临界资源

设有两个进程 A、B 共享一台打印机,若让它们任意使用,则可能发生的情况是两个进程的输出结果交织在一起,很难区分。解决的方法是进程 A 要使用打印机时应先提出申请,一旦系统把资源分配给它,就一直为它所使用,进程 B 若要使用这一资源,就必须等待,直到进程 A 用完并释放后,系统才能将打印机分配给进程 B 使用。

由此可见,虽然系统中的多个进程可以共享系统中的各种资源,但其中许多资源一次仅允许一个进程所使用。我们把一次仅允许一个进程使用的资源称为临界资源。许多物理设备都属于临界资源,如打印机、绘图仪等。除物理设备外,还有许多变量、数据等都可由若干个进程所共享,它们也属于临界资源。

(2)临界区

每个进程中访问临界资源的那段程序称为临界区。

例如,某游乐场设置了一个自动计数系统,用一个计数器 count 指示在场的人数,当有 1 人进入时,进程 P_{in} 实现计数加 1,当退出 1 人时,进程 P_{out} 实现计数减 1。由于入场与退场是随机的,因此,进程 P_{in} 和 P_{out} 是并发的。

这两个进程的程序如下:

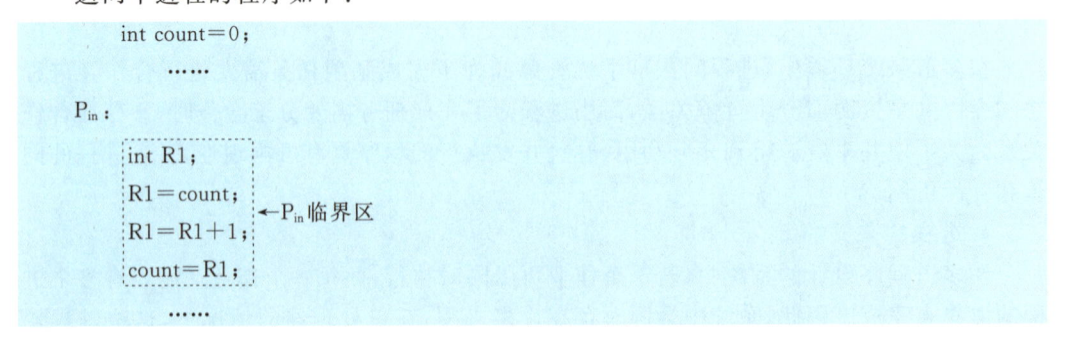

```
        int count=0;
            ……
Pin:
        int R1;
        R1=count;      ┐
        R1=R1+1;       ├ ← Pin临界区
        count=R1;      ┘
            ……
```

```
    ……
Pₒᵤₜ:
    int R2;
    R2＝count;
    R2＝R2－1;      ←— Pₒᵤₜ临界区
    count＝R2;
    ……
```

假定某时刻的计数值 count＝n，这时有一个人要进入，正好另一个人要退出，于是进程 P_{in} 和 P_{out} 都要执行。如果进程 P_{in} 和 P_{out} 的执行都没有被打断过，那么各自完成了 count＋1 和 count－1 的工作，使计数值保持为 n，这是正确的。如果两个进程执行时，由于某种原因进程被打断，进程调度使它们执行如表 2-1 所示的次序。

表 2-1　　　　　　　　　　进程调度 1

占用 CPU 的进程	执行的操作	count 值
P_{in}	R1＝count R1＝R1＋1	n
P_{in} 被打断，由 P_{out} 占用 CPU 并运行到结束	R2＝count R2＝R2－1 count＝R2	n－1
P_{in} 继续运行	count＝R1	n＋1

按这样的次序执行后，count 的最终值不能保持为 n，而变成 n＋1。如果进程 P_{out} 被打断，则结果见表 2-2。

表 2-2　　　　　　　　　　进程调度 2

占用 CPU 的进程	执行的操作	count 值
P_{out}	R2＝count R2＝R2－1	n
P_{out} 被打断，由 P_{in} 占用 CPU 并运行到结束	R1＝count R1＝R1＋1 count＝R1	n＋1
P_{out} 继续运行	count＝R2	n－1

于是，两个进程执行完后，count 的终值为 n－1。也就是说，这两个进程的执行次序对结果是有影响的，关键是它们涉及共享变量 count，且两者交替访问了 count，在不同的时间里访问 count，就可能使 count 的值不同。所以，造成计数值不正确的因素是与进程被打断的时间和能占用处理的时间有关，由于这种原因造成的错误称为"与时间有关的错误"。

下面再看一个例子。

假设一个飞机航班售票系统有 n 个售票处，每个售票处通过终端访问系统的公共数据区，假定公共数据区中的一些单元 Aj(j＝1,2,…,m) 分别存放 X 月 X 日 X 次航班的余票数。设 Pi(i＝1,2,…,n) 表示各个售票处的处理进程，Ri(i＝1,2,…,n) 表示各进程执

行时所用的工作单元。当各售票处有旅客买票时,进程如下工作:

```
Pi:
    ……
    按旅客订票要求找到 Aj;
    Ri=Aj;
    if(Ri>=1)
    {
        Ri=Ri-1;
        Aj=Ri;
        输出一张票;
    }
    else
        输出"票已售完";
```

由于各售票处旅客订票的时间以及要订机票的日期和航班是随机的,因此可能有若干个旅客在几乎相同的时间里要求买同一天同一航班的机票,于是若干个进程都要访问同一个 Aj,进程并发执行时可能出现:

每一个进程在不同的时刻取到相同的 Aj 值,当 Aj≥1 时都认为有票可售给旅客,于是各自执行余票数减 1 的操作后把当前的余票数存回 Aj,每个进程都售出一张同一天同一航班的机票,但是 Aj 的值实际上只减去了 2。特别是,当进程执行前若 Aj-1,则进程并发执行后可能把同一张票卖给了几个不同的旅客。显然,这也是与时间有关的错误。

在前面的例子中的两个并发进程的临界区分别为:

P_{in} 的临界区　　　　P_{out} 的临界区

```
R1=count;           R2=count;
R1=R1+1;            R2=R2-1;
count=R1;           count=R2;
```

在前面的第二个例子中有 n 个并发进程 Pi(i=1,2,…,n),各进程的临界区为:

```
Pi(i=1,2,…,n)的临界区:
Ri=Aj;
if(Ri>=1)
{
    Ri=Ri-1;
    Aj=Ri;
}
```

如果能保证一个进程在临界区执行时,不让另一个进程进入相关的临界区执行,即各进程对共享变量的访问是互斥的,那么就不会造成与时间有关的错误。

相关临界区是指并发进程中涉及相同变量的那些程序段,进程 P_{in} 和 P_{out} 都要访问变量 count,所以它们的临界区是相关的。同样,进程 Pi(i=1,2,…,n)它们都要访问变量 Aj,所以这些进程的临界区也是相关的,但是 P_{in} 或 P_{out} 是不会去访问任何一个 Pi 中的变量的,因而,P_{in} 或 P_{out} 的临界区与任何一个 Pi 的临界区是无关的。对同一共享变量的若干临界区必须互斥执行,而对不同变量的临界区是不必互斥的,所以,当 P_{in} 或 P_{out} 在临界区执行时,不应妨碍 Pi(i=1,2,…,n)中的任何一个进程进入临界区执行。

对若干个并发进程共享某一变量的相关临界区的管理有三个要求:

①一次至多一个进程能够进入临界区,当有进程在临界区执行时,其他想进入临界区执行的进程必须等待。

②不能让一个进程无限制地在临界区执行,即任何一个进入临界区的进程必须在有限的时间内退出临界区。

③不能强迫一个进程无限地等待进入它的临界区,即有进程退出临界区时应让一个等待进入临界区的进程进入它的临界区执行。

怎样按照这三个要求实现对临界区的管理呢?

3. PV 操作

为了实现对临界区的管理要求,必须做到:当无进程在临界区时,若有进程要进入临界区则允许一个进程立即进入它的临界区;当有一个进程在临界区执行时,其他试图进入临界区的进程必须等待;当有一个进程离开临界区时,若有等待进入临界区的进程,则允许其中一个进程进入它的临界区。

Dijkstra 发明的 PV 操作能够实现对临界区的管理要求。PV 操作是由两个操作,即 P 操作和 V 操作组成。这两个操作是两个不可中断的过程,它们在屏蔽中断的情况下连续执行。把不可中断的过程称作原语,于是 P 操作和 V 操作也可称为 P 操作原语和 V 操作原语,简称 PV 操作。PV 操作是对信号量进行操作,它们的定义如下:

P 操作 P(S):将信号量 S 减去 1,若 S<0,则调用 P(S)的进程被置成等待信号量 S 的状态。

V 操作 V(S):将信号量 S 加 1,若 S≤0,则释放一个等待信号量 S 的进程。

P 操作和 V 操作可表示成如下两个过程:

```
semaphore S=1;
void P()
{
    S=S-1;
    if(S<0)
    W(S);
};(P)
void V()
{
    S=S+1;
    if(S<=0)
    R(S);
};(V)
```

其中:

(1)信号量 S 是一个特殊的整型变量,信号量 S 的值描述了可用资源的数量或等待该资源的进程个数,当 S≥0 时表示可用资源数;当 S<0 时其绝对值|S|表示等待该资源的进程数。

(2)W(S)表示将调用过程的进程置成等待信号量S的状态。

(3)R(S)表示释放一个等待信号量S的进程。信号量S的初值为0、1或其他整数,它应在系统初始化时确定。

分析一下PV操作的两个过程,当信号量S的初值定为1时,如果有若干个进程都调用P操作,则只有第一个调用P操作不成且为等待状态而可以继续执行下去,P操作被调用一次后S的值成为0,以后的进程调用P操作时,当P操作执行S=S-1后,S的值总是小于0,所以调用者被置成等待状态而不能继续执行。直到有进程调用一次V操作后才释放一个等待者。

因此,用PV操作管理进程互斥进入临界区,要将一个信号量与一组涉及共享变量的临界区联系起来,信号量的初值定为1,任何一个进程要进入临界区前先调用P操作,执行完临界区的操作,退出临界区时调用V操作。由于信号量的初值为1,P操作起了限制一次只有一个进程进入临界区,其余欲进入者必须等待的作用,由于任何一进程退出临界区时都调用V操作,所以当有进程在等待进入临界区时,V操作将释放一个进程,使它可以进入临界区执行,因而不会出现进程无限地留在临界区或无限地等待进入临界区的情况。这完全能符合对临界区管理的三个要求。进程进入临界区一定要调用P操作,退出临界区一定要调用V操作。

要点讲解

2.2.1节主要学习如下知识要点:

1. 进程的并发性

(1)并发性

在一个进程的工作没有全部完成之前,另一个进程就可以开始工作,我们说这些进程是可同时执行的,或称它们具有并发性,并且把可同时执行的进程称为并发进程。

(2)并发进程间的关系

①相互独立:如果一个进程的执行不影响其他进程的执行结果,也不依赖其他进程的进展情况,即它们是各自独立的,则说明这些进程相互之间是无关的。

②相互依赖、相互制约:如果一个进程的执行要依赖其他进程的进展情况,或者可能会影响其他进程的执行结果,则说明这些进程相互之间是相互依赖、相互制约的。

2. 临界区

(1)临界资源:一次仅允许一个进程使用的资源称为临界资源。

(2)临界区:是指并发进程中与共享变量有关的程序段。

(3)相关临界区:是指并发进程中涉及相同变量的那些临界区。

(4)相关临界区管理的三个要求:

①一次最多一个进程能够进入临界区。当有进程在临界区执行时,其他想进入临界区执行的进程必须等待。

②不能让一个进程无限制地在临界区执行,即任何一个进入临界区的进程必须在有限的时间内退出临界区。

③不能强迫一个进程无限制地等待进入它的临界区,即有进程退出临界区时应让一

个等待进入临界区的进程进入它的临界区执行。

3.PV操作(是不可中断的过程,即原语)

(1)P操作(占用资源的过程):将信号量S减去1,若结果小于0,则把调用P(S)的进程置成等待信号量S的状态。

(2)V操作(释放资源的过程):将信号量S加1,若结果不大于0,则释放一个等待信号量S的进程。

4.用PV操作管理临界区

进入临界区要调用P操作,退出临界区要调用V操作。

……
P(S);
临界区;
V(S);
……

典型例题分析

1.临界区是( )。

A.共享数据区　　　B.共享程序段　　　C.缓冲区　　　D.互斥资源

【答案】B

【分析】临界区是并发进程中与共享变量有关的程序段。

2.按照PV操作的定义,下面说法正确的是( )。

A.调用P操作后进程肯定能继续运行

B.调用P操作后进程肯定阻塞

C.调用P操作后进程可能继续运行或阻塞

D.调用V操作后可能阻塞

【答案】C

【分析】进程调用P操作竞争共享资源,调用P操作后可能会出现阻塞或运行两种状态,而调用V操作后不会出现阻塞状态。

3.进程并发执行时,每个进程的执行速度( )。

A.由进程的程序结构决定　　　　　B.由进程自己控制

C.在进程被创建时确定　　　　　　D.与进程调度的策略有关

【答案】D

【分析】并发进程的执行速度取决于进程调度策略,不能由进程自己来控制。

4.引起一个进程由运行态变为等待态的原因可能是( )。

A.有更高优先级的进程就绪　　　　B.某外设完成了指定的操作

C.进程调用了P操作　　　　　　　D.进程调用了V操作

【答案】C

【分析】如果S≤0,进程调用了P(S)操作,则S=S−1,S的值就会小于0,进程将被置等待状态。当有更高优先级的进程就绪,进程将由运行态变为就绪态,而不是等待态;某外设完成了指定的操作,进程将由等待状态变为就绪状态;进程调用了 V 操作,S=S+1,则等待进程有可能被释放,继续运行下去。

2.2.2　进程的互斥

进程的互斥是指:当有若干个进程都要使用某一共享资源时,任何时刻最多只允许一个进程去使用,其他要使用该资源的进程必须等待,直到占用资源者释放了该资源。

在 2.2.1 节的第一个例子中的两个并发进程都要使用共享的计数器 count,从分析中看到,只有当一个进程不再使用 count 时,另一个进程再去使用,才不会出错。如果它们交叉地使用 count,则会出现与时间有关的错误。为了保证两个进程互斥地使用计数器 count,可以用 PV 操作来管理。定义一个信号量 S 的初值为 1,把两个并发进程的程序改写成如下:

```
int count;
semaphore S;
S=1;
void Pin()
{
    while(true)
    {
        int R1;
        P(S);
        R1=count;
        R1=R1+1;
        count=R1;
        V(S);
    }
}
void Pout()
{
    int R2;
    while(true)
    {
        P(S);
        R2=count;
        R2=R2-1;
        count=R2;
        V(S);
    }
}
```

这里 P 操作 P(S)限制了一次只有一个进程在临界区执行。如果一个进程在临界区执行时被打断,另一个进程想进入临界区,但由于进入临界区前必须先调用 P(S),而此时因已在临界区的进程尚未退出临界区,所以 S 的值为 0,想进入临界区的进程调用 P(S) 的结果必然是等待,直到已进入临界区的进程再次得到处理器执行完临界区中的操作调用 V(S)后才结束等待。所以,改写后的程序在执行中即使被打断,也不会出现两个进程交叉访问 count,保证了进程互斥地使用共享的计数器。

一般来说,当 n 个进程 P1,P2,…,Pn 要共享某一资源时,为保证资源的互斥使用,首先找出 n 个进程各自的临界区,对每个进程都用 PV 操作来实现进入和退出临界区,进程 Pi(i=1,2,…,n)互斥的一般形式为:

```
semaphore S;
S=1;
void Pi(int i)(i=1,2,…,n)
{
    while(true)
    {
        P(S);
        临界区;
        V(S);
    }
}
```

但是,任何粗心地使用 PV 操作都将会违反临界区的管理要求。例如对 2.2.1 中的第二个例子,用 PV 操作管理临界区时,若粗心地把程序改写成:

```
semaphore S;
S=1;
void Pi(int i,int j)(i=1,2,…,n)(j=1,2,…,m)
{
    while(true)
    {
        按旅客订票要求找到 Aj;
        P(S);
        Ri=Aj;
        if (Ri>=1)
        {
            Ri=Ri-1;
            Aj=Ri;
            V(S);
            输出一张票;
        }
        else
            输出"票已售完";
    }
}
```

进程执行时调用 P(S)决定是否能进入临界区,由于 S 的初值为 1,故每次只能有一个进程进入临界区,其他想进入临界区执行的进程必须等待,这符合临界区管理的第一个要求。但在改写的程序中,忽略了当条件 Ri>=1 不成立时,执行 else 部分的 V 操作,以致使进程在临界区中判断条件 Ri>=1 不成立时无法退出临界区,当然也就不能释放等待进入临界区的进程,造成进程无限地等待进入临界区,这就违反了对临界区管理的第二、第三的两个要求。正确的做法应该如下:

```
semaphore S;
S=1;
void Pi(int i,int j)(i=1,2,…,n) (j=1,2,…,m)
{
    while(true)
    {
        按旅客订票要求找到 Aj;
        P(S);
        Ri=Aj;
        if (Ri>=1)
        {
            Ri=Ri-1;
            Ai=Ri;
            V(S);
            输出一张票;
        }
        else
        {
            V(S);
            输出"票已售完";
        }
    }
}
```

要点讲解

2.2.2 节主要学习如下知识要点:

1. 进程的互斥

进程的互斥:是指当有若干进程都要使用某一共享资源时,任何时刻最多只允许一个进程去使用该资源,其他要使用它的进程必须等待,直到该资源的占用者释放了该资源。

2. 临界区

临界区指并发进程中含有共享变量的程序段。

3. 相关临界区

具有相同变量的临界区称为相关临界区。使用 PV 操作实现进程的互斥访问相关临界区。

典型例题分析

1. 有 n 个进程都要使用某个文件,但系统限制最多 m 个(n>m>1)进程同时读文件。若用 PV 操作来管理,则不可能的信号量值有(   )。

   A.0   B.1   C.m－n   D.m   E.n

   【答案】E

   【分析】由题目可知,此题属于互斥问题,需要设置一个信号量 S,信号量的初值为 m,所以答案 D 有可能;当读文件的进程数量为 m－1 时,信号量值为 1,所以答案 B 有可能;当读文件的进程数为 m 时,信号量的值为 0,所以答案 A 有可能;当欲读文件的进程数量为 n 时,则信号量为 m－n(小于 0),所以答案 C 有可能。所以不可能的信号量值为 E。

2. 进入相关临界区调用_____操作;退出相关临界区调用_____操作。

   【答案】P、V 或 P(S)、V(S)

   【分析】进入临界区判定进程是否可以运行,必须调用 P 操作;退出临界区判定是否有进程在等待,必须调用 V 操作释放一个进程。

3. 图书馆有 100 个座位,每位进入图书馆的读者要在登记表上登记,退出时要在登记表上注销。要几个程序?有多少个进程?

   (1)当图书馆中没有座位时,后到的读者在图书馆等待(阻塞)。

   (2)当图书馆中没有座位时,后到的读者不等待,立即回家。

   【答案】

   一个程序,为每个读者设一个进程。

   设置信号量 S,表示图书馆中剩余的座位数,初始值为 100;设置信号量 MUTEX 表示互斥登记或注销,初始值为 1。

```
semaphore S=100;MUTEX=1
process Pi(i=1,2,3,…,100)
{
    while(true)
    {
        P(S);
        P(MUTEX);
        登记;
        V(MUTEX);
        阅读;
        P(MUTEX);
        注销;
        V(MUTEX);
        V(S);
    }
}
```

2.2.3 进程的同步

进程的同步是并发进程之间存在一种制约关系,一个进程的执行依赖另一个进程的消息,当一个进程没得到另一个进程的消息时应等待,直到消息到达才被唤醒。

先看一个例子。设有两个进程 A 和 B,它们共享一个缓冲器,进程 A 不断地读入记录并送到缓冲器,进程 B 不断地从缓冲器中取出记录并加工。假定缓冲器的容量为每次只能存放一个记录,于是正确的工作应该是这样的:

进程 A 把一个记录送入缓冲器后,应等到进程 B 发来消息(已将缓冲器的记录取走)才能把下一个记录送入缓冲器。进程 B 也应等到进程 A 发来消息(缓冲器中已送入一个记录),才能从缓冲器中取出记录并加工。

如果这两个进程不是相互制约的话,那么可能出现:进程 A 又向缓冲器送入一个新记录,而把上一个尚未取走的记录覆盖了;进程 B 在下一个记录送入缓冲器之前又去取缓冲器中的记录,造成重复地取同一个记录加工。

PV 操作不仅可以用来实现互斥进入临界区而且还是一个简单而又方便的同步工具,用它来解决生产者/消费者问题,可以防止生产者把物品放入已经装有物品的缓冲器中,也可防止消费者在物品存入缓冲器之前去取物品,现在假定有一个生产者和一个消费者,它们共用一个缓冲器,生产者不断地生产物品,每生产一件物品就要存入缓冲器,但缓冲器中每次只能存入一件物品,只有当消费者把物品取走后,生产者才能把第二件物品存入缓冲器;同样的,消费者要不断地取出物品去消费,当缓冲器中有物品时他就可以去取,每取走一件物品后必须等生产者放入一件物品才可再取,用 PV 操作实现生产者/消费者之间的同步,可以定义下面两个信号量。

SP:表示是否可以把物品存入缓冲器,由于缓冲器中只能放一件物品,所以 SP 的初值取为 1。

SG:表示缓冲器中是否存有物品,显然,它的初值应该为 0,表示还没有物品。

对生产者来说,生产一件物品后应调用 P(SP),当缓冲器中无物品时(这时 SP=1),则调用 P(SP)后不会成为等待状态,可继续执行,把物品存入缓冲器。调用一次 P(SP)后,SP=0,若消费者尚未取走物品,而生产者又生产了一件物品欲存入缓冲器,这时调用 P(SP)将使生产者处于等待状态而阻止他把物品再存入缓冲器。当在缓冲器存入一件物品后,应调用 V(SG),告诉消费者缓冲器中已经有一件物品了(调用 V(SG)后,SG 的值从 0 变为 1),如图 2-7 所示。

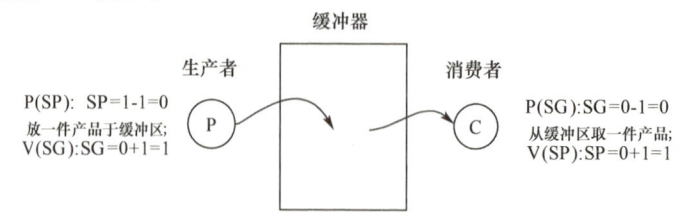

```
                        缓冲器
           生产者                    消费者
P(SP): SP=1-1=0    ┌─────────┐    P(SG):SG=0-1=0
放一件产品于缓冲区;  (P) ──→ (C)   从缓冲区取一件产品;
V(SG):SG=0+1=1    └─────────┘    V(SP):SP=0+1=1
```

图 2-7 生产者与消费者问题示意图

对消费者来说,取物品前应查看缓冲器中是否有物品,即调用 P(SG)。当无物品时,由于 SG=0,调用 P(SG)后消费者等待,不能去取物品;当有物品时,由于 SG=1,调用 P(SG)后消费者可继续执行去取物品。每取走一件物品后,应调用 V(SP),通知生产者缓冲器中物品已取走,可以存入一件新的物品。

生产者和消费者并发执行时,可按如下方式同步:

```
int Buffer;
semaphore SP,SG;
SP=1;SG=0;
void producer()
{
    while(true)
    {
        produce a product;
        P(SP);
        Buffer=product;
        V(SG);
    }
}
void consumer()
{
    while(true)
    {
        P(SG);
        take a product from Buffer;
        V(SP);
        consume;
    }
}
```

如果一个生产者和一个消费者他们共享的缓冲器容量为可以存放 n 件物品,那么只要把信号量 SP 的初值定为 n。如图 2-8 所示。

生产者 ⟶ ▭▭▭▭▭ ⟶ 消费者

图 2-8　生产者与消费者问题

当缓冲器中没有放满 n 件物品时,生产者调用 P(SP)都不会成为等待状态而可把物品存入缓冲器。但当缓冲器中已经有 n 件物品,生产者想再存入一件物品,将被拒绝。每存入一件物品后,由于调用 V(SG),故 SG 的值表示缓冲器中可用的物品数,只要 SG>=0,消费者调用 P(SG)后总可去取物品。每取走一件物品后,由于调用 V(SP),便增加了一个可用来存放物品的位置。用指针 k 和 t 分别指示生产者往缓冲器存物品和消费者从缓冲器中取物品的相对位置,它们的初值为 0。那么,一个生产者和一个消费者共用容量为 n 的缓冲器时,可按如下方式同步:

```
int B[n];
int k,t;
semaphore SP,SG;
k=0;t=0;
SP=n;SG=0;
void producer()
{
    while(true)
    {
        produce a product;
        P(SP);
        B[k]=product;
        k=(k+1) mod n;
        V(SG);
    }
}
void consumer()
{
    while(true)
    {
        P(SG);
        take a product from B[t];
        t=(t+1)mod n;
        V(SP);
        consume;
    }
}
```

一个生产者、一个消费者和 n 个缓冲器问题工作如图 2-9 所示。

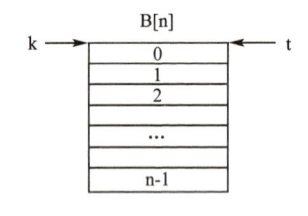

图 2-9　多缓冲器生产者与消费者问题示意图 2

m 个生产者、r 个消费者共享 n 个缓冲器

再进一步讨论 m 个生产者和 r 个消费者怎样共享容量为 n 的缓冲器。假定每个生产者都要把各自生产的物品存入缓冲器，而每个消费者也都要从缓冲器中取出物品去消费。

在这个问题中，不仅生产者与消费者之间要同步，而且 m 个生产者之间，r 个消费者之间还必须互斥地访问缓冲器。生产者与消费者之间应该同步，这是显而易见的，只有互通消息后才能知道缓冲器中是否可以存物品或是否可以从缓冲器中取物品。那么，为什么要互斥地访问缓冲器呢？如果 m 个生产者各自生产了物品都要往缓冲器中存放，当第一个生产者按指针 k 指示的位置存放了一件物品，但在改变指针值之前可能被打断执行，于是，当第二个生产者要存放物品时，将仍按原先的指针值所指示的位置存放物品，这样两件物品被重复地存放在同一位置上。在计算机系统中，进程生产的物品往往是数据，当重复地在同一位置存放数据必定是后者覆盖了前者，造成数据的丢失，所以存放物品时必须互斥。同样 r 个消费者都要取物品时可能出现都从指针 t 指示的同一位置去取物品，造成一件物品被重复多次取出，这也是错误的，因而取物品也必须互斥。至于有生产者（或消费者）在访问缓冲器时是否允许消费者（或生产者）同时访问缓冲器？可以有两种做法：第一种做法是每次只能由一个生产者或消费者去存物品或取物品，即一次只有一个进程可以访问缓冲器；第二种做法是当有一个生产者（或消费者）在存物品（或取物品）时允许一个消费者（或生产者）同时访问缓冲器去取物品（或存物品）。显然，第一种做法的并行性不及第二种做法的并行性高。

按第一种做法，只要再定义一个互斥使用缓冲器的信号量 S 就行了，它的初值为 1。于是每个生产者 produceri(i=1,2,…,m)和每个消费者 consumerj(j=1,2,…,r)可如下并发执行：

```
int B[n];
int k,t;
semaphore S,SP,SG;
k=0;t=0;
SP=n;SG=0;
S=1;
void produceri(int i)(i=1,2,…,m)
{
    while(true)
    {
        produce a product;
        P(SP);
        P(S);
        B[k]=product;
        k=(k+1) mod n;
        V(SG);
        V(S);
    }
}
void consumerj (int j)(j=1,2,…,r)
{
    while(true)
    {
        P(SG);
        P(S);
        take a product from B[t];
```

```
            t=(t+1)mod n;
            V(SP);
            V(S);
            consume;
        }
}
```

这里两个 P 操作的次序是特别重要的,对生产者来说,只当缓冲器中还没有放满物品(调用 P(SP)来判别)时才去查看是否有进程在访问缓冲器(调用 P(S)来判别)。只有这样才能在缓冲器可以存放物品且无进程在使用缓冲器时把物品存入缓冲器,如果先调用 P(S),再调用 P(SP),则可能出现占有了使用缓冲器的权利,但由于缓冲器已存满了物品(此时 SP=0),所以在调用 P(SP)后必然是等待。于是占用了使用缓冲器权利的生产者实际上无法使用缓冲器,而消费者想取物品时却又得不到使用缓冲器的权利,只好等待。出现了任何一个进程都不能往缓冲器中存物品或从缓冲器中取物品,这显然是不正确的。同样,对消费者来说,也必须先调用 P(SG),再调用 P(S),以保证只当缓冲器中有物品时才去申请使用缓冲器的权利,避免任何进程都不能使用缓冲器的错误发生。可见,并发进程既要同步又要互斥时,必须把互斥信号量上的 P 操作放在同步信号量上的 P 操作之后。至于 V 操作的次序只是影响释放哪个等待者的问题,只关系到释放的先后次序,而不影响并发进程执行的正确性。

按第二种做法,可使用两个互斥信号量,分别用于生产者之间的互斥和消费者之间的互斥,程序的编制与第一种做法类似,作为练习留给读者自己去做。

从"进程的互斥"与"进程的同步"讨论中,我们看到进程的互斥实际上是进程同步的一种特殊情况。若干进程互斥使用资源时,一个等待使用资源的进程在得到占用资源的进程发出"归还资源"的消息后,它就可去使用资源。因此,互斥使用资源的进程实际上也存在一种一个进程依赖另一个进程发出消息的制约的关系。所以,有时也把进程的互斥与进程的同步统称为进程的同步,用来解决进程互斥与进程同步的机制(例如 PV 操作)也称为同步机制。

应该强调,进程的互斥与进程的同步都涉及并发进程访问共享资源的问题。进程的互斥是指只要无进程在使用共享资源时,就允许有进程去使用它,即使一个进程刚刚使用过一次共享资源,而此时如果无其他进程要使用这个共享资源,那么该进程可再一次地使用它。进程同步的情况就不同了,涉及共享资源的并发进程必须同步时,即使无进程在使用共享资源,那么尚未得到同步消息的进程也不能去使用这个资源。

在操作系统中进程同步是非常重要的,解决不好就会降低系统的可靠性,产生错误的结果。下面再举一些例子来说明怎样实现进程同步。

例如,假定有三个进程 R、W1、W2 共享一个缓冲器 B,而 B 中每次只能存放一个数。当缓冲器中无数时,进程 R 可以从输入设备上读入数存放到缓冲器 B 中。若存放到缓冲器中的是奇数,则允许进程 W1 将其取出打印;若存放到缓冲器中的是偶数,则允许进程 W2 将其取出打印。同时规定:进程 R 必须等缓冲器中的数被取出打印后才能再存放一个数;进程 W1 或 W2 对每次存入缓冲器中的数只能打印一次;W1 和 W2 都不能从空的缓冲器中取数。写出这三个并发进程能正确工作的程序。

在这个问题中把进程 R 看作生产者,把进程 W1 和 W2 看作消费者。现有一个生产者(进程 R)能生产不同的产品(读入奇数或偶数),把生产的产品存放在缓冲器 B 中,供不同的消费者(进程 W1 和 W2)取用。可以看出,当进程 R 读入的是奇数,则要把有奇数的消息发送给进程 W1;当进程 R 读入的是偶数,则要把有偶数的消息发送给 W2。在进程 W1 或 W2 从缓冲器中取出数后,应把缓冲器中又可存一个数的消息告诉进程 R。

于是,可以定义如下三个信号量:

S:表示是否可以把数存入缓冲器,由于缓冲器中每次只能放一个数,所以它的初值取为 1。

SO:表示缓冲器中是否有奇数,初值为 0,表示无奇数。

SE:表示缓冲器中是否有偶数,初值为 0,表示无偶数。

并发进程能正确执行的程序如下:

```
semaphore S,SO,SE;
S=1;
SO=SE=0;
void R()
{
    int x;
    while(true)
    {
        从输入设备读一个数;
        X=读入的数;
        P(S);
        B=X;
        if (B==奇数)
        {
            V(SO);
        }
        else
            V(SE);
    }
}
void W1()
{
    int Y;
    while(true)
    {
        P(SO);
        Y=B;
        V(S);
```

```
            打印 Y 中数;
        }
    }
    void W2()
    {
        int Z;
        while(true)
        {
            P(SE);
            Z=B;
            V(S);
            打印 Z 中数;
        }
    }
```

要点讲解

2.2.3 节主要学习如下知识要点:

1. 两个 A、B 进程的协作

(1)进程 A 把一个记录存入缓冲区后,应向进程 B 发送"缓冲区中有等待处理的记录"的消息。

(2)进程 B 从缓冲区取出一个记录后,应向进程 A 发送"缓冲区中的记录已取走"的消息。

(3)进程 A 只有在得到进程 B 发送来的"缓冲区中的记录已取走"的消息后,才能把下一个记录存入缓冲区,否则进程 A 等待,直到消息到达。

(4)进程 B 只有在得到进程 A 发送来的"缓冲区中有等待处理的记录"的消息后,才能从缓冲区中取出记录并加工,否则进程 B 等待,直到消息到达。

2. 用 PV 操作实现进程的同步

(1)进程的同步:是指并发进程之间存在一种制约关系,一个进程的执行依赖另一个进程的消息,当一个进程没有得到另一个进程的消息时应等待,直到消息到达才被唤醒。

(2)同步机制:要实现进程的同步就必须提供一种机制,这种机制应能把其他进程所需的消息发送出去,也能测试自己需要的消息是否到达。把能实现进程同步的机制称为同步机制。

(3)同步与互斥概括:进程的同步与进程的互斥都涉及并发进程访问共享资源的问题。从进程互斥和进程同步的讨论中,我们看到,进程的互斥实际上是进程同步的一种特殊情况。实现进程互斥时用 P 操作测试是否可以使用共享资源,这相当于测试"资源可使用"的消息是否到达;用 V 操作归还共享资源,这相当于发送了"共享资源已空闲"的消息。因此互斥使用资源的进程之间实际上也存在一个进程等待另一个进程发送消息的制约关系。所以,经常把进程的互斥与进程的同步统称为进程的同步,把用来解决进程互斥与进程同步的机制(如 PV 操作)统称为同步机制。

(4)同步与互斥的混合问题:若一组涉及共享资源的并发进程执行时不仅要等待指定的消息到达,而且还必须考虑资源的互斥使用,那么,这就既要实现进程的同步,又要实现进程的互斥。这样一类问题就是同步与互斥的混合问题。

典型例题分析

1.进程的并发性是指(　　)。

A.一组进程可同时执行

B.每个进程的执行结果不受其他进程的影响

C.每个进程的执行都是可再现的

D.通过一个进程创建出多个进程

【答案】A

【分析】进程的并发性是指在同一时间间隔内,多个进程之间"同时"执行。

2.比较进程的同步与互斥的异同点。

【答案】

相同点:两者都是对并发进程竞争共享资源的管理。

不同点:进程的互斥——各进程竞争共享资源没有必然的逻辑顺序,只要当前没有进程在使用共享资源就允许一进程去使用。

进程的同步——对共享资源的使用有一定的逻辑关系。

3.某杂技团进行走钢丝表演。在钢丝的 A、B 两端各有 n 名演员(n>1)在等待表演。只要钢丝上无人时便允许一名演员从钢丝的一端走到另一端。现要求两端的演员交替地走钢丝,且从 A 端的一名演员先开始。请问,把一名演员看作一个进程时,怎样用 PV 操作来进行控制?请写出能进行正确管理的程序。

【分析】

设定两个信号量 SA、SB,SA 表示钢丝 A 端演员是否上钢丝表演,SA 初值为 1,表示 A 端演员可以上钢丝表演;SB 表示钢丝 B 端演员是否上钢丝表演,SB 初值为 0,表示 B 端演员不可以上钢丝表演。

【答案】

```
semaphore SA=1,SB=0;
Process AtoBi(i=1,2,…,n)
{
    while(true)
    {
        P(SA);
        表演;
        V(SB);
    }
}
Process BtoAj(j=1,2,…,n)
{
```

```
        while(true)
        {
            P(SB);
            表演;
            V(SA);
        }
}
```

4. 桌上有一只盘子,每次只能放入一个水果。爸爸专向盘子里放苹果,妈妈专向盘子里放橘子,儿子专吃盘子中的橘子,女儿专吃盘子中的苹果,仅当盘子空时,爸爸和妈妈才可向盘子里存放一个水果。把爸爸、妈妈、儿子和女儿看作四个进程,用 PV 操作进行管理,使这四个进程能正确地并发执行。

【解题分析】

设置三个信号 S、S1、S2,信号 S 实现父母之间互斥,S 表示是否可以放一个水果到盘子中,初值为 1,表示可以放;S、S1 信号实现父女之间同步,S1 表示盘子中是否放的是苹果,初始值为 0,表示盘子中放的不是苹果;S、S2 信号实现母子之间同步,S2 表示盘子中是否放的是橘子,初始值为 0,表示盘子中放的不是橘子,如图 2-10 所示。

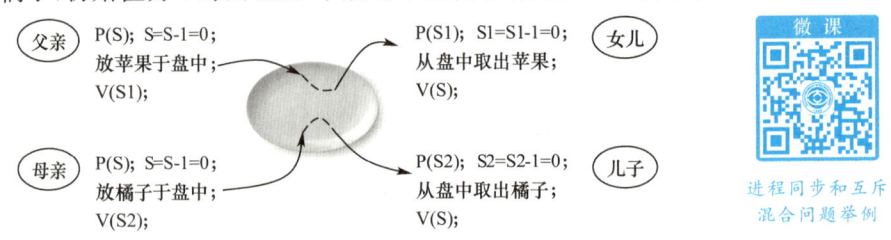

图 2-10 父母、子女进程同步示意图

【答案】

```
semaphore S,S1,S2;
S=1,S1=0,S2=0;
int B;       //B代表盘子
process father()
{
    while(true)
    {
        取一个苹果;
        P(S);    //表示父母互斥访问盘子
        B=苹果;
        V(S1);   //通知女儿取苹果
    }
}
process mother()
{
    while(true)
```

```
            取一个橘子；
            P(S);
            B=橘子；
            V(S2);    //通知儿子取橘子
        }
}
process son()
{
    while(true)
    {
        P(S1);    //表示是不是父亲放的苹果
        从 B 中取出苹果；
        V(S);
        吃苹果；
    }
}
process daughter()
{
    while(true)
    {
        P(S1);    //表示是不是母亲放的橘子
        从 B 中取出橘子；
        V(S);
        吃橘子；
    }
}
```

2.3 进程通信

我们已经知道一个作业的执行经常是由若干个进程的相互合作来完成，这些进程是并发执行的，但它们之间必须保持一定的联系，使其能协调地完成任务。在多道程序设计的系统中，若干个作业又可能要共享某些资源，在上面几节的讨论中，我们看到为了保证安全地共享资源，必须交换一些信号来实现进程的互斥和同步。总之，在计算机系统中，并发进程之间经常要交换一些信息，把并发进程间交换信息的工作称为进程通信。如图 2-11 所示为进程通信示意图。

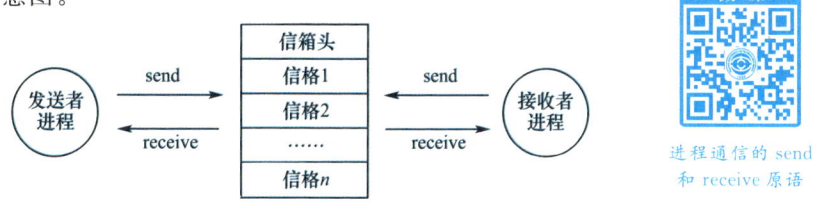

图 2-11 进程通信示意图

进程通信的 send 和 receive 原语

并发进程间可以通过 PV 操作交换信息实现进程的互斥和同步,因此,可把 PV 操作看作进程间的一种通信方式,但这种通信只交换了少量的信息,是一种低级的通信方式。进程间有时要交换大量的信息,这种大量信息的传递要有专门的通信机制来实现,由专门的通信机制实现进程间交换信息的方式称为高级的通信方式。

2.3.1 电子邮件

在 Internet 广泛应用的今天,读者对电子邮件的使用并不陌生。从表面上看,电子邮件的通信方式是:发送用户将邮件按照一定的格式准备好,通过发送命令将邮件发送到接收用户的信箱中,接收用户在有新的通知之后,随时可以阅读或者对邮件进行其他的处理。电子邮件的实现机制如下:

1. 邮件格式

电子邮件和传统的信件类似,邮件的组织分类有以下几部分内容:邮件主题、收件人地址和姓名、发件人地址和姓名(默认为编写者)、邮件大小、邮件附件及指向附件地址的指针等。

2. 信箱

如果用户在公共的电子邮局中被分配一个信箱,表示在电子邮局的目录之下获得了一个称为信箱的文件。在每个用户的信箱中存放的是用户收到的邮件,只有邮件的接收者才有权对信箱的内容进行处理。信箱的大小决定了信箱中可以容纳的信件数,一个信箱通常由信箱头和信箱体两部分组成。如图 2-12 所示。

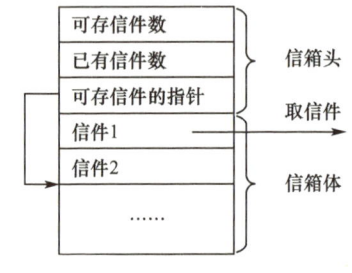

图 2-12 信箱结构

"可存信件数"是在设立信箱时预先确定的,根据"可存信件数"和"已有信件数"就能判别信箱是否存满以及信箱中是否有信件。若信箱不满,邮件的发送进程则按"可存信件的指针"指示的位置存入当前的一封信。当存入一封信后应修改"已有信件数"和"可存信件的指针"。只要信箱中有信,则不提醒用户有信,接收进程每次可以从信箱中取出一封信,为简便起见,可约定每次总是取信箱中第一封信。当第一封信被取走后,如果信箱中还有信则把信件向上移动。

3. 通信原语

这里介绍一种利用信箱进行高级通信的方式,用信箱实现进程间互通信息的通信机制要有两个通信原语,它们是发送(send)原语和接收(receive)原语。进程间用信件来交换信息,例如,A 进程欲向 B 进程发送信息时,把信息组织成一封信件,然后调用 send 原语向 B 进程发出信件,投入 B 进程的信箱中。B 进程想得到 A 进程的消息时,只要调用 receive 原语就可从信箱中索取来自 A 进程的信件,这就完成了一次 A 进程与 B 进程的通信过程。B 进程得到 A 进程发来的信息后进行适当的处理,然后可以把处理的结果组织成一封回信发送回去。A 进程发出信息后,想要得到对方的处理情况,也可索取一封回信,实现了 B 进程与 A 进程之间的另一次通信过程。

若干个进程都可以向同一个进程发送信件,每个进程用 send 原语把信件送入指定进程的信箱中,这时信箱应能容纳多封信件。一旦信箱的大小确定后,可存放的信件数就有了限制。为避免信件的丢失，send 原语不能向已装满的信箱中投入信件，当信箱已满时，发送者必须等待接收进程从信箱中取走一封信后，才可再放入一封信。同样，一个进程可用 receive 原语取出指定信箱中的一封信，但 receive 原语不能从空的信箱中取出信件。当信箱中无信时，接收者必须等待信箱中有信时再取。

进程调用 send 原语发送信件时，必须先组织好信件，然后再调用 send 原语且调用时要给出参数：信件发送到哪个信箱、信件内容或者信件存放地址。进程调用 receive 原语接收信件时，也要给出参数：从哪个信箱取信、取出的信件存放到哪里。

总结以上，send 和 receive 原语的功能如下：

1. send(B,M)原语

把信件 M 送入信箱 B 中，实现过程是：

查指定信箱 B，若信箱 B 未满，把信件 M 送入信箱 B 中，如果有进程在等信箱 B 中的信件，则释放"等信件"的进程；若信箱 B 已满，把向信箱 B 发送信件的进程还原成"等信箱"的状态。

2. receive(B,X)原语

从信箱 B 中取出一封信存放到指定的地址 X 中，实现过程是：

查指定信箱 B，若信箱 B 中有信，取出一封信放在指定的地址 X 中，如果有进程在等待把信件存入信箱 B 中则释放"等信箱"的进程；若信箱 B 中无信件，把要求从信箱 B 中取信件的进程置成"等信件"状态。

为了便于了解信箱中的情况。可规定每个信箱都有一个信箱头，信箱的结构如图 2-12 所示。

从"可存信件数"和"已有信件数"能判别信箱是否存满和信箱中是否有信件，"可存信件的指针"指出当前可把信件存入信箱的位置。"可存信件数"是在设置信箱时预先确定的，其余的内容应在存入一封信件或取出一封信件后做修改。为简单起见，规定取信件时总是取第一封信件，当第一封信件被取走后，其余的信件就向上移动。

2.3.2 管　道

在两个进程的执行进程中，如果一个进程的输出是另一个进程的输入，就可以使用管道，如图 2-13 所示。

图 2-13　管道

在 DOS、Linux 等系统中，都是使用符号"|"来表示已建立管道。管道文件实现机制如下：

(1)管道。一个临时文件，输入进程向管道写入信息，而输出进程从管道读出信息。

(2)输入进程。从进程 A 的输出区读数据，并写入管道。

(3)输出进程。将管道中的数据读出，并写入进程 B 的缓冲区。

由于输出进程和输入进程共用一个管道,而且各自的执行结果又是互为对方的执行条件,所以这两个进程之间既有互斥关系又有同步关系。互斥关系是指输出和输入进程不可能同时对管道进行读或写操作。同步关系是指当管道为空时,输出进程必须等待输入进程向管道中输入信息;反之亦然。

要点讲解

2.3节主要学习如下知识要点:

1. 通信机制

(1)进程通信:是指通过专门的通信机制实现进程间交换大量信息的通信方式。

(2)通信机制:采用高级通信方式时,进程间用信件来交换信息。一个正在执行的进程可以在任何时刻向其他进程发送信件,一个正在执行的进程也可以在任何时刻向其他进程索取信件。

(3)信件构成:

①发送者名:为发送信件进程的进程名。

②信息(或信息存放的地址和长度):指要传送给某一进程的信息,若信息量大,则可把信息存放在某个缓冲区中,在信件中指出缓冲区的起始地址和信息长度。

③等/不等回信:表示信件发送者是否等信件接收者的回信。

④回信存放地址:若需要等回信,应指明回信的存放地址。

(4)通信原语:

①发送原语(send):应给出两个参数,一个是信件或者信件存放地址;另一个是信送到哪里。

②接收原语(receive):应给出两个参数,一个是从哪里取信件;另一个是取出的信件存放在哪里。

2. 信箱构成

(1)信箱说明:包括可存信件数、已有信件数、可存信件的指针等参数。

(2)信箱体:存放信件的区域。

3. 管道

(1)管道。一个临时文件,输入进程向管道写入信息,而输出进程从管道读出信息。

(2)输入进程。从进程 A 的输出区读数据,并写入管道。

(3)输出进程。将管道中的数据读出,并写入进程 B 的缓冲区。

典型例题分析

1. 在实现进程通信时导致调用 send 原语的进程被设置为"等信箱"状态的原因是( )。

A. 指定的信箱不存在 B. 调用时没有设置参数

C. 指定的信箱中无信件 D. 指定的信箱中存满了信件

【答案】D

【分析】该进程被设置成"等信箱"状态,并不是一种错误,而只是一种等待状态,所以排除 A 和 B;当指定的信箱中无信件时,发信进程也无须处于"等信箱"状态;信箱中存满了信件,发信进程只能处于"等信箱"状态。

2.进程通信使用_____原语和_____原语来完成。

【答案】发送、接收或 send、receive

3._____通信方式,称为高级通信方式。

【答案】信箱

2.4 线 程

为一个作业建立若干进程,是为了改善系统资源的利用率。但是,进程切换所花费的 CPU 时间并不少,进程通信的开销也很巨大。如果为作业建立过多的进程,那么会在系统并发能力上得不偿失。因此,20 世纪 80 年代,人们又提到了线程的概念。

1.线程的概念

线程是进程中的实体,也有人称为轻量进程(LWP)。可以为一个进程创建一个或多个线程。与进程类似,线程也是一个动态的概念,也有一个从创建到消亡的生命过程,具有运行、就绪、等待等状态。但线程只拥有线程 ID、程序计数器、寄存器集合和堆栈等在运行中必需的数据结构,它与同一父进程的其他线程共享该进程所拥有的代码段、数据段和其他资源(如信号量和打开文件),如图 2-14 所示,说明传统单线程进程和多线程进程的差别。

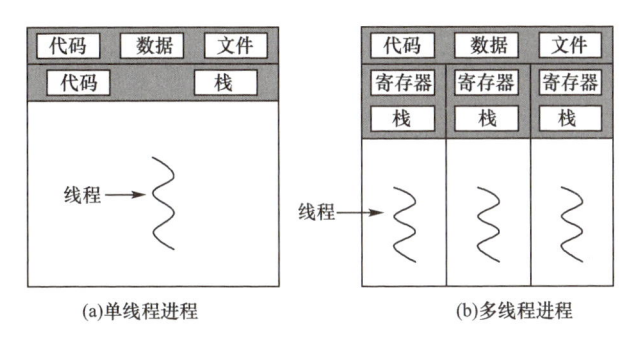

图 2-14 单线程进程和多线程进程

同一进程中的多个线程之间并发地执行,争夺 CPU。这样原来进程充当的资源分配单元和处理器调度单元两种身份,现在改由进程和线程分开担当。

多线程技术具有如下优点:

(1)响应程序增强。如果对一个交互式应用程序采用多线程,那么,它即使发生部分等待或执行较冗长的操作,仍然能继续其他工作,从而提高了对用户的响应程序。例如,多线程的网页浏览器在利用一个线程显示图像时,能够通过另一线程与用户交互。

(2)资源共享程序提高。线程默认共享父进程的代码和主存等资源。代码共享的优点是允许一个应用程序在同地址空间内有多个不同的活动线程。

(3)更加经济。创建进程需要比较昂贵的主存等资源,而由于线程共享父进程的资源,所以,创建线程和上下文切换会更经济。

(4) 充分使用多个处理器。在多处理器体系结构中,多个线程能并行运行在不同处理器上。

2. 线程和进程的区别

线程和进程的区别主要有以下三点:

(1) 进程是资源分配的基本单位。所有与该进程有关的资源被 PCB 选中,以表示该进程拥有这些资源或正在使用它们,进程拥有一个完整的虚拟地址空间;线程属于某一个进程,是抢占 CPU 的调度单位,它与资源分配无关,并与所属进程内的其他线程一起共享该进程的资源。

(2) 进程之间可以并发执行,同一进程内的多个线程也可以并发执行。

(3) 进程切换时涉及有关资源指针的保存以及地址空间的变化等问题;线程切换时,由于同一进程内的线程共享资源,将不涉及资源信息的保存和地址变化问题,从而减少了操作系统的时间开销。而且,进程的调度与切换都由内核完成,而线程的调度与切换则既可由内核也可由用户程序进行。

3. 线程的实现

许多现代的操作系统都已实现了线程。按实现方式,有两类线程:用户态线程和内核态线程。

用户态线程在用户层通过线程库来实现,线程库提供对线程的创建、调度和管理的支持。由于内核并不知道用户态的线程,所有线程的创建和调度都是在用户空间内进行的,无须内核的干预,如图 2-15 所示。

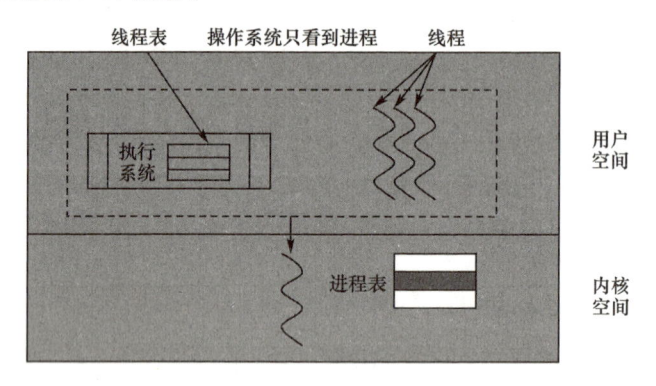

图 2-15 用户态线程实现

内核态线程由操作系统直接支持,内核在其内核空间内执行线程的创建、调度和管理。如图 2-16 所示。

许多操作系统都支持用户态线程和内核态线程,但在两者的映射关系上有不同,常用的多线程模型有 3 种。

(1) 多对一模型。这种模型将多个用户级的线程映射到一个内核态线程。线程管理是在用户空间进行的,因此效率比较高。但是,如果一个线程执行了阻塞,那么,整个进程就会阻塞,而且,由于任何时刻只允许一个线程访问内核,因此多个线程不能并行运行在多处理器上。在这种模型中,处理器调度的单位仍然是进程。Green thread 和 Solaris2 支持这种模型。

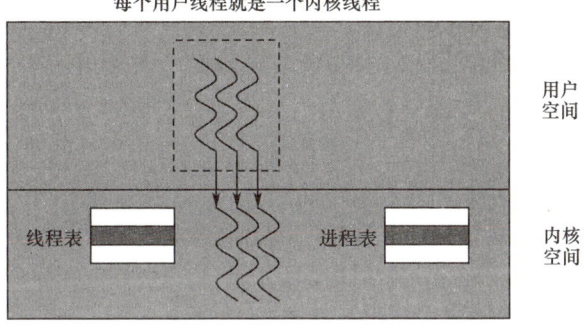

图 2-16　内核态线程实现

(2) 一对多模型。这种模型将每个用户态线程映射一个内核态线程。当一个线程执行时,该模型能够允许另一个线程继续执行,所以,它提供了比多对一模型更好的并发功能。该模型也允许多个线程运行在多处理器系统上。这种模型的缺点是每创建一个用户态线程就需要创建一个相应的内核态线程。创建内核态线程的开销会影响应用程序的性能,所以,这种模型绝大多数实现都限制了系统所支持的线程数量。Windows NT/2000/XP 和 OS/2 支持这种模型。

(3) 多对多模型。这种模型中,许多用户态线程多路复用等量或较少量的内核态线程,内核态线程的数量与特定应用程序或特定机器有关。多对多模型克服了上面提及两种模型的缺点,可以在应用程序中创建任意多个必要的线程,并且相应的内核态线程能够在多处理器系统上并行运行。而且,当一个线程执行阻塞时,内核能够调度另一个线程来执行。UNIX 支持这种模型。

要点讲解

2.4 节主要学习如下知识要点:

1. 什么是线程

(1) 线程是进程中可独立执行的子任务。

(2) 线程属性:

①每个线程有一个唯一的标识符和一张线程描述表。线程描述表记录了线程执行时的寄存器和栈等现场状态。

②不同的线程可以执行相同的程序,即同一个服务程序被不同的用户调用时,操作系统为它们创建不同的线程。

③同一进程中的各个线程共享分配给进程的主存地址空间。

④线程是处理器的独立调度单位,多个线程是可以并发执行的。

⑤一个线程被创建后,便开始了它的生命期,直至终止。线程在生命期内会经历等待态、就绪态和运行态等各种状态变化。

2. 线程和进程的区别

进程是资源分配单位,而线程是调度和执行单位。每个进程都有自己的主存空间,同一个进程中的各线程共享该进程的主存空间,进程中的所有线程对进程的整个主存空间都有存取权限。

3. 进程与线程

(1)进程缺点

①每个进程要占用一个进程控制块和一个私有的主存区域,开销较大。

②进程之间的通信必须由通信机制来完成,速度较慢。

③进程增多会增加调度和控制的复杂性,增加了死锁的机会。

(2)线程优点

①创建线程无须另外分配资源,因而创建线程的速度比创建进程的速度快,且系统开销小。

②线程间的通信在同一地址空间中进行,故不需要额外的通信机制,使通信更简便,信息传递速度也更快。

③线程能独立执行,能充分利用和发挥处理器与外设并行工作的能力。

典型例题分析

1. 线程的主要属性是:每个线程有_____,同一进程中的各个线程共享_____。

【答案】一个唯一的标识符、该进程的主存空间

【分析】由于管理的需要,每个线程都有一个唯一的标识符,每个进程都有自己的主存空间,同一个进程中的各线程共享该进程的主存空间。

2. 进程与线程的主要区别?

【答案】

(1)进程是资源分配单位,而线程是调度和执行单位;线程不拥有系统资源,但线程可以访问所属进程的资源。

(2)进程之间可以并发执行,同一进程内的多个线程也可以并发执行。

(3)创建和撤销进程的系统开销远大于创建和撤销线程的系统开销。

2.5　Linux 的进程管理

Linux 是一种多任务多用户操作系统,一个任务就是一个进程。多用户是指多个用户可以在同一时间内使用计算机系统,多任务是指 Linux 可以同时执行几个任务,它可以在还未执行完一个任务时又执行另一项任务。

每一个进程都具有一定的功能和权限,它们都运行在各自独立的虚拟地址空间内。在 Linux 中,进程是系统资源分配的基本单位,也是 CPU 运行的基本调度单位。

2.5.1　Linux 的进程

1. Linux 进程的状态

为了区分进程,Linux 中每个进程都有一个标识号,称为 PID,系统启动后,第一个进程是 init,它的 PID 为 1,init 进程也称为 1 号进程。init 是唯一一个由系统内核直接运行的进程,它是系统中所有进程的起源。

在 Linux 系统中,进程有 5 种基本状态,其相互转换如图 2-17 所示。

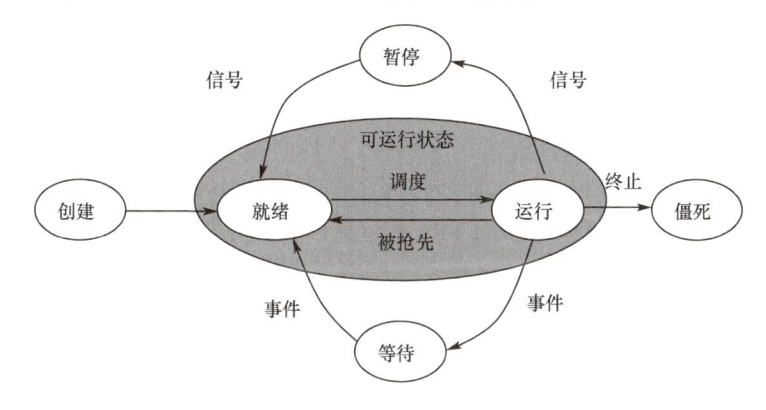

图 2-17　Linux 进程的状态

(1) 运行状态

进程正在使用 CPU 运行的状态。处于运行状态的进程称为当前进程。

(2) 可运行状态

进程已分配到除 CPU 外所需要的其他资源,等待系统把 CPU 分配给它之后即可投入运行。可运行状态实际上包含两个状态,进程要么在 CPU 上运行(运行状态),要么已经做好准备,随时可投入运行(就绪状态)。

(3) 等待状态

又称睡眠状态,它是进程正在等待某个资源时所处的状态。等待状态进一步分为可中断的等待状态和不可中断的等待状态。处于可中断等待状态的进程可以由信号(Signal)解除其等待状态。处于不可中断等待状态的进程,一般是直接或间接等待硬件条件。它只能用特定的方式来解除,例如使用唤醒函数 wake_up()等。

(4) 暂停状态

进程需要接受某种特殊处理而暂时停止运行时所处的状态。通常进程在接收到外部进程的某个信号时进入暂停状态。例如,正在接受调试的进程就处于这种状态。

(5) 僵死状态

进程的运行已经结束,但它的任务结构仍在系统中。

2. Linux 进程的两种运行模式

在 Linux 里,一个进程既可以运行用户程序,又可以运行操作系统程序。当进程运行用户程序时,称其为处于用户模式(User Mode);当进程运行时出现了系统调用或中断事件,转而去执行操作系统内核的程序时,称其处于核心模式(Kernel Mode)。因此,进程在核心模式时,是在从事着资源管理以及各种控制活动,进程在用户模式时,是在操作系统的管理和控制下做自己的工作。

核心模式又称系统模式,它具有较高的特权,能执行所有的机器指令,包括由操作系统执行的特权指令,能访问所有的寄存器和存储区域,能直接控制所有的系统资源。Linux 在执行内核程序时处于核心模式下。

用户模式是进程的普通执行模式,在用户模式下进程具有较低的特权,只能执行规定的机器指令,不能执行特权指令。进程在用户模式下只能访问存储空间。在用户模式下进程不能与系统硬件相互作用,不能访问系统资源。

3. 进程之间的关系

Linux 是通过复制机制来产生进程的。复制进程的本身也是个进程。假设进程 A 复制了进程 B,那么进程 A 就是进程 B 的父进程,进程 B 就是进程 A 的子进程。init(初始化)进程是 Linux 系统中的所有进程的父进程,由 init 产生了 Shell。而 init 是仅有的一个 Linux 内核所直接运行的进程。对于用户的大多数命令而言,它们的父进程是 Shell。

Shell 同样能够产生子 Shell 进程,子进程是通过调用 fork 对父进程 Shell 进行复制而实现的。在复制完毕后,子进程就和父进程完全一样。然后用一个叫 exec 的进程转换子进程,使其成为所需要的进程。在子 Shell 进程中用 exit 命令可以退出并结束当前的 Shell。子进程拥有与父进程完全一样的环境。

每一个进程记录了它的父进程和子进程的 ID,在这个进程结束之后就返回到它的父进程。

在 Linux 系统中,所有的硬件设备都用设备文件来描述,标准输入设备(键盘、鼠标)用 stdin 来描述;标准输出设备(显示器等)用 stdout 来描述;还有一个设备文件叫作标准错误输出,它用 stderr 描述,这 3 个文件是一直被打开的,便于用户与系统之间的交流。任何子进程都自动从父进程那里继承上面提到的 3 个打开的设备文件。

4. 每个进程都可能以两种方式存在:前台(Foreground)和后台(Background)

所谓前台进程,就是用户目前在屏幕上进行操作的进程;而后台进程则是实际上在运行,而用户在屏幕上无法看到的进程。Linux 后台进程也叫守护进程(Daemon)。

通常使用后台方式执行的情况是:当此进程较为复杂且必须执行较长的时间时,Linux 会将它置于后台中执行,以避免占用屏幕的时间过久,而无法执行其他的进程。

系统的服务一般是以后台进程的方式存在的,而且都会驻留在系统中,直到关机时才结束,这类服务也称为 Daemon,在 Linux 系统中就包含许多 Daemon。

判断 Daemon 最简单的方法就是由名称来判断,多数 Daemon 都是由服务名称加上字母"d"来产生的,例如 HTTP 服务的 Daemon 为 httpd。

2.5.2 Linux 进程创建

Linux 系统响应用户进程的 fork()请求后要做如下处理:

(1)为子进程分配进程表项和进程标识符

执行 fork 后,内核检查系统是否有足够的资源来建立一个新进程,若资源不足则调用失败;否则申请一个空闲的进程表项 task_struct(Linux 任务控制块结构)结构,并赋予该子进程一个内部标识 pid。

(2)检查同时运行的进程数目

对于一个普通用户来说,其所能建立的进程数目是有限的,当超出限制时 fork()调用失败。

(3)将该子进程置为创建状态

将该子进程置为创建状态,并对其 task_struct 结构进行初始化。

(4) 子进程继承父进程的所有已打开的文件

内核首先对父进程当前目录的引用计算器加 1，然后判断是否有改变的根目录，若有也对其引用计算器加 1，再找出父进程已经打开的所有文件，将相应的文件表项中的引用计数加 1，即子进程与父进程具有相同用户的进程打开文件夹。

子进程创建后便继承了父进程当前已经打开的所有文件夹。

(5) 为子进程创建进程映像

内核先为子进程创建映像的静态部分，将父进程映像的静态部分复制到子进程的映像，再创建子进程映像的动态部分，至此子进程的创建即告结束。

(6) 调度进程执行

若正在执行的进程是父进程，则将子进程的状态置为就绪，插入就绪队列，然后返回所创建子进程的 pid 号，若正在执行的是子进程，则初始化 U 区的计时字段，然后返回 0。

2.5.3　Linux 中进程管理命令

1. 查看进程

在 Linux 中，使用 ps 命令对进程进行查看。ps 命令是最基本的同时也是非常强大的进程查看命令。使用该命令可以确定有哪些进程正在运行和运行的状态、进程是否结束、进程有没有僵死、哪些进程占用了过多的资源等。

格式：ps [选项]

ps 命令功能选项见表 2-3。

表 2-3　　　　　　　　　　ps 命令的常用选项及说明

选项	说明	选项	说明
a	显示所有进程	e	在命令后显示环境变量
u	显示进程宿主名和启动时间等信息	w	宽行输出
x	显示没有控制终端的进程	-e	显示所有进程
f	显示进程树	-f	显示全部

示例：查看 httpd 进程是否在运行（Apache 服务是否启动）。

```
[tcl@localhost tcl]$ ps aux | prep httpd
tcl 13292 0.0 0.2 4816 640 pts/0 S 21:50 0:00 grep httpd
```

2. 进程通信命令

Linux 进程间通信的方式有很多种：管道（pipe）、命名管道（FIFO）、内存映射（mapped memeory）、消息队列（message queue）、共享内存（shared memory）、信号量（semaphore）、信号（signal）、套接字（Socket）。其最基本的通信方式为信号。

Linux 中可以使用命令"kill -l"显示当前系统支持的所有信号，用命令"man 7 signal"查看所有信号的解释。

示例：杀死进程号为 444 的进程。

```
# kill vsftpd
% kill -9 444
```

3. 管道命令

将一个程序的标准输出写到一个文件中去,再将这个文件的内容作为另一个命令的标准输入,等效于通过临时文件将两个命令结合起来。这种情况很普遍,需要 Linux 系统提供一种功能:它不需要或不必使用临时文件,就能将两条命令结合在一起。这种功能就是管道。

管道的操作符是一个竖杠"|"。管道是可以嵌套使用的,因此可以把多个命令结合在一起。

示例:如果执行下面的命令将直接返回 /usr/bin 中的文件列表的行数,而不是列表的内容。

```
[tcl@localhost tcl] $  ls /usr/bin | wc -l
```

本章小结

为了充分、有效地利用系统资源,现代操作系统都体现了并发执行以及资源共享、用户随机使用系统的特点。由此引入了进程的概念,用于动态地描述每个具有独立功能程序段在某个数据集的一次执行活动。进程可看作系统分配资源的基本单位。进程控制块 PCB 是系统感知一个进程存在的唯一标识,它包括了进程的描述信息、控制信息、管理信息和现场信息。

任何一个实际系统中,并发执行进程数一般总是超过计算机系统中 CPU 的个数,系统中所有的进程不可能同时占用 CPU 时间,所以进程具有三种基本状态:运行态、等待态和就绪态。

如果系统中存在一组可同时执行的进程,则说明该组进程具有并发性,我们把这些进程称为并发进程。

并发进程相互间可以是无关的,也可以是有交互的。有交互的并发进程间一定共享某些资源。由于并发进程执行的相对速度受自身或外界的因素影响,也受进程调度策略的限制,因此,并发进程在访问共享资源时可能会出现与时间有关的错误。

把并发进程中与共享变量有关的程序段称为临界区。与某共享变量有关的每个进程都有各自的临界区。这些进程互斥时,每次只允许一个进程进入临界区。当有一个进程在它的临界区执行时就不允许其他进程进入临界区。

进程的同步机制:进程使用共享资源时必须互通消息,即只有接到了指定的消息后,进程才能去使用共享资源。实际上,进程互斥是进程同步的特例。

PV 操作是由两个不被中断的进程即 P、V 操作原语组成的。PV 操作是对信号量实施操作,若把信号量与共享资源联系起来,则用 PV 操作可实现进程的互斥和同步。

进程间可以通过信件来传递大量消息,一个进程可以发送一封信,把信息告诉别的进程或请求别的进程协助工作。send 原语和 receive 原语是最基本的信箱通信原语。

线程作为进程中的一个可调度和执行的基本单位,它不是申请资源的基本单位。

最后简单介绍 Linux 中进程的相关知识。

习 题

一、选择题

1. 下列关于"进程"概念的叙述中,错误的是(　　)。
   A. 进程是程序的动态执行过程　　　　B. 进程是分配资源的基本单位
   C. 传统的操作系统中,进程是可调度的实体　　D. 进程和程序是一一对应的

2. 刚刚被创建的进程将处于(　　)。
   A. 运行态　　　　B. 就绪态　　　　C. 等待态　　　　D. 不确定

3. 在下列进程的状态转换中,(　　)是不可能发生的。
   A. 就绪态→运行态　　　　B. 运行态→就绪态
   C. 运行态→等待态　　　　D. 等待态→运行态

4. 多道程序环境下,操作系统分配资源以(　　)为基本单位。
   A. 程序　　　　B. 指令　　　　C. 进程　　　　D. 作业

5. 操作系统通过(　　)对进程进行管理。
   A. 进程　　　　B. 进程控制块　　　　C. 进程启动程序　　　　D. 进程控制区

6. (　　)是作业存在的唯一标志。
   A. 作业名　　　　B. 进程控制块　　　　C. 作业控制块　　　　D. 程序名

7. 为了使两个进程能同步运行,最少需要(　　)个信号量。
   A. 1　　　　B. 2　　　　C. 3　　　　D. 4

8. 临界区是指并发进程中访问共享变量的(　　)。
   A. 管理信息　　　　B. 数据　　　　C. 信息存储　　　　D. 程序段

9. 用 PV 操作管理临界区,信号量 S 初始值为(　　)。
   A. -1　　　　B. 0　　　　C. 1　　　　D. 任意值

10. 若 PV 操作的信号量 S 初始值为 2,当前值为 -1,则表示有(　　)个等待进程。
    A. 0　　　　B. 1　　　　C. 2　　　　D. 3

11. 用 PV 操作唤醒一个等待进程时,被唤醒进程的状态变为(　　)。
    A. 等待　　　　B. 就绪　　　　C. 运行　　　　D. 完成

12. 用 PV 操作可以解决(　　)互斥问题。
    A. 一切　　　　B. 某些　　　　C. 正确　　　　D. 错误

13. 信箱通信是一种(　　)通信方式。
    A. 直接　　　　B. 间接　　　　C. 低级　　　　D. 信号量

14. 为了进行进程协调,进程之间应当具有一定的联系,这种联系通常采用进程间交换数据的方式进行,这种方式称为(　　)。
    A. 进程互斥　　　　B. 进程同步　　　　C. 进程制约　　　　D. 进程通信

15. 并发进程之间(　　)。
    A. 彼此无关　　　　　　　　B. 必须同步
    C. 必须互斥　　　　　　　　D. 可能需要同步或互斥

二、填空题

1. 进程与程序的本质区别是_____。
2. 进程在运行过程中有三种基本状态,它们分别是_____、_____、_____。
3. 进程主要由_____、_____和_____三部分内容组成(进程三要素),其中_____是进程存在的唯一标志,而_____部分也可以为其他进程共享。
4. 进程是一个_____态概念,而程序是一个_____态概念。
5. 线程与进程的根本区别是把进程作为_____,而线程是_____。
6. 临界资源的概念是_____,而_____是指进程中访问临界资源的那段程序代码。
7. 用PV操作管理临界区时,任何一个进程进入临界区之间必须应用_____,退出临界区必须调用_____。
8. 信箱分_____和_____,信箱头中存放有关信箱的描述,信箱体由若干格子组成,每格存放一封信件,格子的数目和大小在创建信箱时确定。

三、简答题

1. 什么叫多道程序设计?为什么要采用多道程序设计?
2. 进程有哪些基本状态?画出进程基本状态变化图。
3. 解释进程的并行性和并发性。
4. 什么是临界区?什么叫临界资源?
5. 对相关临界区的管理有哪些要求?
6. 若用PV操作管理某一组相关临界区,其信号量S的值在[−1,1]之间变化,当S=−1,S=0,S=1时它们各自的物理含义是什么?
7. 有一个小超市,可容纳30人同时购物。如果超市内不足30人,则允许购物者进入超市购物,超过30人时则需要在外等候。出口处只有一位收银员,购物者结账后就离开超市,用信号量和PV操作描述购物者的购物过程。
8. 在公共汽车上,司机和售票员的工作流程如图2-18所示。为保证乘客的安全,司机和售票员应密切配合协调工作。请用PV操作来实现司机与售票员之间的同步。
9. 有一只铁笼子,每次只能放入一只动物,猎手只能向笼中放入老虎,农民只能向笼中放入猪,动物园等待取笼中的老虎,饭店等待取笼中的猪,试用PV操作写出能同步执行的程序。

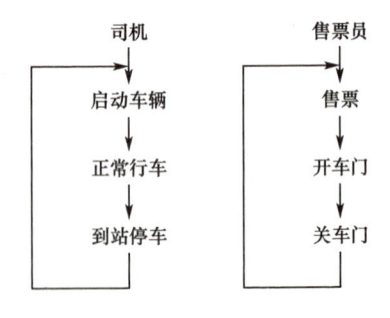

图2-18 司机和售票员的工作流程

第3章 处理器调度与死锁

本章目标

- 理解与掌握进程调度的概念和进程调度算法。
- 理解与掌握作业调度的概念和作业调度算法。
- 理解与掌握死锁的定义、防止、避免、检测、解除知识。

在多道程序尤其是多任务的分时操作系统环境下，系统中的进程（作业）数目通常都超过 CPU 的数目。这就要求操作系统按某种算法动态把 CPU 分配给就绪队列中的一个满足运行条件的进程（或后备队列中的作业），让该进程（作业可看成由多个进程组成）占用 CPU 执行。分配 CPU 的任务是由 CPU 调度来完成的。由于处理器是重要的计算机资源，提高处理器的利用率和改善系统的性能（系统吞吐量、响应时间），在很大程度上取决于处理器调度性能的好坏。因而，处理器的调度问题成了操作系统设计的中心问题之一。为此，本章将着重阐述处理器的作业调度算法和进程调度算法。

在讲解本章内容前，先了解一下作业、任务、进程和程序概念的区别。

作业概念更多地用于脱机处理系统（批处理操作系统），进程概念更多地用于联机处理系统（分时操作系统）。在 Linux 系统中虽然有设置前台作业和后台作业的处理功能，但其处理的对象还是进程。而 Windows XP 系统中没有明显的作业概念，只有任务、进程、线程概念。任务通常由图标表示，该图标连接着任务所对应的程序，通过双击图标就可以启动任务。当任务被启动后，对应该任务的进程也被建立（创建进程的任务都由原语完成）。进程运行可以进程或线程形式存在。线程是构成进程可独立运行的单元。当进程由线程构成时，线程成为占用 CPU 时间片的实体。

作业、任务、进程和线程之间都没有唯一的对应关系，程序是进程的基本组成部分，但又对应多个进程。进程是作业的执行状态，一个作业又可以对应多个进程。线程包含在进程中，一个进程可以由一个或多个线程构成。

进程调度作为处理器管理的低级调度有先来先服务、时间片轮转法和优先级调度算法等。

我们把用户要求计算机系统处理的一个问题称为一个作业，在处理一个作业时所经过的每个步骤（例如，源程序的编译、连接、运行等）称为作业步。

作业调度作为处理器管理的高级调度，与进程一样也有自己的作业调度算法：先来先服务、最短作业优先和响应比高者优先调度算法等。

在第 2 章中我们讲解了进程并发性，并发进程之间可能存在相互竞争系统资源的情况，当进程共享系统资源时，若资源分配不当可能使系统中已经存在一组进程，而其中每个进程都在等待另一个进程所占用的、不可抢占的资源,即该组进程形成了永远不能结束的循环等待,这种现象称为死锁。死锁的出现是与资源的分配策略有关的,一个可靠的计算机系统必须采用合理的资源分配策略来防止或避免死锁的发生。常用的资源分配策略有静态分配、按序分配和银行家算法等。

3.1 处理器调度设计原则

在多道程序系统中,一个作业提交给计算机时必须要经过处理器调度,才可获得处理器而执行。对于批量作业而言,通常需要经历作业调度(高级调度)和进程调度(低级调度)这两个过程后,才能获得处理器而执行。对于终端型作业,则只需经过进程调度就可执行。较完善的操作系统(如 Windows、UNIX/Linux)还设置了中级调度(对换调度,用来实现虚拟存储管理)。

当进程在就绪队列等待运行时,它所竞争的计算机资源是 CPU,进程调度程序根据某一算法把 CPU 分配给满足运行条件的进程。设计调度算法是开发操作系统的重要任务之一。在设计调度算法时,应该遵循如下几个设计原则:

(1)公平性。对用户公平,不能或无限制地拖延一个作业的执行。
(2)平衡资源使用。尽可能地使系统资源都处于忙碌状态。
(3)极大流量。在单位时间内为尽可能多的作业服务,保证计算机系统的吞吐能力。
(4)响应时间。这是指从用户提交作业到用户得到首次输出所等待的时间。通常,用户都希望这段时间越短越好。

> 学习与生活——心态平衡
> 我们每个人都要拥有一颗年轻的心、宽容的心、快乐的心,保持平衡的心态,就拥有健康幸福的一生。
> 在处理器调度中,任何算法都没有绝对的优劣,没有最好的算法,只有适合的算法。

3.2 常用处理器的几种调度方式

在多道程序设计系统中,主存中有多道程序运行,它们相互争夺处理器这一重要的资源。处理器调度就是从就绪队列中,按照一定的算法选择一个进程并将处理器分配给它运行,以实现进程的并发执行。处理器调度,也叫 CPU 调度、进程调度。

在不同的操作系统中采用的调度方式不完全相同。有的系统采用一级调度,有的系统采用二级或三级调度,并且所采用的调度算法也可能不同。

一般来说,作业进入系统到最后完成,要经历三级调度(有的教材中讲二级调度):高级调度、中级调度和低级调度。

(1)高级调度

高级调度又称作业调度,或称长程调度。其主要功能是根据一定的算法,把处于后备队列中的那些作业调入主存,分配必要的资源,并为它们建立相应的用户作业进程和为其服务的系统进程(如输入/输出进程),然后将创建的进程送入就绪队列,等待进程调度程序对其执行调度,并在作业完成后做善后处理工作,回收系统资源。

(2) 中级调度

中级调度也称对换调度,引入中级调度是为了提高内存利用率和系统吞吐量。也就是把那些暂时不能运行的进程(已经装入内存中的进程)放在外存上,只有这些进程具有运行条件、内存又有空闲空间时,才能由中级调度来决定把外存上的哪些就绪进程重新装入内存,并修改该进程的 PCB 内容,将该进程的状态转变为就绪状态,挂在就绪队列上等待进程调度。中级调度实际上就是内存管理的对换调度(换进/换出以实现虚拟内存管理的功能)。

(3) 低级调度

低级调度又称进程调度,下一节介绍,这里就不再重复讲述。

3.3 作业调度

批处理操作系统控制下的作业称为批处理作业,把若干个用户作业组织成作业流,让它们成批进入计算机系统,且把它们存放在磁盘上的专用区域中等待处理。在操作系统中,我们把磁盘上用来存放作业信息的专用区域称为输入井(详见第 5 章 SPOOLing 技术一节),把在输入井中等待处理的作业称为后备作业。

任何作业只有被装入主存储器后才能执行,当输入井中等待处理的作业不能全部同时被装入主存储器时,应怎样从中选取一部分作业呢?这就必须根据系统设计时确定的允许并行工作的道数和一定的规则(或算法),从后备作业中选取若干作业让它们进入主存储器,使它们有机会获得处理器执行。我们把这项从输入井中选取后备作业装入主存储器的工作称为作业调度。

作业调度的主要功能是按照某种原则从后备作业队列中选取作业进入主存,并为作业做好运行前的准备工作和作业完成后的处理工作。

在外存中往往有许多作业,为了管理和调度这些作业,就必须记录已进入系统中的各作业的情况。如同进程管理一样,系统为每个作业设置一个作业控制块(Job Control Block,JCB),其中记录了作业的有关信息。不同系统的 JCB 所包含的信息有所不同,这取决于系统对作业调度的要求。

通常作业控制块中包括如下主要内容:

(1) 资源要求。包括要求运行时间、最迟完成时间、需要的主存容量、外设的种类及数量等。

(2) 资源使用情况。包括作业进入系统时间、开始运行时间、已运行时间、主存地址、设备号等。

(3) 作业的控制方式(联机作业控制、脱机作业控制)、作业类型(如终端型、批量型、I/O 繁忙、CPU 繁忙)和作业优先权。

(4) 作业名、作业状态。通常,系统为每个作业建立一个作业控制块,它是作业存在的唯一标志。系统通过 JCB 感知作业的存在。系统在作业进入后备状态时为作业建立 JCB,从而使该作业可被作业调度程序感知。当作业执行完毕进入完成状态之后,系统撤销其 JCB,释放有关资源并撤销该作业。

从后备队列中选取一道作业投入主存,参与多道运行工作的作业调度的关键在于确定好的调度算法。这要考虑到各种因素。就系统而言,作业类别(主要指是不是多 CPU 与多 I/O 作业)之间的良好搭配,使得系统资源的利用率提高;就用户而言,希望尽早获得作业的运行结果。

3.3.1 什么是作业和作业步

采用批处理操作系统和分时系统的计算机系统都属于多道程序设计系统。在这样的系统中,往往同时有多个计算问题(作业)请求处理。

从用户角度说,作业是要求计算机系统处理的一个问题或一个事务处理过程中要求计算机系统所做工作的集合,包括用户程序、所需的数据及命令等,把计算机系统在完成一个作业过程中所做的一些相对独立的工作称为作业步。因此也可以说,一个作业是由一系列的作业步组成的。

例如,一个作业运行需要经历如下四个步骤:
(1) 编写源程序 A.c。
(2) 编译成 A.obj。
(3) 连接装配 *.head 文件形成 A.exe。
(4) 执行 A.exe。

每一个步骤都可以看作一个作业步。

3.3.2 作业的状态

一个作业进入系统到运行结束,一般需要经历收容、运行、完成三个阶段。与这三个阶段相对应的作业处于后备、运行和完成状态,加上作业从外部设备输入外存的过程中,为其建立作业控制块(JCB)的提交状态,即一个作业从提交给系统到执行完毕,一般需要经历提交、后备、运行(或执行)和完成四个状态。作业状态间的转换如图 3-1 所示。

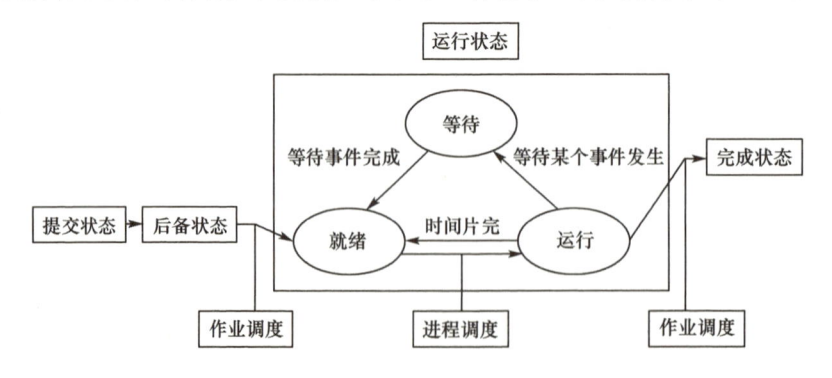

图 3-1 作业状态的相互转换

(1) 提交状态

提交状态又叫进入状态,即某个作业从输入设备输入进入辅存的过程,称该作业处于提交状态。由于作业还处于信息的输入过程中,所有信息还未能进入系统,因此该作业不能被调度程序选入调度范围。

(2) 后备状态

当一个作业通过输入设备送入计算机,并由操作系统将其存放在磁盘中后,为这个作业建立一个作业控制块(JCB),并把它插入后备作业队列中等待被调度运行。此时,这个作业所处的状态称为后备状态。从作业输入开始到放入后备作业队列,这一进程称为收容阶段。

(3) 运行状态

当一个作业被调度程序选中,并为它分配了必要的资源,建立了一组相应的进程之后,这个作业就由后备状态变为运行状态。处于运行状态的作业在系统中可以从事各种活动。它可能被进程调度程序选中而在处理器上执行;也可能在等待某种事件或信息;还有可能在等待进程调度程序为其分配处理器。因此,从宏观上看,作业一旦被作业调度选中进入主存就开始了运行,但从微观上讲,主存中的作业并不一定正在处理器上执行。为了便于对运行状态的作业进行管理,根据进程的活动情况又把它分为三种状态:就绪状态、运行状态、等待状态。

(4) 完成状态

当作业正常运行结束或因发生错误而终止执行,作业就处于完成状态。此时,由操作系统将作业控制块从当前作业队列中删除,收回其所占用的资源,将作业运行结果编入输出文件,并调用有关设备处理进程输出。

也有一些操作系统在概念上将作业的状态分为三种:后备状态、运行状态和完成状态。

要点讲解

3.3.1节和3.3.2节主要学习如下知识要点:

1. 作业和作业步

作业是要求计算机系统处理的一个问题或一个事务处理过程中要求计算机系统所做工作的集合。计算机系统在完成一个作业过程中所做一些相对独立的工作称为作业步。

2. 作业调度

作业调度是指从输入井中选取后备作业装入主存储器的工作。作业调度应遵循的必要条件:系统现有的尚未分配的资源可以满足被选作业的资源要求。

3. 作业状态

作业一般需要经历提交、后备、运行(或执行)和完成四个状态。

(1) 提交状态。某个作业从输入设备输入进入辅存的"输入井"(详见第5章SPOOLing技术一节)过程,称该作业处于提交状态。

(2) 后备状态。作业进入输入井后所处的状态。

(3) 运行状态。作业从输入井经过作业调度进程调度进入主存中所处的状态。

(4) 完成状态。当作业正常运行结束或因发生错误而终止执行,作业就处于完成状态。

典型例题分析

1. 作业调度选中一个作业并把它装入主存,就为该作业创建一个进程,这个进程的初始为( )。

A. 后备状态 B. 就绪状态 C. 运行状态 D. 等待状态

【答案】B

【分析】一个作业装入主存，并为该作业创建一个进程，此时，该进程等待系统分配处理器，以便运行，处于就绪状态。

2. 计算机系统在完成一个作业过程中所做一些相对独立的工作称为_____。

【答案】作业步

【分析】作业是用户要求计算机处理的工作的集合。计算机系统在完成一个作业过程中所做一些相对独立的工作称为作业步。

3.3.3 作业调度算法

作业调度算法的性能可以从不同的角度来判断，如用户、系统和算法实现等角度。用户关心的调度指标主要包括周转时间(包括平均周转时间、平均带权周转时间)、响应时间、截止时间和优先级等。周转时间是指作业从提交到完成所经历的时间。包括作业在后备队列中的等待时间、在就绪队列和等待队列中的等待时间、执行时间等。作业调度的几个与时间相关的概念如下：

(1) CPU 利用率 U_p ＝ CPU 有效工作时间/CPU 总的运行时间。

(2) 吞吐量＝完成作业的作业道数/完成的时间(h)。

(3) 提交时间：从输入设备到输入井的时间 S_i。

(4) 开始时间：从输入井进入主存的时间。

(5) 等待时间：从提交到开始的时间。

(6) 运行时间：从进入主存到运行结束的时间。

(7) 周转时间：假定作业 i 进入输入井的时间为 S_i。若它被选中执行，得到计算结果的时间为 E_i，那么它的周转时间就定义为 $T_i = E_i - S_i =$ 运行时间＋等待时间。周转时间＝响应时间。

(8) 带权周转时间：$W_i = \dfrac{T_i}{E_i} = \dfrac{运行时间＋等待时间}{运行时间} = 1 + \dfrac{等待时间}{运行时间}$。

响应比＝$\dfrac{响应时间}{运行时间} = \dfrac{等待时间＋运行时间}{运行时间} = \dfrac{周转时间}{运行时间} = W_i$。

(9) 平均周转时间：$T = \dfrac{1}{n}\sum\limits_{i=1}^{n} T_i$。

(10) 平均带权周转时间：$W = \dfrac{1}{n}\sum\limits_{i=1}^{n} W_i = \dfrac{1}{n}\sum\limits_{i=1}^{n} \dfrac{T_i}{E_i}$。

(11) 结束时间：作业完成时间。

几个时间关系如图 3-2 所示。

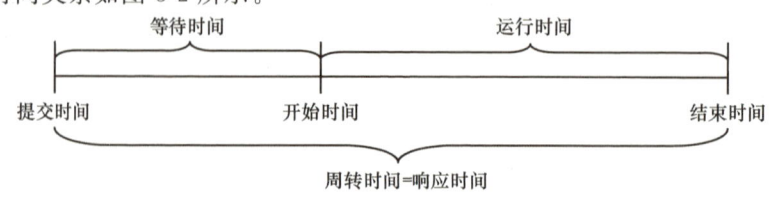

图 3-2 作业调度中几个时间关系示意图

选择策略(调度算法)决定了进程调度算法的性能,既要体现多个就绪进程之间的公平性、进程的优先程度;又要考虑到用户对系统响应时间的要求;还要有利于系统资源的均衡和高效率使用,尽可能地提高系统的吞吐量。当然,这些设计原则(详见 3.2 节)有些是相互矛盾的,在一个实际系统中不可能使每项原则都很好地体现。例如,要提高系统的资源利用率就无法保障很短的响应时间,要提高系统的吞吐量就难以保证对每个就绪进程都公平。因此,在实际系统中往往还要根据操作系统的设计和使用目标来确定选择策略。

常见的作业调度算法有:

(1) 先来先服务(FCFS)调度算法

这种作业调度算法按作业到达系统的先后次序进行调度。它是按照作业进入输入井的先后次序挑选作业,先进入的作业优先被挑选。

该算法优先考虑在系统中等待时间最长的作业,而不考虑作业运行时间的长短。这种算法容易实现,但效率较低。

(2) 短作业优先(SJF)调度算法

采用这种算法时,要求用户对自己的作业需要计算的时间预先做一个估计。作业调度时以在输入井中的作业提出的计算时间为标准,优先选择计算时间短且资源能得到满足的作业。这种算法能降低作业的平均周转时间,从而提高系统的吞吐能力。

这种算法易于实现,且效率也比较高,但未考虑长作业的利益。

(3) 响应比高者优先(HRN)调度算法

先来先服务仅从进入输入井的次序去挑选作业,忽略了计算时间,因而可能使许多小作业(计算时间短的作业)长时间地等待;短作业优先调度算法只考虑作业的运行时间,而忽略了作业的等待时间,因此就有可能出现这样一种情况:当一个作业进入系统后,由于系统中不断有较短作业进入,使得该作业得不到机会运行。为解决这一问题,可采用响应比高者优先调度算法。响应比定义如下:

$$响应比 = 响应时间 / 运行时间$$

其中,响应时间为作业进入系统后的等待时间加上估计的运行时间。于是

$$响应比 = 1 + 等待时间 / 运行时间$$

注意:响应比=等待时间/运行时间(部分教材中使用)。

所谓响应比高者优先调度算法,就是在每次调度作业运行时,先计算后备作业队列中每个作业的响应比,然后挑选响应比高者投入运行,从以上公式中可以看出,一个作业的响应比随着等待时间的增加而提高。这样,只要系统中的某作业等待了足够长的时间,它总会成为响应比最高者而获得运行的机会。在相同等待时间的情况下,短作业优先;而对于相同运行时间的作业,等待时间长的作业优先运行。

响应比高者优先调度算法是综合考虑等待时间和计算时间的作业调度算法。

(4) 优先级调度算法

此算法根据作业的优先数调度作业进入系统运行。作业优先数的确定,各系统有所不同。有些系统根据作业对资源的要求确定其优先数,有的系统则使用外部优先数,即由

用户自行确定自己作业的优先数。

要点讲解

3.3.3节主要学习如下知识要点：

作业调度算法：

(1)先来先服务调度算法

(2)短作业优先调度算法

(3)响应比高者优先调度算法

$$响应比=(运行时间+等待时间)/运行时间$$
$$=1+等待时间/运行时间$$

(4)优先级调度算法

典型例题分析

1.下列作业调度算法中既考虑作业进入输入井的先后，又考虑作业计算时间的是（　　）。

A.先来先服务调度算法　　　　　　B.短作业优先调度算法

C.响应比高者优先调度算法　　　　D.均衡调度算法

【答案】C

【分析】先来先服务调度算法仅考虑先来后到，不利于小作业；短作业优先调度算法不利于大作业；既考虑作业进入输入井的先后，又考虑作业计算时间的是响应比高者优先调度算法。

2.假定有4个作业，它们的提交、运行、完成的情况见表3-1。按先来先服务调度算法进行调度，其平均周转时间和平均带权周转时间也在表中给出(时间单位：小时，以十进制进行计算)。

【答案】

表3-1　　　　　　　先来先服务调度算法例题　　　　　　　　单位：小时

作业	提交时间	运行时间	开始时间	完成时间	周转时间	带权周转时间
1	8.0	2.0	8.0	10.0	2.0	1.0
2	8.5	0.5	10.0	10.5	2.0	4.0
3	9.0	0.1	10.5	10.6	1.6	16.0
4	9.5	0.2	10.6	10.8	1.3	6.5

平均周转时间：$T=(2.0+2.0+1.6+1.3)/4=1.725$ 小时

平均带权周转时间：$W=(1.0+4.0+16.0+6.5)/4=6.875$

3.在先来先服务调度算法的例题中，如果采用短作业优先调度算法，则它们的提交、运行和完成情况见表3-2。

【答案】

表 3-2　　　　　　　　　短作业优先调度算法例题　　　　　　　　　单位:小时

作业	提交时间	运行时间	开始时间	完成时间	周转时间	带权周转时间
1	8.0	2.0	8.0	10.0	2.0	1.0
2	8.5	0.5	10.3	10.8	2.3	4.6
3	9.0	0.1	10.0	10.1	1.1	11.0
4	9.5	0.2	10.1	10.3	0.8	4.0

平均周转时间:$T=(2.0+2.3+1.1+0.8)/4=1.55$ 小时

平均带权周转时间:$W=(1.0+4.6+11.0+4.0)/4=5.15$

【分析】

在作业1到来时,其他作业还没有到达,先执行;在作业1执行完后,其他三个作业都已到达,按短作业优先要求,选择作业3运行;运行完后,选择作业4运行,最后运行作业2。所以作业执行顺序是1,3,4,2。

4. 在先来先服务调度算法例题中,如果采用响应比高者优先,则它们的提交、运行和完成情况见表3-3～表3-5。

【答案】

(1) 第一步

在作业1到达时,其他作业还没有到达,所以先执行作业1;作业1执行完后,其他三个作业也已到达,需要计算三个作业的响应比,见表3-3。

响应比=1+等待时间/运行时间=周转时间/运行时间=响应时间/运行时间

表 3-3　　　　　　　　响应比高者优先调度算法第一步　　　　　　　　单位:小时

作业	提交时间	运行时间	开始时间	完成时间	周转时间	响应比
1	8.0	2.0	8.0	10.0	2.0	
2	8.5	0.5	10.0	10.5	2.0	2/0.5=4
3	9.0	0.1	10.0	10.1	1.1	1.1/0.1=11
4	9.5	0.2	10.0	10.2	0.7	0.7/0.2=3.5

从表3-3响应比值可知,作业3先执行。

(2) 第二步

在作业3执行完后,还有作业2、作业4没有执行,这就要计算作业2、作业4的响应比,见表3-4。

表 3-4　　　　　　　　响应比高者优先调度算法第二步　　　　　　　　单位:小时

作业	提交时间	运行时间	开始时间	完成时间	周转时间	响应比
1	8.0	2.0	8.0	10.0	2.0	
3	9.0	0.1	10.0	10.1	1.1	
2	8.5	0.5	10.1	10.6	2.1	2.1/0.5=4.2
4	9.5	0.2	10.1	10.3	0.8	0.8/0.2=4

从表 3-4 响应比值可知,作业 2 先执行。

(3) 第三步

在作业 2 执行完后,执行作业 4。最后得到作业 1、作业 2、作业 3、作业 4 的周转时间和带权周转时间,见表 3-5。

表 3-5　　　　　　　响应比高者优先调度算法第三步　　　　　　单位:小时

作业	提交时间	运行时间	开始时间	完成时间	周转时间	带权周转时间
1	8.0	2.0	8.0	10.0	2.0	1.0
3	9.0	0.1	10.0	10.1	1.1	11.0
2	8.5	0.5	10.1	10.6	2.1	4.2
4	9.5	0.2	10.6	10.8	1.3	6.5

作业执行顺序是 1,3,2,4。

$T=(2.0+1.1+2.1+1.3)/4=1.625$ 小时

$W=(1.0+11.0+4.2+6.5)/4=5.675$

这四道作业采用响应比高者优先调度算法的运行情况与短作业优先调度算法执行顺序不一样。

5. 单道批处理环境下有 5 个作业,各作业进入系统的时间和估计运行时间见表 3-6。应用短作业优先调度算法,请写出每个作业的结束时间和带权周转时间,请将表格填写完整。(注意:按第一个作业到达时开始执行)

表 3-6　　　　　各作业进入系统的时间和估计运行时间　　　　　单位:分钟

作业	提交时间	运行时间	开始时间	结束时间	周转时间	带权周转时间
1	8:00	40				
2	8:20	30				
3	8:30	12				
4	9:00	18				
5	9:10	5				

【答案】表格填写见表 3-7。

表 3-7　　　　　　　　应用短作业优先调度算法　　　　　　　　单位:分钟

作业	提交时间	运行时间	开始时间	结束时间	周转时间	带权周转时间
1	8:00	40	8:00	8:40	40	1
2	8:20	30	8:52	9:22	62	2.07
3	8:30	12	8:40	8:52	22	1.83
4	9:00	18	9:27	9:45	45	2.5
5	9:10	5	9:22	9:27	17	3.4

注意:第一个作业结束时,作业 4,作业 5 还没有到达。

3.4 进程调度

当一个进程运行完分配给它的 CPU 时间时,或者因为申请某一种条件得不到满足时,就需要放弃 CPU。这时,操作系统就要从就绪队列中选择一个新的进程来占用 CPU 而运行,这就是进程调度原语要做的工作。

进程调度算法

进程让出处理器,由另一个进程占用处理器的过程称为进程切换。进程切换由进程状态的变化引起,由进程调度完成。

进程调度原语的实现过程,如图 3-3 所示。进程调度原语从就绪队列的头指针开始,按照某种进程调度算法选中一个进程,将该进程 PCB 结构中的状态改变为运行状态,然后使其退出就绪队列,恢复该进程的现场参数,该进程就占用了 CPU 时间而进入了运行状态。

由于作业调度是处理器调度的高级调度,进程调度是处理器调度的低级调度,又称短程调度。因此,周转时间、平均周转时间等既适合作业调度又适合进程调度(详见 3.2 节)。

常用的进程调度算法:先来先服务、时间片轮转法、优先级调度算法等。

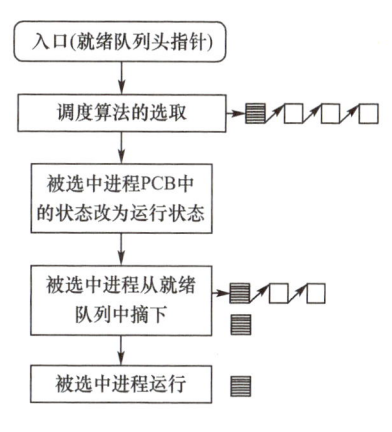

图 3-3 进程调度原语

> **进程调度——遵纪守法**
>
> 无论是做人还是做事,都要遵纪守法。进程调度必须按照一定的算法才能提高进程的运行效率。

1. 先来先服务调度算法

这种调度算法是按照进程进入就绪队列的先后次序来选择可占用处理器的。当有进程就绪时,就把该进程链入就绪队列的末尾,而进程调度总是把处理器分配给就绪队列中的第一个进程。一旦一个进程占用了处理器,它就一直运行下去,直到该进程完成工作而结束或者因等待某事件而不能运行时才让出处理器。

先来先服务调度算法实现简单,但由于进程进入就绪队列的随机性,故采用先来先服务调度算法时可能会使进程等待分配处理器的平均时间较长。

例如,就绪队列中依次有 A、B、C 三个进程。进程 A 和进程 B 各需要 3 ms 的处理器时间就可以完成工作,而进程 C 却要 24 ms 的处理器时间。按照先来先服务的顺序,进程 A 先占用处理器,进程 B 需要等待 3 ms 后才能去占用处理器,进程 C 在等待 6 ms 的时间后可以占用处理器。于是,它们的平均等待时间为(0+3+6)/3=3 ms。如果进程是按 C、B、A 的次序链接队列,则进程 C 占用处理器运行 24 ms 后才能让进程 B 占用,即进程 B 需等待 24 ms,而进程 A 在等待 27 ms 后才可占用处理器,现在这三个进程的平均等待时间为(27+24+0)/3=17 ms。可见,当运行时间长的进程先就绪时,先来先服务调度算法使系统效率受到影响。

2. 时间片轮转法

将所有就绪进程按到达的先后顺序排队,并将 CPU 的时间分成固定大小的时间片,如果一个进程被调度选中后用完了时间片,但并未完成要求的任务,则它将自行释放自己所占的 CPU 而重新排到就绪队列的末尾,等待下一次调度。这就是说,进程调度程序每次都从就绪队列中选取第一个进程进入运行,如图 3-4 所示。

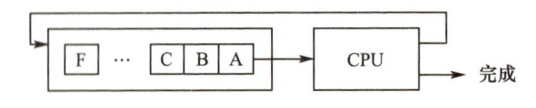

```
   ┌──────────────────┐
 → │ F … C B A │ → CPU → 完成
   └──────────────────┘
```

图 3-4 时间片轮转法进程调度

时间片轮转法的基本思路是让每个进程在就绪队列中的等待时间与享受服务的时间成比例,所以在进程响应时间上很公平,它也是许多操作系统所采用的一种算法。这种算法中 CPU 时间片长度的选取非常重要,它将直接影响系统开销和响应时间。

在运行进程的切换过程中,首先要保护当前运行进程的 CPU 现场信息;然后调用进程调度原语,从就绪队列中选取一个进程;最后把所选中的进程原来所保存的 CPU 现场数据恢复,新的进程才进入运行。因此,CPU 的一个时间片长度至少是完成一次现场保护、现场恢复和执行一次进程调度原语所需的时间之和。那么,CPU 的一个时间片有没有最大长度的限制呢?CPU 的一个时间片最长应该不能超过系统的响应时间,在多用户操作系统中,系统响应时间是用户响应时间与系统可容纳用户数的比值。

从上面的分析可知,CPU 时间片在最小值和最大值之间,仍然有着一个很大的可以取值的范围。显然,如果选取的 CPU 时间片过短,就会导致运行进程与就绪进程之间的频繁转换,从而增加系统的开销,降低系统的实际运行效率;如果选取的 CPU 时间片过长,又会使系统响应时间过长从而达不到用户的要求,也不能体现公平性。在极端情况下,如果一个时间片就能使就绪队列中最长的进程执行完毕,那么时间片轮转法也就变成了先来先服务调度算法,根本无法体现时间片轮转法的优点。

如何合理地选择 CPU 时间片长度呢?在实际的操作系统中,确定具体 CPU 时间片长度值应考虑多种因素。

在采用时间片轮转法时,可对每个进程规定相同的时间片,也可对不同的进程规定不同的时间片。例如,对需要运行时间长的进程,分配一个大一些的时间片,达到减少调度次数,加快进程执行速度的目的。

3. 优先级调度算法

对于用户而言,时间片轮转法是一种绝对公平的算法,但对于系统而言,这种算法还没有考虑到系统资源的利用率以及不同用户进程的差别。因此,我们可以在时间片轮转法的基础上,为进程设置不同的优先级,就绪队列按进程优先级的不同而排列,优先级调度算法每次总是从就绪队列中选取优先级最高的进程运行(在相同的优先级的进程中通常按先来先服务的原则选取)。显然,优先级调度算法的核心是如何确定进程的优先级。

(1)静态优先级

静态优先级是在进程被创建时设定其优先级,一旦开始执行其优先级就不能再改变。进程的静态优先级确定原则如下:

①根据进程的性质或类型来决定优先级。总体上说,系统进程享有比用户进程更高的优先级。对于用户进程,又分为 I/O 繁忙的进程、CPU 繁忙的进程、I/O 和 CPU 均衡的进程等几种类型。一般使用珍贵资源(CPU、主存)的进程比使用 I/O 设备的进程的优

先级低;而对于系统进程,也可按功能划分为调度进程、I/O 进程、中断处理进程和存储管理进程等而赋予不同的优先级。

②按作业的静态优先级作为它所属进程的优先级,而作业的静态优先级取决于用户所要求的紧急程度,以及系统操作员对作业所做的分类。

(2)动态优先级

动态优先级是在进程执行过程中,随着运行情况而不断地发生变化。动态优先级的变化往往取决于进程的等待时间、进程的运行时间以及进程使用资源的类型等因素。一般根据以下原则确定:

①根据进程已占用 CPU 时间的长短来确定。一个进程已经占用 CPU 且运行的时间越长,则该进程的优先级就会越低。

②根据进程已经等待 CPU 时间的长短来确定。一个进程退出运行状态后,其等待时间越长,则该进程的优先级就会越高。

进程调度算法除上面的几种调度算法外,还有多级反馈轮转法、分级调度法等。

要点讲解

3.4 节主要学习如下知识要点:

1.进程调度是指从就绪进程中选取一个进程,让它占用处理器的工作。

2.平均周转时间 T:

$T = \frac{1}{n}\sum_{i=1}^{n} T_i$,其中 T_i = 作业 i 完成的时刻 − 作业 i 提交的时刻。

3.平均带权周转时间 W:

$W = \frac{1}{n}\sum_{i=1}^{n} W_i$,其中 $W_i = T_i /$ 作业 i 实际运行时间。

4.进程切换是指一个进程让出处理器由另一个进程占用处理器的过程。引起进程切换的事件如下:

(1)一个进程从运行状态变成等待状态。

(2)一个进程从运行状态变成就绪状态。

(3)一个进程从等待状态变成就绪状态。

(4)一个进程完成工作后被撤销。

5.进程调度算法:

(1)先来先服务调度算法。

(2)时间片轮转法。

(3)优先级调度算法。

典型例题分析

1.为了对紧急进程或重要进程进行调度,应采用( )。

A.先来先服务调度算法 B.时间片轮转法

C.优先级调度算法 D.短作业优先调度算法

【答案】C

【分析】优先级调度算法规定,进程调度总是让当时具有最高优先级的进程先使用处理器。可以为紧急进程或重要进程赋予高优先级,让其优先调度。

2.下列叙述中,不正确的是( )。

A.进程切换由进程调度完成

B.进程切换由进程状态的变化引起

C.进程切换使得每个进程均有机会占用处理器

D.进程状态的变化与发生的中断无关

【答案】D

【分析】进程让出处理器由另一个进程占用处理器的过程称为进程切换,进程切换由进程状态的变化引起,由进程调度完成。发生中断事件会对进程状态产生影响,导致进程状态的变化,对中断事件处理要进行队列调整。

3.在系统中有五个进程,其相关信息见表 3-8,请采用 FCFS(先来先服务调度算法)计算平均周转时间和平均带权周转时间。

表 3-8　　　　　　　　五个进程的相关信息 1

进程名	到达时间	运行时间
A	0	5
B	1	8
C	2	2
D	3	6
E	4	5

【答案】

根据先来先服务调度算法,可得到表 3-9。

表 3-9　　　　　　　　先来先服务调度算法 1

进程名	到达时间	运行时间	运行开始时间	运行结束时间	周转时间 =结束-到达	带权周转时间 =周转÷运行
A	0	5	0	5	5	1
B	1	8	5	13	12	1.5
C	2	2	13	15	13	6.5
D	3	6	15	21	18	3
E	4	5	21	26	22	4.4

计算进程的平均周转时间 T 和平均带权周转时间 W 如下:

$T=(5+12+13+18+22)/5=14$

$W=(1+1.5+6.5+3+4.4)/5=3.28$

4.在系统中有五个进程,依次(A→B→C→D→E)进入就绪队列,前后相差时间忽略不计,其相关信息见表 3-10,请采用先来先服务调度算法、优先级调度算法,计算平均周转时间和平均带权周转时间。

表 3-10　　　　　　　　　五个进程的相关信息 2

进程名	运行时间	优先级
A	5	2
B	8	5
C	2	2
D	6	6
E	5	4

【答案】

(1) 根据先来先服务调度算法,可得到表 3-11。

表 3-11　　　　　　　　　先来先服务调度算法 2

进程名	到达时间	运行时间	运行开始时间	运行结束时间	周转时间 =结束－到达	带权周转时间 =周转÷运行
A	0	5	0	5	5	1
B	0	8	5	13	13	1.625
C	0	2	13	15	15	7.5
D	0	6	15	21	21	3.5
E	0	5	21	26	26	5.2

计算进程的平均周转时间 T 和平均带权周转时间 W 如下：

$T=(5+13+15+21+26)/5=16$

$W=(1+1.625+7.5+3.5+5.2)/5=3.765$

注意：本题与上题的区别。

(2) 根据优先级调度算法,进程运行顺序为 D→B→E→A→C,可得到表 3-12。

表 3-12　　　　　　　　　优先级调度算法

进程名	到达时间	运行时间	运行开始时间	运行结束时间	周转时间 =结束－到达	带权周转时间 =周转÷运行
D	0	6	0	6	6	1
B	0	8	6	14	14	1.75
E	0	5	14	19	19	3.8
A	0	5	19	24	24	4.8
C	0	2	24	26	26	13

计算进程的平均周转时间 T 和平均带权周转时间 W 如下：

$T=(6+14+19+24+26)/5=17.8$

$W=(1+1.75+3.8+4.8+13)/5=4.87$

5. 在上例中忽略进程优先级,其他条件不变,请采用时间片轮转法,列出当时间片 $q=2$、$q=5$ 时进程的运行顺序,并计算平均周转时间和平均带权周转时间。

【答案】

(1) $q=2$，进程运行顺序为表 3-13。

表 3-13　　　　　进程运行顺序

一轮					二轮				三轮				四轮
A	B	C	D	E	A	B	D	E	A	B	D	E	B
2	2	2	2	2	2	2	2	2	1	2	2	1	2

由此可得到表 3-14。

表 3-14　　　　　时间片轮转法($q=2$)

进程名	运行时间	运行开始时间				结束时间	周转时间 =结束－到达	带权周转时间 =周转÷运行
		一轮	二轮	三轮	四轮			
A	5	0	10	18		19	19	3.8
B	8	2	12	19	24	26	26	3.25
C	2	4				6	6	3
D	6	6	14	21		23	23	3.83
E	5	8	16	23		24	24	4.8

计算进程的平均周转时间 T 和平均带权周转时间 W 如下：

$T=(19+26+6+23+24)/5=19.6$

$W=(3.8+3.25+3+3.83+4.8)/5=3.736$

(2) $q=5$，进程运行顺序见表 3-15。

表 3-15　　　　　进程运行顺序

一轮					二轮	
A	B	C	D	E	B	D
5	5	2	5	5	3	1

由此可得到表 3-16。

表 3-16　　　　　时间片轮转法($q=5$)

进程名	运行时间	运行开始时间		结束时间	周转时间 =结束－到达	带权周转时间 =周转÷运行
		一轮	二轮			
A	5	0		5	5	1
B	8	5	22	25	25	3.125
C	2	10		12	12	6
D	6	12	25	26	26	4.333
E	5	17		22	22	4.4

计算进程的平均周转时间 T 和平均带权周转时间 W 如下：

$T=(5+25+12+26+22)/5=18$

$W=(1+3.125+6+4.333+4.4)/5=3.771$

3.5 死　锁

3.5.1 死锁的形成

计算机系统的各种资源(包括硬件资源与软件资源)都是由操作系统进行管理和分配的。作业所需要的资源是在调度到这个作业时根据作业提出的要求(例如需要多少主存区域,要用哪些外设等)来分配的,作业在分进程执行时,各进程根据执行情况还可动态地申请资源(例如请求读某个文件,请求打印机输出结果,请求增加存储区域等),前面已经介绍了对各类资源的管理和分配技术,目的是要充分发挥各个资源的作用,提高资源的利用率,当多个进程竞争共享资源时,还可采取必要措施来实现资源的互斥使用和保证进程能在有限的时间内获得所需的资源。但是,这些管理和分配都是根据一个作业或一个进程对某资源的需求来进行分配和调度的,而没有考虑一个进程已经占了某类资源后又要申请其他资源时会发生什么样的情况。实际上,计算机系统中有限的资源与众多的请求分配资源的作业和进程间存在矛盾,如果管理和分配不当,则会引起进程相互等待资源的情况,造成这些进程都在等待资源而无法继续执行,却也不能归还已占的资源,于是这种等待永远不能结束。

例如,某系统中有两个并发进程 A 和 B,它们都要使用资源 R1 和 R2,如果在分配资源时把资源 R1 分给了进程 A,把资源 R2 分配给进程 B,进程 A 和 B 在分别得到了一个资源后都还想要第二个资源,没有得到之前又不肯归还已占的资源,于是进程 A 和 B 只好都在等待资源的状态,这种等待是相互的,进程 A 等待进程 B 释放资源 R2,进程 B 等待进程 A 释放资源 R1,两个进程各占了对方所要的资源而又互不相让,造成永远等待。如图 3-5 所示。

若系统中存在一组进程(两个或多个进程),它们中的每一个进程都占用了某种资源 而又都在等待其中另一个进程所占用的资源,这种等待永远不能结束,则说明系统出现了死锁,或者说这组进程处于死锁状态。

图 3-5　一种死锁的状态

形成死锁的起因:

(1)系统的资源不足

系统提供的资源数比要求使用资源的进程数少,或者是若干个进程要求资源的总数大于系统能提供的资源数。这时,进程间就会出现竞争资源的现象,如果对进程竞争的资源管理或分配不当就会引起死锁。

(2)进程推进的顺序非法

执行程序中两个或两个以上进程发生永久等待(阻塞),每个进程都在等待被其他进程占用并等待(阻塞)资源。

(3)资源分配不当

如果系统资源分配策略不当,更常见的可能是程序员写的程序有错误等,则会导致进程因竞争资源不当而产生死锁的现象。

下面列举一些形成死锁的例子。

【例1】 资源分配不当引起死锁。

若系统有某类资源 m 个被 n 个进程共享,每个进程都要求 k 个资源(k≤m),当 m<k,即资源数小于进程所要资源的总数时,如果分配不当就可能引起死锁。假定 m=5,n=5,k=2,采用的分配策略:只要进程提出申请资源的要求而资源尚未分配完,则按进程的申请要求把资源分配给它。现在 5 个进程都提出先申请两个资源,按分配策略每个进程都分得了一个资源,这时资源都分完了,当进程提出再要第二个资源时,系统已无资源可分配,于是各个进程都等待其他进程释放资源。由于各进程都得不到需要的全部资源而不能结束,也就不能释放已占的资源,这组进程等待资源的状态永远不能结束,导致了死锁。

【例2】 并发进程执行的速率引起死锁(哲学家进程问题)。

有五个哲学家 P1、P2、P3、P4、P5,他们围坐在一张圆桌旁,桌中央有一盘通心面,每人面前有一只空盘子,另有五把叉子 f1、f2、f3、f4、f5 分别放在两人中间,如图 3-6、图 3-7 所示。

图 3-6 五个哲学家示意图(a)

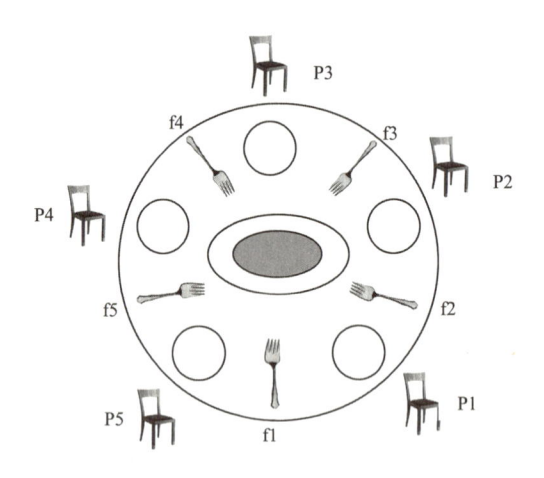

图 3-7 五个哲学家示意图(b)

每个哲学家或思考问题或吃通心面,当思考问题时放下叉子,想吃面时,必须获得两把叉子,且每人只能直接从自己的左边和右边去取叉子,吃过后放下叉子以供别人使用。假设每个哲学家想吃面时总是用 PV 操作来测试是否能取共享的叉子,那么,可定义五个信号量对应 5 把叉子,它们的初值都为 1。若五个哲学家互斥使用叉子的程序如下:

```
semaphore S1,S2,S3,S4,S5;
S1=1;S2=1;S3=1;S4=1;S5=1;
```

```
void P1()
{
    while(true)
    {
        思考；
        P(S1);
        取 f1;
        P(S2);
        取 f2;
        吃通心面；
        放下 f1 和 f2;
        V(S1);
        V(S2);
    }
}
void P2()
{
    while(true)
    {
        思考；
        P(S2);
        取 f2;
        P(S3);
        取 f3;
        吃通心面；
        放下 f2 和 f3;
        V(S2);
        V(S3);
    }
}
void P3()
{
    while(true)
    {
        思考；
        P(S3);
        取 f3;
        P(S4);
        取 f4;
        吃通心面；
        放下 f3 和 f4;
        V(S3);
```

```
            V(S4);
        }
    }
    void P4()
    {
        while(true)
        {
            思考;
            P(S4);
            取 f4;
            P(S5);
            取 f5;
            吃通心面;
            放下 f4 和 f5;
            V(S4);
            V(S5);
        }
    }
    void P5()
    {
        while(true)
        {
            思考;
            P(S5);
            取 f5;
            P(S1);
            取 f1;
            吃通心面;
            放下 f5 和 f3;
            V(S5);
            V(S1);
        }
    }
```

于是,每个哲学家想吃面时总是先从左边取叉子,再从右边取叉子,当五个哲学家都想吃面时,有可能第一个哲学家执行 P(S1)后取到了叉子 f1,但此时执行被打断,第二个哲学家去执行,在执行 P(S2)后取到了叉子 f2,执行被打断,第三个哲学家执行,依次下去,有可能每个哲学家都拿到了自己左边的一把叉子。这时任何一个进程在执行第二个 P 操作时将都处于等待而得不到第二把叉子,大家都无法吃面。每个哲学家都希望别人放下叉子,但由于每个人都没有吃到面而不放下叉子,形成了循环等待,产生死锁。这种死锁的产生既与资源分配的策略有关,又与进程执行的速度有关。

要点讲解

3.5.1节主要学习如下知识要点：

1. 死锁概念

若系统中存在一组进程（两个或多个进程），它们中每个进程都占用了某种资源，又都在等待已被该组进程中的其他进程占用的资源，如果这种等待永远不能结束，则说明系统出现了死锁，或者说这组进程处于死锁状态。

2. 死锁的形成

(1) 与进程对资源的需求有关。

(2) 与进程的推进顺序有关。

(3) 与资源的分配策略有关。

典型例题分析

1. 产生系统死锁的原因可能是（ ）。
   A. 进程释放资源 　　　　　　　　B. 一个进程进入死循环
   C. 多个进程竞争，资源出现了循环等待　　D. 多个进程竞争共享型设备

【答案】C

【分析】指系统中的多个进程由于竞争系统资源而永远阻塞，如果没有外力作用，这些进程都将无法向前推进，这种现象称为死锁。

2. 死锁的形成，除了与资源_____有关外，也与并发进程的_____有关。

【答案】分配策略、推进顺序

【分析】引起死锁的原因为资源分配策略和并发进程的推进顺序。

3.5.2 死锁的防止

在讨论操作系统设计中可能引起的死锁问题时应避免与硬件故障以及其他程序性错误纠缠在一起，我们假定任何一个进程在执行中所申请的资源能得到满足，那么它一定能在有限的时间内执行结束，且归还它所占的全部资源；一个进程只有在申请资源得不到满足时才处于等待资源状态。如果出现某个进程申请系统中不存在的资源或申请资源数超过了系统拥有的资源最大数，这就不属于操作系统分配资源引起的问题，应另当别论。为了防止死锁，应先分析在什么情况下可能发生死锁，从引起死锁的例子中看出系统出现死锁必须同时保持如下四个必要条件：

① 互斥使用资源：每一个资源每次只能给一个进程使用。

② 占用且等待资源：一个进程申请资源得不到满足时处于等待资源的状态，且不释放已占资源。

③ 非抢夺式分配：任何一个进程不能抢夺另一个进程所占的资源，即已被占用的资源只能由占用进程自己来释放。

④ 循环等待资源：存在一组进程，其中每一个进程分别等待另一个进程所占用的资源。

死锁的必要条件

只要发生死锁,则这四个条件一定同时成立,如果采用的资源分配策略能破坏这四个必要条件中的一个条件,则死锁就可防止。

现介绍一些可防止死锁的资源分配策略:

(1) 静态分配

对资源采用静态分配策略可防止死锁。所谓静态分配是指进程必须在开始执行前就申请它所要的全部资源,当得到了所需要的全部资源后才开始执行。显然,采用静态分配资源后,进程在执行中不再申请资源,因而不可能出现等待资源的情况,这种分配策略使四个必要条件中的②和④不成立,也就不可能发生死锁。

(2) 释放已占用资源

这种分配策略:只有进程没有占用资源时,才允许它去申请资源。因此,如果进程已经占用了某些资源而又要再申请资源,那么按此策略的要求,它应将所占的资源归还后才允许申请新资源。

这种资源分配策略仍会使进程处于等待资源的状态。这是因为进程所申请的资源可能已被其他进程占用,只能等占用者归还资源后才可分配给申请者。但是因为申请者是在归还资源后才申请资源的,故不会出现占用了部分资源再等待其他资源的现象,即这种分配资源策略破坏了"占用且等待资源"的条件。

(3) 按序分配

把系统所有的资源排一个顺序,规定任何一个进程申请两个以上的资源时,总是先申请编号小的资源,再申请编号大的资源。按这种策略分配资源时也不会发生死锁,因为这种分配策略使四个必要条件中的④不成立。

例如在五个哲学家问题中,如果改变一下分配策略,规定每个哲学家要吃面时,总是从自己的左边或右边先取编号小的叉子,再取编号大的叉子,则不会形成循环等待。当五个哲学家都要吃面时,可能有四个哲学家 P1、P2、P3、P4 都已拿到了自己左边的一把叉子,但由于采用按序分配,第五个哲学家不能先拿左边的叉子 f5,但又拿不到右边的叉子 f1(被哲学家 P1 先拿去了)。于是,哲学家 P5 一把叉子都不拿,使 P4 有机会拿到右边的叉子而可以吃面,吃完后放下两把叉子,P3 又可得到右边的叉子去吃面,吃完后放下两把叉子让 P2 有机会去吃面,P2 吃完后又使 P1 可以吃面;最后 P5 可以得到叉子去吃面。这样每个哲学家都在有限的时间内可以吃到面,而不会处于永远等待。要做到这一点,只需把第五个哲学家的程序修改成:

```
void P5()
{
    while(true)
    {
        思考;
        P(S1);
        取 f1;
        P(S5);
        取 f5;
        吃通心面;
```

```
        放下 f1 和 f5;
        V(S1);
        V(S5);
    }
}
```

(4)剥夺式分配

这种分配策略是当一个进程申请资源得不到满足时,则可从另一个进程那里去抢夺,这种分配策略目前只适用于对处理器和内存资源的分配。例如,当若干个进程申请主存区域得不到满足而都处于等待时,为防止永远等待的发生,可抢夺某进程已占的主存区域,把它们分配给其中一个等待主存资源的进程,使该进程得到资源后能执行到结束,然后归还所占的全部主存资源。这时再把归还的主存资源分配给被剥夺主存资源的进程,让它继续执行。显然这种分配策略破坏了四个必要条件中的③,可防止死锁的发生。

要点讲解

3.5.2 节主要学习如下知识要点:

1. 死锁的必要条件(死锁产生一定会成立的条件)

(1)互斥地使用资源:每个资源每次只能给一个进程使用。

(2)占用且等待资源:一个进程占用了某些资源后又申请新资源而得不到满足时,处于等待资源的状态,且不释放已占资源。

(3)不可抢夺资源:任何一个进程不能抢夺另一个进程所占的资源。

(4)循环等待资源:相互等待已被其他进程占用的资源。

必要条件说明:以上四个条件仅仅是必要条件而不是充分条件,即只要发生死锁,则这四个条件一定同时成立,如果其中的一个或几个条件不成立,则一定没有死锁。但反之不然,即若这四个条件同时成立,系统未必就有死锁存在。

2. 互斥条件

要使互斥使用资源的条件不成立,唯一的办法是允许进程共享资源。但部分硬件设备的物理特性是改变不了的,所以要想破坏"互斥使用资源"这个条件通常是行不通的。

3. 占用并等待条件

(1)静态分配资源:是指进程必须在开始执行前就申请自己所要的全部资源,只有系统能满足进程的全部资源申请要求且把资源分配给进程后,该进程才开始执行。

(2)抢夺资源:只有进程没有占用资源时,才允许它去申请资源。因此,如果进程已经占用了某些资源而又要再申请资源,那么按此策略的要求,它应先归还所占的资源,归还后才允许再申请新资源。

4. 不可抢夺条件

为了使这个条件不成立,我们可以约定如下:如果一个进程已占用了某些资源又要申请新资源 R,而 R 已被另一进程 P 占用,因而必须等待时,则系统可以抢夺进程 P 已占用的资源 R。

5.循环等待条件

对资源采用按序分配的策略可使循环等待资源的条件不成立。

按序分配资源:是指对系统中所有资源排一个顺序,对每一个资源给出一个确定的编号,规定任何一个进程申请两个以上资源时,总是先申请编号小的资源,再申请编号大的资源。

死锁防止是在并发进程没有执行前采用的预防策略,就如同人们打预防针防止疾病的发生一样。

典型例题分析

1.下列解决死锁的方法中,属于死锁预防策略的是( )。

　　A.银行家算法　　　　　　　　　B.资源有序分配法
　　C.定时运行死锁检测程序　　　　D.死锁的解除

【答案】B

【分析】银行家算法、定时运行死锁检测程序法属于死锁的避免。

2.( )可能会导致死锁的产生。

　　A.进程释放资源　　　　　　　　B.一个进程进入死循环
　　C.多个进程竞争,资源出现了循环等待　　D.多个进程竞争共享型设备

【答案】C

【分析】由死锁产生的必要条件可知,资源出现了循环等待可能会导致死锁的产生。其他三个选项都不是产生死锁的必要条件。

3.在多进程的并发系统中,肯定不会因竞争( )而产生死锁。

　　A.打印机　　　B.磁带机　　　C.磁盘　　　D.CPU

【答案】D

【分析】CPU中只有一个进程在运行,不可能出现死锁。

4.下面关于静态分配的说法,( )是错误的。

　　A.也称为预分配资源
　　B.只有系统给进程分配了所有所需的资源后,该进程才开始执行
　　C.能预防死锁
　　D.提高了资源的利用率

【答案】C

【分析】静态分配资源是指进程必须在开始执行前就申请自己所要的全部资源,只有系统能满足进程的全部资源申请要求且把资源分配给进程后,该进程才开始执行。它破坏了产生死锁的"占用且等待资源"的必要条件。

5.对资源采用按序分配的策略可以使产生死锁的( )条件不成立。

　　A.互斥　　　B.占用且等待　　　C.不可抢夺　　　D.循环等待

【答案】D

【分析】资源按序分配法可破坏循环等待资源条件,使死锁不能产生。

6.对资源采用按序分配策略可使循环等待资源的情况不发生,故该策略可以_____死锁。

【答案】防止

【分析】按序分配策略是防止死锁的四个必要条件之"占用且等待资源"和"循环等待资源",所以是防止死锁的策略。

3.5.3 死锁的避免

在防止死锁的分配策略中,有的只适用于对某些资源的分配,有的则会影响资源的使用效率。例如,剥夺式分配目前只适合于对处理器和主存资源的分配。静态分配策略把资源预先分配给进程,而这些进程占用了资源,但可能在一段时间里并不使用它,这时其他想使用这些资源的进程却又因得不到而等待,降低了资源的利用率。采用按序分配时各进程要求使用资源的次序往往不能与系统安排的次序一致,但申请资源时必须按编号的次序来申请,可能出现先申请到的资源在很长一段时间里闲置不用,也降低了资源的利用率。当不采用防止死锁的分配策略时,则对资源的分配不能确保不产生死锁,这时可以采用如下办法:

当估计到可能产生死锁时,设法避免死锁的发生。只要系统能掌握并发进程中各个进程的资源申请情况,分配资源时就先测试系统状态,若把资源分配给申请者,将产生死锁,则拒绝申请者的要求。一个古典的测试方式称为银行家算法。

银行家把一定数量的资金供多个用户周转使用。为保证资金的安全,银行家规定:

(1)当顾客对资金的最大申请量不超过银行家现金时就可接纳一个新顾客。

(2)顾客可以分期借款,但借款的总数不能超过最大申请量。

(3)银行家对顾客的借款可以推迟支付,但使顾客总能在有限的时间里得到借款。

(4)当顾客得到需要的全部资金后,他一定能在有限时间里归还所有的资金。

我们可以把操作系统看作银行家,把进程看作顾客,把操作系统管理的资源看作银行家管理的资金,把进程向操作系统请求资源看作顾客向银行家贷款。操作系统按银行家制定的规则为进程分配资源。

采用银行家算法分配资源时,当进程首次申请资源时,要测试进程对资源的最大需求量。如果系统现行的资源可以满足它的最大需求量时,就满足进程当前的申请,否则就推迟分配。当进程在执行中继续申请资源时,先测试该进程已占用的资源与本次申请的资源数之和是否超过该进程对资源的最大需求量,如果超过,则拒绝分配资源,否则再测试系统现存的资源能否满足该进程尚需的最大资源量。若能满足,则按当前的申请量分配资源,否则也要推迟分配。这样做,能保证在任何时刻至少有一个进程可得到需要的全部资源而执行到结束,执行结束后归还资源并把这些资源加入系统的剩余资源中,再按同样的方法为其他进程分配资源。于是,系统就能保证所有的进程在有限时间内得到需要的全部资源。由此可见,银行家算法是通过动态检测系统中资源分配情况和进程对资源的需求情况来决定如何分配资源的,在能确保系统处于安全状态时才把资源分配给申请者,从而避免系统发生死锁。

例如,现在有 12 个资源供三个进程共享,进程 1 总共需要 4 个资源,但第一次先申请 1 个资源,进程 2 总共需要 6 个资源,第一次要求 4 个资源,进程 3 总共需要 8 个资源,第一次要求 5 个资源。现在的分配情况见表 3-17。

表 3-17　　　　　　　　　　资源申请表 1

进程	资源	
	最大需求量	第一次申请量
P1	4	1
P2	6	4
P3	8	5

这时,系统处于安全状态,因为剩余的 2 个资源可先供进程 2 使用,进程 2 在得到全部资源(6 个)后能在有限时间内执行结束且归还所占的 6 个资源。然后这 6 个资源又可分给进程 2 和进程 3,使每个进程都能在有限时间内得到全部资源而执行到结束。但是,请大家注意,银行家算法是当系统现存的资源能满足进程的最大需求量时,才把资源分配给该进程的,只有这样才能确保系统是安全的。在上例中,剩余资源数是 2,它只能满足进程 2 的要求(已占 4 个资源,还需 2 个)。所以当三个进程都想继续要求资源时,只能把资源先分配给进程 2 使用。

如果把资源先分给进程 1(或进程 3)就会出现不安全状态,假定又给进程 1 分配了 2 个资源,现在的分配情况见表 3-18。

表 3-18　　　　　　　　　　资源申请表 2

进程	资源	
	最大需求量	第二次申请量
P1	4	3
P2	6	4
P3	8	5

这时,系统是不安全的,因为剩余的 2 个资源已不能满足任何一个进程的最大需求,每一个进程都不能得到所需的全部资源,它们都等待另一个进程归还资源,但任一进程在没有执行结束之前都不归还资源,引起死锁。所以,不能把资源先分配给进程 1(或进程 3)。银行家算法是在保证至少有一个进程能得到所需要的全部资源的前提下进行资源分配的,避免了进程共享资源时可能产生的死锁,但这种算法必须不断地测试各个进程占用和申请资源的情况,需花费较多的时间。

综合上面进程的防止和避免知识可知:防止是进程在并发之前采用的策略,而避免则是进程在并发时采用的策略。

要点讲解

3.5.3 节主要学习如下知识要点:

1. 安全状态

(1)安全状态概念:如果操作系统能保证所有的进程在有限的时间内得到需要的全部

资源,则称系统处于安全状态,否则系统是不安全的。显然,处于安全状态的系统不会发生死锁,而处于不安全状态的系统可能会发生死锁。

(2)资源分配算法:在分配资源时,只要系统能保持处于安全状态,就可避免死锁的发生。故每当有进程提出分配资源的请求时,系统应分析各进程已占资源数、尚需资源数和系统中可以分配的剩余资源数,确定是否处于安全状态。如果分配后系统仍然能维持安全状态,则可为该进程分配资源,否则就暂不为申请者分配资源,直到其他进程归还资源后再考虑它的分配问题。

2. 银行家算法

(1)当一个用户对资金的最大需求量不超过银行家现有的资金时,就可接纳该用户。

(2)用户可以分期贷款,但贷款总数不能超过最大需求量。

(3)当银行家现有的资金不能满足用户的尚需贷款数时,可以推迟支付,但总能使用户在有限的时间里得到贷款。

(4)当用户得到所需的全部资金后,一定能在有限时间里归还所有的资金。

典型例题分析

1. 系统运行银行家算法是为了( )。
A. 检测死锁　　　　B. 避免死锁　　　　C. 解除死锁　　　　D. 防止死锁

【答案】B

【分析】银行家算法是死锁避免的策略,死锁避免是并发进程执行过程中采取死锁避免的一种策略。

2. 某系统中仅有 3 个并发进程竞争某类资源,并都需要该类资源 4 个,如要使这个系统不发生死锁,那么该类资源至少有( )个。
A. 9　　　　　　　B. 10　　　　　　　C. 11　　　　　　　D. 12

【答案】B

【分析】假如,并发进程数为 n 个,竞争某一同类资源为 m 个,每个进程运行需要 x 个该类资源,则一定满足:$n \times (x-1) + 1 \leqslant m$,即当每个进程分配 $x-1$ 个同类资源时,n 个进程共需要 $n \times (x-1)$ 个资源,当某一个进程再获取 1 个资源时,系统处于安全状态,所以,$n \times (x-1) + 1 \leqslant m$。

小题 3 个进程每个进程都需要 4 个某类资源,共需要 10(计算过程:$3 \times (4-1) + 1 = 10$)个该类资源,因此只有提供该类资源至少 10 个就不会产生死锁。

3. 操作系统能保证所有的进程_____,则称系统处于安全状态,不会产生死锁。

【答案】得到所需要的全部资源

【分析】进程得到需要的全部资源,系统处于安全状态,不会产生死锁。

4. 为什么银行家算法能避免死锁的发生?

【答案】

银行家算法是通过动态检测系统中资源的分配情况和进程对资源的需求情况决定如何分配资源的,在能确保系统处于安全状态时才把资源分配给申请者,从而避免系统发生死锁。

5. 系统有 13 个同类资源，4 个进程共享这些资源，资源分配和资源需求见表 3-19，为了使系统处于安全状态，应该如何分配剩余资源。

表 3-19　　　　　　　　　　资源分配和资源需求

进程	已占资源数	最大需求量
P1	3	4
P2	3	11
P3	4	8
P4	2	12

【答案】

根据题意可知：已分配资源数量 12，剩余资源 1 个；将剩余 1 个资源分配给 P1，该进程能顺利执行完毕，并归还占用资源；再将归还的 4 个资源分配给 P3，该进程能顺利执行完毕，并归还占用资源；同理，P2、P4 也能顺利完成。分配顺序为：P1→P3→P2→P4。

3.5.4　死锁的检测

有的系统并不是经常会出现死锁的，所以，在分配资源时不加特别的限制，只要有剩余资源，总是把资源分给申请者。当然，这样可能会出现死锁。这种系统定时运行一个死锁检测程序，当检测到有死锁情况时再设法将其排除。

实现死锁检测的一种方法是设置两张表格来记录进程使用和等待资源的情况。

例如，系统有 5 个资源 r1,r2,r3,r4,r5，现有三个进程 P1,P2,P3，它们依次申请资源的要求为：

P1 依次申请 r1,r5,r3。

P2 依次申请 r3,r4,r2。

P3 依次申请 r2,r5。

这三个进程并发执行时，可能 P1 在得到资源 r1 和 r5 后，就有 P2 抢先申请 r3，再有 P3 申请 r2。按这样的序列执行时，这些进程都能得到所申请的资源。但接下来继续执行时会发生：

P1 申请 r3，不能得到满足而等待资源 r3。

P2 申请 r4，得到满足，再申请 r2，不能得到满足而等待资源 r2。

P3 申请 r5，不能得到满足而等待资源 r5。

这样，就有进程 P1 等待被进程 P2 占用的资源 r3，而 P2 等待被进程 P3 占用的资源 r2，进程 P3 又等待被 P1 占用的资源 r5，形成了进程 P1、P2、P3 相互等待的循环情形。由此发现有循环等待资源的进程，表明有死锁出现。

3.5.5　死锁的解除

当死锁检测程序检测到有死锁存在时，应设法将其解除，让系统从死锁状态中恢复过来。一般采用两种办法来解除死锁。一种是终止一个或多个进程的执行以破坏循环等待；另一种是从涉及死锁的进程中抢夺资源。

1. 终止进程

终止涉及死锁的进程的执行，系统可收回被终止进程所占的资源进行再分配，以达到解除死锁的目的。

(1) 终止涉及死锁的全部进程

这种方法能彻底破坏死锁循环等待状态，但付出的代价很大。因为有些进程可能已经计算了很长时间，由于被终止，使得产生的部分执行结果付之东流，以后重新执行时还要再次计算。

(2) 逐个终止每一个死锁进程

这种方法是每次终止一个涉及死锁的进程的执行，收回它所占的资源作为可分配的资源，然后再由死锁检测程序去判定是否有死锁。若死锁仍然存在，则再终止一个涉及死锁的进程。如此循环，直到死锁解除。

2. 抢夺资源

从涉及死锁的一个或多个进程中抢夺资源，把夺得的资源再分配给卷入死锁的其他进程，直到死锁解除。

要点讲解

3.5.4 节和 3.5.5 节主要学习如下知识要点：

1. 死锁的检测方法

(1) 每类资源中只有一个资源

如果每类资源中只有一个资源，则可以设置两张表格来记录进程使用和等待资源的情况。一张为占用表，记录进程占用资源的情况。另一张为等待表，记录进程正在等待资源的情况。任一进程申请资源时，若该资源空闲，则把该资源分配给申请者，且在占用表中登记，否则把申请者登入等待表中。死锁检测程序定时地检测这两张表。如果发现有循环等待资源的进程，则表明有死锁出现。

(2) 资源类中含有若干个资源

① 初始检测：找出资源已经满足的进程，即不再申请资源的进程。若有这样的进程，则它们一定能在有限的时间内执行结束，且归还所占的资源。所以可以把它们所占的资源与系统中还剩余的资源加在一起作为可分配的资源，同时为这些进程置上标志。

② 循环检测：检测所有无标志的进程，找出一个尚需资源量不超过系统中的可分配资源量的进程。若能找到，则只要把资源分配给该进程，就一定能在有限时间内收回它所占的全部资源。故可把该进程已占的资源添加到可分配的资源中，同时为该进程置上一个标志。重复执行第二步，直到所有进程均有标志，无标志的进程尚需资源量均超过可分配的资源量。

③ 结束检测：若进程均有标志，表示当前不存在永远等待资源的进程，即系统不处于死锁状态。若存在无标志的进程，表示系统当前已有死锁形成，这些无标志的进程就是一组处于死锁状态的进程。检测结束，解除检测时所设置的所有标志。

2.死锁的解除

(1)终止进程

①终止涉及死锁的所有进程

②一次终止一个进程

(2)抢夺资源

从涉及死锁的一个或几个进程中抢夺资源,把夺得的资源再分配给卷入死锁的其他进程,直到死锁解除。

典型例题分析

1.有关死锁检测的提法错误的是( )。

A.死锁检测用于对系统资源的分配不加限制的系统

B.系统可定时运行死锁检测程序进行死锁的检测

C.死锁检测的结果能知道系统是否能预防死锁

D.死锁检测的结果能知道系统当前是否存在死锁

【答案】C

【分析】死锁的防止和避免会在一定程度上影响到系统的效率,可以对系统资源的分配不加限制,采用死锁检测的方法,如果检测结果没有死锁,则继续运行,如果检测结果出现死锁,则解除死锁,死锁检测的结果与死锁的预防无关。

2.当死锁检测程序检测到有死锁存在时,通常可采用两种方法来解除死锁,一种是对涉及死锁的进程采用_____,另一种是从涉及死锁的进程中_____。

【答案】终止若干进程的执行、抢夺资源

【分析】检测到死锁后应做的工作:终止进程(终止涉及死锁的所有进程、一次终止一个进程);抢夺资源。

3.6 Linux 进程调度

Linux 进程调度的任务由内核程序 schedule()实现,Linux 进程调度程序 schedule()的任务是根据进程调度策略在 run_queue 队列中选出一个就绪进程为其分配 CPU。

1.进程切换方式

Linux 的进程切换方式有两种。

(1)主动放弃式

进程在使用了某些系统调用后,如果执行条件不满足就要放弃 CPU 进入阻塞状态。此时,该系统调用程序会自动调用 schedule()函数执行进程切换,这种切换对于用户进程而言是可以预见的。

(2)抢占式

当进程从中断、系统调用或异常等系统空间返回到用户空间执行时,当前进程的时间片已经用完,或者是此时有更高优先级的进程被唤醒,则将由 schedule()执行进程切换。

需要说明的是,Linux 只允许在用户态下运行的进程被抢占,在 Linux 2.4 中,内核态下运行的进程不能被抢占,即使有更高优先级的实时进程在等待运行。

由于系统调用是在用户空间(目态)请求的,返回时也要回到用户空间,因而只有在用户态下才会产生因进程切换而引发进程调度,在内核态下是不会发生进程调度的,这意味着在内核代码执行时不用考虑进程切换的问题,这一点对于系统的设计和实现有着重要的意义。

2. Linux 进程调度策略

Linux 2.4 是一个基于抢占式的多任务的分时操作系统,在用户进程的调度上采用抢占式策略,但内核依然沿用了时间片轮转的方法,如果有个内核态的线程恶性占用 CPU 不释放,那么系统无法从中解脱出来,所以实时性并不是很强。

3. Linux 进程调度时机

Linux 采用的是非剥夺式(抢占式)的调度机制,进程一旦运行就不能被停止,正在运行的进程必须等待某个系统事件才会释放 CPU,此时进程调度 schedule() 就会被调用,进程的调度时机如下:

- 当前进程时间片用完时,转进程调度。
- 进程执行系统调用后因条件不满足而阻塞时,转进程调度。
- 进程因请求设备 I/O 而等待时,转进程调度。
- 进程从中断、异常或系统调用完成后,由内核态返回到用户态之前,如果当前进程的 need_resched 标志被置位,则转进程调度。

限于 Linux 中进程调度和作业控制命令较难,本节就不再赘述。

本章小结

进程如何占用 CPU 运行,不同的操作系统的调度策略不同,其主要的调度算法:先来先服务、时间片轮转法和优先级调度算法。

进程调度是指按一定调度算法,从进入主存的作业中选择一个作业占用处理器运行的过程。

作业是指用户要求计算机系统处理的一个问题或任务。处理一个作业所经过的步骤称为作业步。

作业调度的主要任务是完成从后备状态到运行状态转变以及作业从运行状态到完成状态的转变和作业完成后的相应处理。作业进入后备状态,要按照一定的调度算法选取某个作业进入主存,同时为被选中的作业分配运行所需的资源,为该作业建立进程控制块(PCB),此时为就绪状态,只有当该进程被进程调度程序选中后,才能使作业投入运行。

一个作业从提交给系统到执行完毕,一般需要经过四个状态:提交状态、后备状态、运行状态和完成状态。

作业和进程一样,也有作业调度算法。影响作业调度算法的因素很多,主要有 CPU 利用率、系统吞吐量、平均周转时间和平均带权周转时间。作业调度算法包括先来先服务、最短作业优先和响应比高者优先等调度算法。

死锁是指多个进程并发时,会出现相互等待对方拥有的资源现象,这种永远无法结束的现象称为死锁。死锁有死锁的防止、避免、检测、解除四个方面的知识。

习 题

一、选择题

1. 作业调度算法的选择常考虑因素之一是使系统有最高的吞吐量,为此应(   )。
   A. 不让处理器空闲   B. 处理尽可能多的作业
   C. 使各类用户都满意   D. 不使系统过于繁忙

2. 当作业进入完成状态,操作系统(   )。
   A. 将删除该作业并收回其所占资源
   B. 将该作业的控制块从当前作业队列中删除,收回所占资源,并输出结果
   C. 将收回该作业所占资源并输出结果
   D. 将输出结果并删除主存中的作业

3. 在各种作业调度算法中,若所有作业同时到达,则平均等待时间最短的算法是(   )。
   A. 先来先服务   B. 优先数   C. 响应比高者优先   D. 短作业优先

4. 既考虑作业等待时间,又考虑作业执行时间的调度算法是(   )。
   A. 响应比高者优先   B. 短作业优先   C. 优先级调度   D. 先来先服务

5. 作业调度程序从处于(   )状态的队列中选择适当的作业投入运行。
   A. 运行   B. 提交   C. 完成   D. 后备

6. (   )是指从作业提交给系统到作业完成的时间间隔。
   A. 周转时间   B. 响应时间   C. 等待时间   D. 运行时间

7. 作业从进入后备队列到被调度程序选中的时间间隔称为(   )。
   A. 周转时间   B. 响应时间   C. 等待时间   D. 触发时间

8. 假如下述四个作业同时到达,见表3-20,当使用最高优先数调度算法时,作业的平均周转时间为(   )小时。

表3-20　　　　　　　　　一个四道作业

作业	所需运行时间	优先数
1	2	4
2	5	9
3	8	1
4	3	6

   A. 4.5   B. 10.5   C. 4.75   D. 10.25

9. 作业生存期共经历四个状态,它们是提交、后备、(   )和完成。
   A. 就绪   B. 执行   C. 等待   D. 开始

10. 设有一组作业,它们的提交时间及运行时间见表3-21。

表3-21　　　　　　　　　　一组作业的提交与运行时间1

作业	提交时间	运行时间(分钟)
1	9:00	70
2	9:40	30
3	9:50	10
4	10:10	5

在单道批处理方式下,采用短作业优先调度算法,作业的执行顺序是(　　)。
A.1、2、3、4　　　B.2、3、1、4　　　C.1、4、3、2　　　D.1、4、3、2

11.采用资源剥夺法可解除死锁,还可以采用(　　)方法解除死锁。
A.执行并行操作　　B.撤销进程　　　C.拒绝分配资源　　D.修改信号量

12.资源的按序分配策略可以破坏(　　)条件。
A.互斥使用资源　　B.占用且等待资源　C.非抢夺资源　　D.循环等待资源

13.银行家算法是一种(　　)算法。
A.互锁解除　　　　B.死锁避免　　　C.死锁防止　　　　D.死锁检测

14.当进程数大于资源数时,进程竞争资源(　　)会产生死锁。
A.一定　　　　　　B.不一定　　　　C.以上都不对

15.某系统中有3个并发进程,都需要同类资源4个,试问系统不会发生死锁的最少资源数是(　　)。
A.9　　　　　　　B.10　　　　　　C.11　　　　　　　D.12

二、填空题

1.作业调度又称_____调度。其主要功能是_____,并为作业做好运行前的准备工作和作业完成后的善后处理工作。

2.一个作业进入系统到运行结束,一般需要经历_____、_____、_____三个阶段,_____、_____、_____、_____四个状态。

3.死锁的四个条件是互斥条件、_____、_____、_____。

4.银行家算法是在能确保系统处于_____状态下才为进程分配资源的,其目的是避免_____的发生。

5.操作系统解决死锁问题的方式有死锁的防止、_____、_____和死锁的解除。

6.对资源采用_____分配策略可使循环等待资源的情况不发生,故该策略可以_____死锁。

三、简答题

1.什么叫进程调度？其调度算法有哪些？

2.在一个单处理器的多道程序设计系统中,现有两道作业在同时执行,一道以计算为主,另一道以输入/输出为主,你将怎样赋予作业进程占用处理器的优先级？为什么？

3.作业调度的状态有哪些？

4.设有四个作业,它们的提交时间、所需运行时间见表3-22,若采用先来先服务、短作业优先调度算法,则平均周转时间和带权周转时间是多少？

表 3-22　　　　　　　　四个作业的提交与运行时间 2

作业	提交时间	运行时间（小时）
1	1	4
2	2	9
3	3	1
4	4	8

5.在单道批处理系统中,有五个作业进入输入井的时间及需要执行的时间见表 3-23,并约定当这五个作业全部进入输入井后立即进行调度,忽略调度的时间开销。

表 3-23　　　　　　　　五个作业的提交与运行时间

作业号	进入输入井时间	需执行时间（分钟）	开始执行时间	结束执行时间	周转时间（分钟）
1	10：00	40			
2	10：10	30			
3	10：20	20			
4	10：30	25			
5	10：40	10			

要求:写出分别采用先来先服务和短作业优先调度算法时的调度次序和作业平均周转时间。

6.防止死锁的四个必要条件是什么？

7.什么叫银行家算法？

8.为什么银行家算法能避免死锁？

9.简述死锁的防止和避免的异同点？

第4章 存储管理

本章目标

- 理解与掌握存储管理的功能。
- 理解与掌握单一连续、固定分区和可变分区存储管理方式。
- 理解与掌握页式存储管理方式。
- 理解请求页式虚拟存储管理方式。

存储管理负责管理计算机系统的主存储器。一个好的计算机系统不仅要有一个足够容量的、存取速度高的、稳定可靠的主存储器,而且要能合理地分配和使用这些存储空间。所以,在计算机系统中,特别是在多道程序设计的计算机系统中,存储管理是必不可少的。

主存储器可被处理器直接访问,处理器按绝对地址访问主存储器。为了使用户编制的程序能存放在主存储器的任意区域执行,用户使用逻辑地址编辑程序,即用户使用了逻辑上的主存储器。存储管理必须为用户分配一个物理上的主存空间,于是就有一个从逻辑空间向物理空间的转换问题。具体地说,是要把逻辑地址转换成绝对地址,把这样的地址转换工作称为重定位。

存储管理必须合理地分配主存空间,为了避免主存中的各程序相互干扰还必须实现存储保护。为了有效利用主存空间允许多个作业共享程序和数据,各种存储管理方式实现这些功能的方法是不同的,并且都有相应的硬件做支持。具体的存储管理方式有单一连续存储管理、固定分区存储管理、可变分区存储管理、页式存储管理等。

实现虚拟存储器后,从系统的角度看提高了主存空间的利用率,从用户的角度看,编制程序不受主存实际容量的限制。虚拟存储器的容量由地址结构决定。虚拟存储器的实现借助于大容量的辅助存储器(例如磁盘)存放虚存中的实际信息,操作系统利用程序执行在时间上和空间上的局部性特点,把当前需要的程序段和数据装入主存储器,且利用页表、段表构造一个用户的虚拟空间。硬件根据建立的表格(页表或段表)进行地址转换或发出需进行调度的中断信号(例如,缺页中断、缺段中断等)。操作系统处理这些中断事件时,选择一种合适的调度算法对主存储器和辅助存储器中的信息进行调出和装入,尽可能地避免"抖动"。

4.1 存储器管理概述

除了处理器管理之外,主存是操作系统管理的另外一个重要资源。

由于处理器只能直接存取主存储器中的指令和数据,所以用户的程序要运行时,必须把它的程序和数据存放到主存储器中,才能使计算机系统更多地存放和更快地处理用户信息。辅助存储器(磁盘、磁带等)提供了大容量的存储空间,可用来存放准备运行的程序和数据,以备需要时或主存空间允许时随时将它们读入主存储器。现今各种应用系统需要占用的主存空间越来越大,所以,在操作系统中对主存储器的管理是尤为重视的。

4.1.1 存储器的层次结构

计算机存储系统的结构一般分四级:寄存器、高速缓存、主存和辅存(外存)。如图 4-1 所示。

(1)寄存器。CPU 中一些存放数据、指令、地址等信息的存储器称为寄存器,速度快。

(2)主存。主存一般指随机存取存储器(RAM),有些系统还有只读存储器(ROM),例如 IBM PC。

主存的空间一般划分成两部分,一部分空间划分给操作系统,称为系统区,用来存放操作系统与硬件的接口信息、操作系统的管理信息和程序、标准子程序

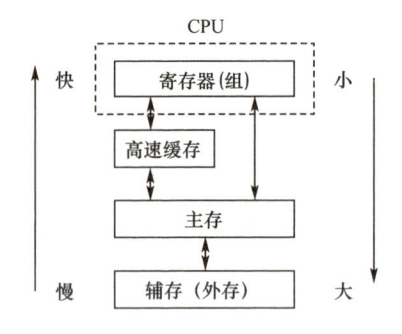

图 4-1 存储器层次结构

等;另一部分空间划分给用户使用,存放用户的程序和数据,称为用户区(详见 4.2 节单一连续存储管理)。

(3)高速缓存。主存的速度相对于 CPU 中的寄存器仍然是缓慢的。由于主存和 CPU 的速度的这种不匹配,在 CPU 和主存之间增加高速缓存以便使存取速度和 CPU 的运算速度匹配。

(4)辅存(外存)。由磁或光材料存储器组成,速度慢,容量大,价格低,用来保存 CPU 暂时不用的程序和数据,强调大的存储容量,以满足计算机大容量存储要求。

事实上,存储的四级存储结构主要体现在高速缓存—主存、主存—外存这两个层次上。高速缓存—主存这一层次的速度接近高速缓存,高于主存,其容量和价格却接近于主存。增加高速缓冲,解决了 CPU 与主存速度不匹配的问题,采用时间换空间的技术;主存—外存这一层次,其速度接近于主存,容量和价格接近于外存,这正好解决了存储器系统设计中的速度、容量和价格矛盾。增加辅存,解决了主存空间的不足问题,采用空间换时间的技术。现在几乎所有计算机的存储系统都有这两个层次,砌成了现代计算机存储系统的四级结构。

4.1.2 存储器管理的功能

存储管理的目的是要尽可能地方便用户和提高主存储器的使用效率,使主存储器在成本、速度和规模之间获得较好的平衡。具体地说,存储管理应实现如下功能:

(1)主存空间的分配和回收(分配回收)。主存储器中允许同时容纳各种软件和多个用户程序时,必须解决主存空间如何分配以及各存储区域内的信息如何保护等问题。对不同的存储管理方式,采用的主存空间分配策略是不同的。

当主存中某个作业撤离或主动归还主存空间时,就收回它所占用的全部或部分的主存空间。

(2)主存空间的重定位(地址转换)。配合硬件做好地址转换工作,把一组逻辑地址空间转换成绝对地址空间,以保证处理器的正确执行。

(3)主存空间的共享与保护(共享保护)。在多道程序设计的系统中,同时进入主存储器执行的作业可能要调用共同的程序。例如,调用编译程序进行编译,把这个编译程序存放在某个主存区域中,各作业要调用时就访问这个区域,因此这个区域就是共享的。同样,也可实现公共数据的共享。

为了防止各作业相互干扰和保护各区域内信息不被破坏,必须实现存储保护,存储保护的工作必须由硬件和软件配合实现。

(4)主存空间的扩充(主存扩充)。提供虚拟存储器,使用户编制程序时不必考虑主存储器的实际容量,使计算机系统似乎有一个比实际主存储器容量大得多的主存空间。

要点讲解

4.1.1节和4.1.2节主要学习如下知识要点:

1.存储器的层次结构

利用辅助存储器提供的大容量存储空间,存放准备运行的程序和数据,当需要时或主存空间允许时,随时将它们读入主存储器。

2.存储管理的功能

(1)主存储器空间划分

①系统区

用来存放操作系统与硬件的接口信息、操作系统的管理信息和程序、标准子程序等。

②用户区

用来存放用户的程序和数据。

存储管理是对主存空间的用户区进行管理,其目的是尽可能地方便用户和提高主存空间的利用率。

(2)存储管理的功能

①主存空间的分配与回收(分配回收)。

②主存空间的重定位(地址转换)。

③主存空间的共享与保护(共享保护)。

④主存空间的扩充(主存扩充)。

典型例题分析

1.计算机存储管理的功能,包括主存空间的分配与回收、_____、主存空间的共享与保护、_____。

【答案】主存空间的重定位(地址转换)、主存空间的扩充

【分析】计算机存储管理的功能,包括主存空间的分配与回收、实现地址转换、主存空间的共享与保护、主存空间的扩充。

2.在主存与CPU之间增加高速缓冲存储器的目的是_____;增加辅助存储器的目的是_____。

【答案】解决CPU与主存速度的不匹配、解决主存空间的不足

【分析】解决CPU与主存速度的不匹配,高速缓存的速度比主存速度快,所以,这是时间换空间的技术;解决主存空间的不足,所以这是空间换时间的技术。

4.1.3 地址重定位

1. 地址重定位基本概念

(1)逻辑地址

计算机系统采用多道程序设计技术后,往往要在主存储器中同时存放多个用户作业,而每个用户不能预先知道他的作业将被装到主存储器中的什么位置。一个应用程序经编译后,通常会形成若干个目标程序,这些目标程序再经过连接而形成可装入程序。这些程序的地址都是从"0"开始的,程序中的其他地址都是相对于起始地址计算的;由这些地址所形成的地址范围称为地址空间,其中的地址称为逻辑地址或相对地址。

(2)绝对地址

当用户把作业交给计算机执行时,存储管理就为其分配一个合适的主存空间,这个分配到的主存空间可能是从"A"单元开始的一个连续地址空间,称为绝对地址空间,其中的地址称为物理地址或绝对地址。

(3)地址重定位

由于逻辑地址经常与分到的主存空间的绝对地址不一致,而且每个逻辑地址在主存储器中也没有一个固定的绝对地址与之对应。因此,不能根据逻辑地址直接到主存储器中去存取信息。处理器执行指令是按绝对地址进行的,为了保证程序的正确执行,必须根据分配到的主存区域对它的指令和数据进行重定位,即把逻辑地址转换成绝对地址。把逻辑地址转换成绝对地址的工作称为地址转换、地址重定位或地址映射。

2. 静态、动态重定位

重定位的方式可以有静态重定位和动态重定位两种。

(1)静态重定位

静态重定位在装入一个作业时,把作业中的指令地址和数据地址全部转换成绝对地址。由于地址转换工作是在作业执行前集中一次完成的,所以在作业执行过程中就无须进行地址转换工作。这种定位方式称静态重定位。

静态重定位的特点是无须增加硬件地址变换机构。但它要求为每个程序分配一个连续的存储区,在程序执行期间不能移动,且难以做到程序和数据的共享。

根据主存的当前使用情况,将用户作业装入主存的某个位置。例如,从 X 开始的位置。显然,这时作业中的各个逻辑地址与实际装入主存的物理地址是不同的。图 4-2 显示了这一情况。在用户作业的 100 号单元处有一条指令"LOAD 1,250",该指令的功能是将 250 号单元中的整数 3 取至寄存器 1。但若将该用户作业装入主存的 1000~1500号单元而不进行地址变换,则在执行 1100 号单元中的上述指令时,它将仍从 250 号单元中取出数据。为此,应将取数指令中的地址 250 修改为 1250,即把逻辑地址与本程序在主存中的起始地址相加,得到正确的物理地址。这种地址变换是在作业装入时一次完成的,以后不再改变,称为静态重定位。

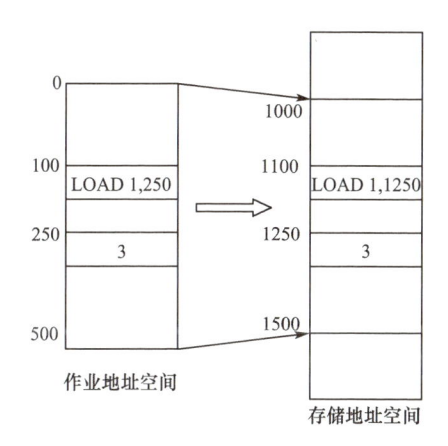

图 4-2 作业装入主存时的情况

（2）动态重定位

动态重定位是在程序执行过程中，当访问指令或数据时，将要访问的程序或数据的逻辑地址转换成物理地址。由于重定位过程是在程序执行期间随着指令的执行逐步完成的，故称为动态重定位。

动态重定位是由软件和硬件相互配合来实现的。最简单的方法是硬件设置一个重定位寄存器，当某个作业开始执行时，操作系统负责把该作业在主存中的起始地址送入重定位寄存器中，之后，在作业的整个执行过程中，当访问主存时，重定位寄存器的内容将被自动地加到逻辑地址中去，从而得到了该逻辑地址对应的物理地址。图 4-3 所示为地址变换过程的示例。

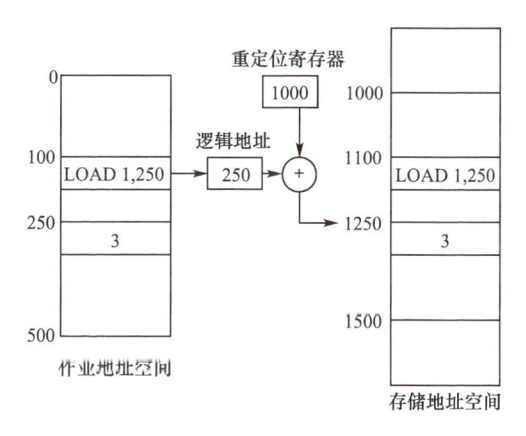

图 4-3 动态重定位过程

在该例中，作业被装入主存中 1000 开始的存储区，在它执行时，操作系统将重定位寄存器置为 1000。当程序执行到 100 号指令时，硬件地址变换机构自动地将这条指令中的操作数的地址 250 加上重定位寄存器的内容，得到物理地址 1250，然后从 1250 中的主存地址单元中取出操作数 3 送入寄存器 1 中。

采用动态重定位解决了进程的移动问题，有效地提高了主存的利用率。但是，由于需要在执行指令时转换逻辑地址，而且同一个地址可能需要转换多次（如循环反复引用同一地址），因此将影响指令的执行速度，且这种方式需要特殊硬件的支持。当前的 CPU 中往往引入流水线技术,以实现地址转换和指令执行的并发,从而有效地解决了速度问题。而硬件技术的提高,使得增加一个特殊硬件并不需要增加太多的成本。因此,特殊的地址转换硬件成为CPU内的标准部分,动态重定位也得到了最广泛的开展和应用。现在的高级操作系统都采用动态重定位方式。

要点讲解

4.1.3节主要学习如下知识要点:

1. 绝对地址和相对地址

(1)绝对地址

主存空间的地址编号。与绝对地址对应的主存空间称为物理地址空间。

(2)相对地址

用户程序中使用的地址。与相对地址对应的存储空间称为逻辑地址空间(用户作业都从"0"地址开始往下编写)。

为了保证作业的正确执行,必须根据分配给作业的主存空间对作业中指令和数据的存放地址进行转换,即要把相对地址转换成绝对地址。把相对地址转换成绝对地址的工作称为重定位或地址转换。

2. 重定位的方式

重定位的方式:静态重定位、动态重定位。

(1)静态重定位,地址转换的时刻在入主存储器时。在作业装入主存时,一次性完成地址重定位,用软件完成。

(2)动态重定位,地址转换的时刻在入处理器时。在指令执行过程中重定位,需要硬件与软件相结合。

①动态重定位支持程序浮动,即作业执行时,被改变了存放区域的作业仍然能正确执行。而采用静态重定位时,由于装入主存储器的作业信息已经都是用绝对地址指示,故作业在执行过程中是不能移动位置的。

②动态重定位需要硬件地址变换机构支持,将基础寄存器中的值与相对地址相加,得到绝对地址。

典型例题分析

1. 把用户作业的相对地址转换成绝对地址的工作称为( )。

A. 逻辑化 B. 绝对化 C. 重定位 D. 翻译

【答案】C

【分析】重定位又称地址转换,将相对地址转换为物理地址。

2. 在采用多道程序设计技术的系统中,用户编写程序时使用的地址是( )。

A. 相对地址 B. 物理地址 C. 绝对地址 D. 主存地址

【答案】相对地址

【分析】相对地址是用户程序中使用的地址。与相对地址对应的存储空间称为逻辑地址空间。

3.为了保证程序的正确执行,处理器访问主存储器使用的是( )。
A.逻辑地址　　　B.相对地址　　　C.绝对地址　　　D.虚拟地址
【答案】C
【分析】处理器执行指令是按绝对地址进行的,为了保证程序的正确执行,必须根据分配到的主存区域对它的指令和数据进行重定位,即把逻辑地址转换成绝对地址。

4.重定位的方式包括_____和_____。
【答案】静态重定位、动态重定位
【分析】静态重定位:在作业装入时(运行前)一次性将相对地址转换成绝对地址;动态重定位:支持程序浮动,装入时不做地址转换,处理器每执行一条指令时将相对地址与基础寄存器的值相加得到绝对地址。

4.2　单一连续存储管理方式

1.单一连续存储管理方式概述

单一连续存储管理方式是一种最简单的存储管理方式,它只能用于单用户、单任务的操作系统中。在这种管理方式下,操作系统占了一部分主存空间,其余的主存空间都分配给一个作业使用,即在任何时刻主存储器中最多只有一个作业。

采用单一连续存储管理方式时,主存分为系统区和用户区。

(1)系统区。仅提供给操作系统使用,它可以驻留在主存的低地址部分,也可驻留在内存的高地址部分,由于中断向量通常驻留在低地址部分,故操作系统通常也驻留在内存的低地址部分。

(2)用户区。指除系统区以外的全部主存空间,提供给用户使用。为了使操作系统免受用户程序有意或无意的破坏,可以设置一个保护机构。目前较常用的一种方法是设置一个界限寄存器,寄存器的内容为当前可供用户使用的主存区域的起始地址。如图4-4所示。

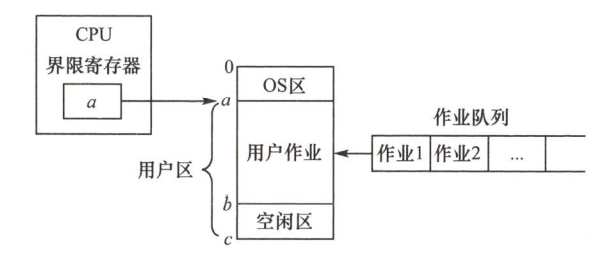

图4-4　单一连续存储管理示意图

一般情况下,界限寄存器中的内容是不变的,只有操作系统功能扩充或修改时,改变了所占区域的长度,才更改界限寄存器的内容。等待装入主存储器的作业排成一个作业队列,当主存储器中无作业或一个作业执行结束,才允许作业队列中的一个作业装到主存中。作业总是被装到由界限寄存器指示的用户区起始地址 a 开始的区域,如果作业的地址空间小于用户区,则它可只占用一部分,其余部分作为空闲区。不管空闲区有多大,都不用来装另一个作业。如果作业的地址空间大于用户区,是否能允许这个作业装入主存储器执行？为了能在小的空间中运行大的作业可采用覆盖技术。

2. 覆盖(Overly)技术

覆盖技术主要用在早期的操作系统中。覆盖技术就是要解决在小的存储空间中运行大作业的问题。所谓覆盖就是指一个作业中的若干程序段和数据段共享主存的某个区域。其实现的方法是将一个大的作业划分成一系列的覆盖(程序段)，每个覆盖是一个相对独立的程序单位，执行时并不要求同时装入主存的覆盖组成一组，并称其为覆盖段，将一个覆盖段分配到同一存储区域。

图 4-5 所示是一种覆盖技术的示意图。在作业执行期间，让主程序段始终保留在主存中，这个区域称为程序驻留区。其他的辅助程序段保留在外存上，当需要执行时，操作系统再把它装入。由于某种原因，除主程序段外的各段不会同时工作，所以这些段实际上是交替被装入主存的。因而，它们执行时可被装入主存的覆盖区。采用覆盖技术时，要求用户把作业如何分段和作业可覆盖的情况写成一个覆盖描述文件，随同作业一起交给操作系统，操作系统通过用户的说明来控制各段的覆盖。

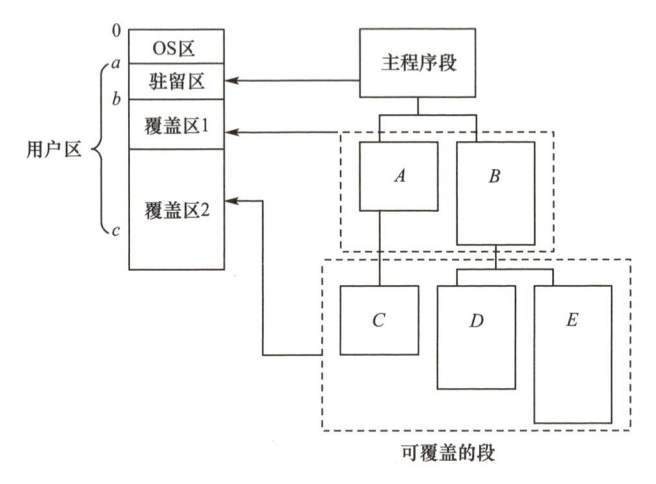

图 4-5 覆盖技术示意图

3. 对换(Swapping)技术

对换(交换)技术就是把暂时不用的某个程序或数据部分(或全部)从主存移到外存中去，以便腾出必要的主存空间；或把指定的程序或数据从外存读到相应的主存中，并将控制权转给它，让其在系统上运行的一种主存扩充技术，如图 4-6 所示。

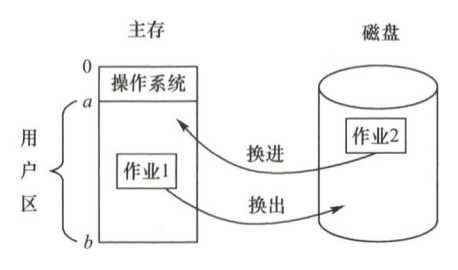

图 4-6 对换示意图

对换技术在处理器调度中也称为中级调度。

在早期的分时系统中,使用对换技术让多个用户的作业轮流进入主存储器执行。系统中必须要有一个大容量的高速辅助存储器(如磁盘),多个用户的作业信息都被保留在磁盘上,把一个作业先装入主存储器让它执行,当执行中出现等待事件或用完一个时间片时,把该作业从主存储器换出,再把由调度程序选中的另一作业换入主存储器中。

与覆盖技术相比,对换技术不要求程序员给出程序段之间的覆盖结构,而且对换主要是在进程或作业之间进行;而覆盖技术主要在同一个作业或进程中进行。另外,覆盖只能覆盖与覆盖程序无关的程序段。

对换进程由换出和换入两个过程组成,换出是指主存中数据和程序换到外存的交换区,而换入则是把外存交换区中的数据或程序换到主存中。

在现代计算机系统中,虚拟存储器(虚拟内存)就是由对换技术发展而来的。

要点讲解

4.2节主要学习如下知识要点:

1. 单一连续存储管理方式的空间分配

(1) 存储空间分配方法

处理器中设置一个界限寄存器,存放当前可供用户使用的主存区域的起始地址。作业入主存储器时总是由界限寄存器指示的起始地址开始往下存储。

(2) 重定位

采用静态重定位方式进行地址转换,即在作业装入主存时,由装入程序完成地址转换。装入程序只要把界限寄存器的值加到相对地址上就可完成地址转换。

(3) 存储保护

主存最大地址≥绝对地址≥界限地址,成立则可执行,否则地址错误,形成"地址越界"的程序性中断事件。

(4) 缺点

①当作业执行中出现了某个等待事件时,处理器就处于空闲状态,不能被利用。

②一个作业独占主存中的用户区,当主存中有空闲区域时,也不能被其他作业利用,降低了主存空间的利用率。

③外设也不能被充分利用。

2. 覆盖技术

(1) 将作业划分成若干段,其中有一个主段是作业执行过程中经常要用到的信息,而其他段是不会同时工作的。

(2) 主段入驻留区,其他段轮流入覆盖区。

3. 对换技术

在分时系统中,单一连续存储管理可用对换方式让多个用户的作业轮流进入主存储器执行。系统中必须要有一个大容量的高速辅助存储器,多个用户的作业信息都被保留在磁盘上,把一个作业先装入主存储器让它执行。当执行中出现等待事件或用完一个时间片时,把该作业从存储器换出,再把由调度程序选中的另一个作业换入主存储器中。

典型例题分析

1. 单一连续存储管理中,主存最多可以存放_____个用户作业。

【答案】一

【分析】单一连续存储管理只适合单道运行的计算机系统,所以在任一时刻,主存中只能存放一个用户作业。

2. 简述覆盖技术和对换技术。

【答案】

(1)当作业的逻辑地址空间大于用户区的物理地址空间时,可使用覆盖技术让一个大作业在小空间中运行。用户将作业分成若干段,主段(经常用到的)始终保留在主存驻留区中,其他段不用时保留在辅助存储器中,用时装入主存覆盖区。

(2)对换技术,在分时系统中,先将一个作业装入主存运行,当执行中出现等待事件或时间片用完时,该作业换出主存,由调度程序选择另一个作业装入主存运行。此方式可让多个作业轮流进入主存执行。

3. 让多个用户作业轮流进入主存执行的技术称为(　　)。

A. 覆盖技术　　　B. 对换技术　　　C. 移动技术　　　D. 虚存技术

【答案】B

【分析】在分时系统中,单一连续存储管理可用对换技术让多个用户的作业轮流进入主存储器执行。

4.3 固定分区存储管理方式

1. 固定分区存储管理方式概述

固定分区存储管理是在作业装入前,主存用户区被划分成若干个大小不等的连续区域,每一个连续区称为一个分区,每个分区可以存放一个作业。一旦划分好后,主存储器中分区的个数就固定了。各个分区的大小可以相同,也可以不同。每个分区的大小固定不变,因此,也把固定分区称为静态分区。

每个分区可以装入一个作业,当有多个分区时,可同时在每个分区中装入一个作业,但不允许多个作业同时存放在同一个分区中。这种管理方式适用于多道程序设计系统。

如何知道主存中哪个分区已被作业占用,哪个分区是空闲的? 为此,存储管理设置了一张"分区分配表",用来说明各分区的使用情况,表中指出各分区的起始地址和长度,并为每个分区设置一个标志位。当标志位为"0"时表示分区空闲,当标志位非"0"时表示分区已被占用。分区分配表的长度应根据主存中被划分的分区个数来确定。如图 4-7 所示是有三个分区的固定分区存储管理的示意图。表 4-1 为图 4-7 对应的作业分区分配表,它表示主存被分成三个分区(还有一个空闲区),其中分区 3 已装入一个名为作业 3 的作业。

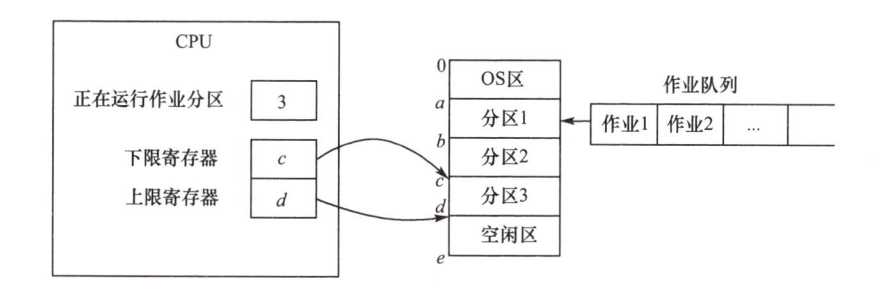

图 4-7 固定分区存储管理示意图

表 4-1 分区分配表

分区号	起始地址	长度	占用标志
1	a	L1	0
2	b	L2	0
3	c	L3	1

等待进入主存的作业排成队列,当主存中有空闲的分区时,从作业队列中选择一个能装入该分区的作业(作业的地址空间应不大于该分区的长度),把选中的作业装入该分区。当所有的分区都已装有作业,则其他的作业暂时不能再装入。已经在主存中的作业得到 CPU 运行时,调度程序应记录当前运行作业所在的分区号,且把该分区的下限地址和上限地址分别送入下限寄存器和上限寄存器,处理器执行该作业的指令时要核对:

$$下限地址 \leqslant 绝对地址 < 上限地址$$

如果不等式不成立,则产生地址错,形成程序中断事件。一旦运行的作业让出处理器,调度程序选择另一个可运行的作业,同时修改当前运行作业的分区号和下限、上限寄存器内容,以保证处理器能控制作业在所在的分区内正确运行。

作业运行结束,应归还所占的分区。这时若作业队列中有作业在等待装入主存,则可选择一个作业装到分区中;若作业队列是空的,则归还的分区暂时空闲。待有作业时再使用。

当作业队列中有作业要装入分区,存储管理分配主存区域时,先查分区分配表,选择标志为"0"的分区。然后根据作业地址空间的长度与标志为"0"的分区的长度比较,当分区长度能容纳该作业时,则把作业装入该分区,且把作业名填入占用标志位 1。如果作业长度大于空闲分区长度,则该作业暂不能装入。在作业运行结束后,根据作业名查分区分配表,从占用标志位的记录可知道该作业占用的分区,把该分区的占用标志置成"0",表示该分区现在空闲了,可用来装入新作业。

用固定分区方式管理主存储器时,总是为作业分配一个不小于作业长度的分区。因此,有许多作业实际上只占用了分区的一部分,使分区中有一部分区域闲置不用,这里把这种闲置不用的区域称为"内零头",有时这种分配方式的空间利用率不高,浪费也相当严重。由于固定分区方式管理简单,又能适合多道程序设计系统,所以,对任务数固定的系统,采用这种方式管理是适宜的。

例如,主存分区如图 4-8(a)所示,分区大小分别为 10 KB、32 KB、70 KB(假如操作系统占 50 KB），三个作业大小分别为 10 KB、30 KB、50 KB，作业进入主存后，主存分配情况如图 4-8(b)所示。

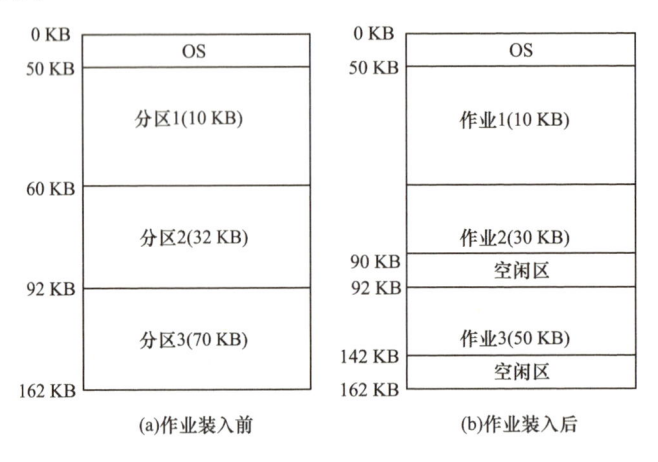

```
0 KB                              0 KB
         OS                               OS
50 KB                             50 KB
       分区1(10 KB)                      作业1(10 KB)
60 KB
       分区2(32 KB)                      作业2(30 KB)
                                  90 KB
                                         空闲区
92 KB                             92 KB
                                         作业3(50 KB)
       分区3(70 KB)                142 KB
                                         空闲区
162 KB                            162 KB
     (a)作业装入前                      (b)作业装入后
```

图 4-8 固定分区主存分配示意图

2. 作业队列管理

为了提高主存空间的利用率，不仅可根据经常出现的作业的大小来划分分区，而且可以按作业对主存空间的需求量组成多个作业队列。规定：一个作业队列中的各作业只能依次装入一个固定的分区中，每次装一个作业；不同作业队列中的作业依次装入不同的分区中；不同的分区中可同时装入作业；某作业队列为空时，该作业队列对应的分区也不用来装入其他作业队列中的作业，空闲的分区等到对应作业队列有作业时再被使用。图 4-9 是一种多个作业队列的固定分区法。

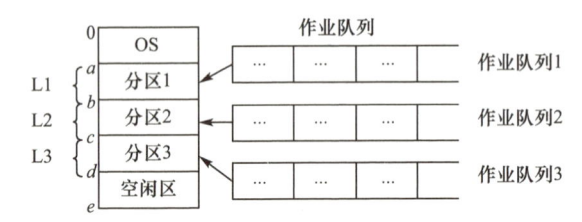

```
         0
              OS          作业队列
         a
    L1 {    分区1    ← … … …    作业队列1
         b
    L2 {    分区2    ← … … …    作业队列2
         c
    L3 {    分区3    ← … … …    作业队列3
         d
              空闲区
         e
```

图 4-9 多个作业队列的固定分区法

图 4-9 中队列 1 中的作业长度小于 L1 规定它们只能被装入分区 1；队列 2 中的作业长度大于 L1 但小于 L2，这些作业只能被装入分区 2；队列 3 中的作业长度大于 L3 但小于 L4，队列中的作业只能被装入分区 3。采用多个作业队列的固定分区法，特别要注意作业大小和作业出现的频率，如果划分不正确，会造成某个作业队列经常是空队列，反而影响分区的使用效率。

从固定分区存储管理方式可以看出，在第一次进入主存时，根据主存使用情况和多个作业占用空间大小划分主存空间，在作业运行过程中，有的分区作业运行完毕后，再装入作业就会产生"内零头"(碎片)，这种碎片往往无法利用，造成主存空间的浪费，这种浪费有时很严重，为减少"内零头"的浪费，只有改进存储管理方式，这就出现了可变分区存储管理方式。

单一连续存储管理、固定分区存储管理采用重定位的方式为静态重定位。

要点讲解

4.3 节主要学习如下知识要点：

1. 基本原理

将主存储器中可分配的用户区域预先划分成若干个连续区，每个连续区成为一个分区。每个分区的大小可以相同，也可以不同。每个分区可用来装入一个作业，但不允许在一个分区中同时装入多个作业。

2. 主存空间的分配与回收

系统设置一张"分区分配表"，用来说明各分区的分配和使用情况。表中指出各分区的起始地址和长度，并为每个分区设置一个标志位。当标志位为"0"时表示分区空闲，当标志位非"0"时表示分区已被占用。

3. 地址转换和存储保护

(1)地址转换，采用静态重定位方式。

(2)存储保护，处理器设置一对寄存器，即"下限寄存器"和"上限寄存器"，用来存放当前进程所对应分区的下限地址和上限地址，然后分别送入下限寄存器和上限寄存器。

$$下限地址 \leqslant 绝对地址 < 上限地址$$

成立则执行，否则产生"地址越界"中断。

典型例题分析

1. 固定分区存储管理中，每个连续分区大小是（　　）。

A. 相同的　　　　　　　　　　B. 随作业的长度而固定

C. 不相同的　　　　　　　　　D. 预先固定划分的，可以相同，也可以不同

【答案】D

【分析】固定分区在程序运行前进行划分，每个分区大小可以相同，也可以不同，一旦划分好，在作业运行过程中，就固定不变。

2. 固定分区存储管理采用_____重定位方式将作业装入所分配的分区中。

【答案】静态

【分析】采用固定分区和静态重定位的方法进行地址转换，将装入程序的相对地址与分区的下限地址寄存器中的值相加即可。

4.4 可变分区存储管理方式

固定分区存储管理是预先把主存中的用户区域划成分区给用户的作业，一旦划分，在作业执行过程中不再变化。

可变分区存储管理指作业装入主存时，根据作业需要的主存空间大小和当时主存空间的使用情况，从可用的主存中划分出一块连续的区域分配给它。

系统初始启动时，主存中除操作系统占用部分外，把整个用户区看作一个大的空闲区，如图 4-10 所示。

对于要求调入的若干作业,划分几个大小不等的分区给它们,随着作业的调入或撤出,所对应的分区被划分和释放,原来整块的空闲区形成空闲区和已分配区相间的局面,如图 4-11(a)所示。

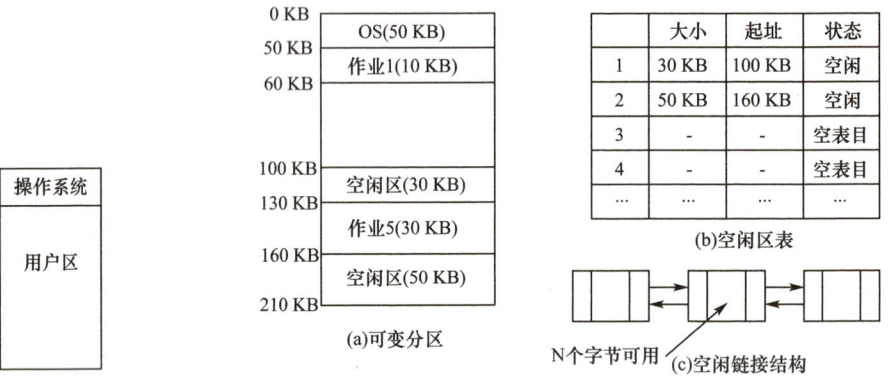

图 4-10　可变分区主存初始化示意图

图 4-11　可变分区示意图

可变分区存储管理中的"可变"也有两层含义:一是分区的数目随进入作业的多少可变,二是分区的边界划分随作业的需求可变。可见,可变分区中分区的大小和个数都是可变的,而且是根据作业的个数和作业的大小而动态变化的,因此也把可变分区称为动态分区。

1. 可变分区的分配和释放的基本思想

分配时首先找到一个足够大的分区,即这个空闲区的大小比作业要求的要大,系统则将这个空闲区分成两部分:一部分作为已分配的分区,剩余的部分仍作为空闲区,在回收撤除作业所占用的分区时,要检查回收的分区是否与前后空闲的分区相邻,若是,则加以合并,使其成为一个连续的大空闲区。

为了实现可变分区存储管理,必须记录主存的分配情况,主要有以下两种数据结构:

(1)空闲区表。在空闲区说明表中,为每个尚未分配的分区设置一个表目,包括分区的序号、大小、起始地址和状态,如图 4-11(b)所示。

(2)空闲区链。为了实现对空闲分区的分配和链接,在每个分区的起始部分,设置一些用于控制分区分配的信息(如分区的大小和状态),并为每个空闲分区设置一个链接指针来指向下一个空闲区,使所有的空闲区形成一个链表,当一个已分配区被释放时,有可能和与它相邻接的分区进行合并,为了寻找释放区前后的空闲区,以判断它们是否与释放区直接相邻接,可以把空闲区的单向链表改为双向链表,如图 4-11(c)所示。

例如,现有作业 A、B、C、D、E,它们的大小分别为 12 KB、25 KB、40 KB、60 KB、88 KB,它们第一次进入主存的变化情况如图 4-12 所示。根据作业到来的先后顺序和空闲区大小情况划分空闲区,并给它一个作业。剩余的部分仍为空闲区,空闲区越划越小,最后无法调入作业 E。

2. 可变分区的分配算法

当系统中有多个空闲的分区能够满足作业提出的存储请求时,究竟将谁分配出去,这属于分配算法的问题。在可变分区存储管理中,常用的分区分配算法有最先适应算法、最佳适应算法和最坏适应算法。

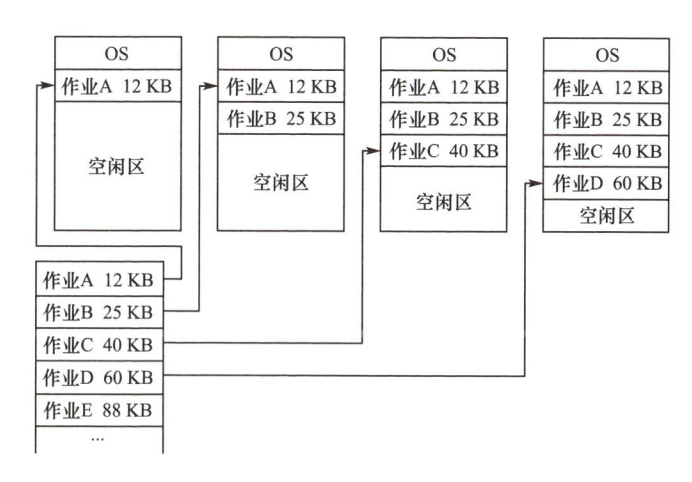

图 4-12 可变分区存储空间分配示意图

(1) 最先适应算法

在可变分区存储管理的主存中形成许多不连续的空闲区,这种现象被称为主存"碎片"(或称"外零头")。碎片的长度有时不能满足作业的要求,因此碎片过多会使主存空间的利用率降低。

最先适应分配算法是把空闲区按地址顺序从小到大登记在空闲区表中,这样分配时总是尽量利用了低地址部分的空闲区,而使高地址部分保持有较大的空闲区,有利于大作业的装入。这就要求在收回一个分区时,必须调整空闲区表,把收回的分区按地址顺序插入空闲区表的适当位置进行登记。

这种分配算法的特点是优先利用主存低地址部分的空闲区,有利于大作业的装入。但由于低地址部分的空闲区较小并不断地被划分,导致低地址部分留下许多难以利用的较小的空闲区,而每次查找都是从低地址部分开始,这无疑增加查找时间。

例如,主存中现有四个空闲区,它们的大小分别为 12 KB、25 KB、40 KB、60 KB(操作系统占用 50 KB),被三个作业所分隔,三个作业的大小分别为 100 KB、10 KB、15 KB,如图 4-13(a)所示。按最先适应算法调整的空闲区表如图 4-13(b)所示。

图 4-13 可变分区的最先适应算法示意图

(2) 最优适应算法

最优适应分配算法,它是从空闲区中挑选一个能满足作业要求的最小分区,这样可保证不去分割一个更大的区域,使装入大作业时比较容易得到满足。采用这种分配算法时可把空闲区按长度以递增顺序排列,于是查找时总是从最小的一个区开始,直到找到一个满足要求的区为止。由于划分空闲区总是从小空闲区划分,因此这种适应算法有利于大作业的装入。

例如,主存中现有四个空闲区,它们的大小分别为 12 KB、25 KB、40 KB、60 KB(操作系统占用 50 KB),被三个作业所分隔,三个作业的大小分别为 100 KB、10 KB、15 KB,如图 4-13(a)所示。按最优适应算法调整的空闲区表如图 4-14 所示。

序号	大小	起址	状态
1	12 KB	300 KB	空闲
2	25 KB	120 KB	空闲
3	40 KB	160 KB	空闲
4	60 KB	50 KB	空闲
…	…	…	…

图 4-14　可变分区的最先适应算法空闲区表

(3) 最坏适应算法

在收回一个分区时也必须调整空闲区表使空闲区按长度顺序登记在空闲区表中。采用最优适应分配算法,有时找到的一个分区可能只比作业所要求的长度略大些,这时经分割后剩下的空闲区就很小了,这样小的空闲区往往无法使用,所以,有时也采用一种称为最坏适应的分配算法。

这种算法总是挑选一个最大的空闲区分割一部分给作业使用,使剩下的部分不至于太小,仍可供分配使用。

采用最坏适应分配算法时,空闲区表中的登记项可按空闲区长度以递减顺序排列,于是空闲区表中第一个登记项所对应的空闲区总是最大的。同样,在收回一个分区时必须把空闲区表调整成按空闲区长度的递减次序排列登记。由于划分空闲区总是从大空闲区划分,因此这种适应算法不利于大作业的装入。

例如,主存中现有四个空闲区,它们的大小分别为 12 KB、25 KB、40 KB、60 KB(操作系统占用 50 KB),被三个作业所分隔,三个作业的大小分别为 100 KB、10 KB、15 KB,如图 4-13(a)所示。按最坏适应算法调整的空闲区表如图 4-15 所示。

序号	大小	起址	状态
1	60 KB	50 KB	空闲
2	40 KB	160 KB	空闲
3	25 KB	120 KB	空闲
4	12 KB	300 KB	空闲
…	…	…	…

图 4-15　可变分区的最坏适应算法空闲区表

3. 三种适应算法的比较

(1) 从搜索速度来看

最先适应算法具有最佳性能。尽管最优适应算法或最坏适应算法看上去能很快地找到一个最适合的或最大的空闲区,但后两种算法都要求首先把不同大小的空闲区按其大小进行排队,这实际上是对所有空闲区进行一次搜索。

(2) 从释放速度来看

最先适应算法也是最佳的。因为使用最先适应算法回收某一空闲区时,无论被释放区是否与空闲区相邻,都不用改变该区在空闲区表和空闲链接结构中的位置,只需修改其大小或起始地址。

(3) 从空间利用率来看

最优适应法找到的空闲区是最佳的,也就是说,用最优适应法找到的空闲区或者是正好等于用户请求的大小或者是能满足用户要求的最小空闲区。最坏适应算法正是基于不留下碎片空闲区这一出发点的。它选择最大的空闲区来满足用户要求,分配后的剩余部分仍能进行再分配。

4. 动态重定位与紧凑

可变分区在主存空间的分配过程中不可避免地产生大量的小而无法利用的碎片。这些无法利用的空闲区也称为外部"碎片"(或"外零头")。如果能将这些碎片聚在一起,就能形成一个较大的空闲空间,从而重新得到利用。

不仅如此,当需要装入一个大程序时,也可能出现一种无法装入的情况,即系统中存在多个空闲区,其总量大于需要的大小,但却没有一个空闲区足够大。

要解决上述两个问题,需要移动已经分配的分区,从而将空闲部分连成一片,这就是紧凑(移动)。

例如,主存中现有 5 个小空闲区,它们大小分别为 10 KB、15 KB、15 KB、10 KB、5 KB,如图 4-16 所示。从图中可以看到,在紧凑前系统存在多个小的空闲区,最大的为 15 KB,因此无法容纳下大于 15 KB 的任务。紧凑后,系统只留下一个大的空闲区,其大小为所有小空闲区之和,即 55 KB。显然,现在可以容纳下大于 15 KB,小于等于 55 KB 的用户作业。

(a) 紧凑前主存分配情况   (b) 紧凑后主存分配情况

图 4-16 紧凑示意图

启动紧凑的时机通常有两个:一是要装入一个大作业,而又无法满足作业所需的空闲区;二是系统发现了较多的碎片,而系统又比较空闲时。通常系统设置一个守护进程来处理空闲区的紧凑。

要实现紧凑,还必须解决另一个问题,即改变作业驻留位置后的地址重定位问题。一个已经装入系统的作业要改变其驻留位置,则必然需要重新定位作业中的逻辑地址;而且,可能需要反复移动,因此系统不能采用装入时的静态重定位,而必须采用动态重定位。

移动可提高主存的利用率,但移动时要做信息传送工作。移动必须注意如下两个问题:

(1)花费处理器的时间,增加系统的开销。

(2)移动是有条件的,不是在任何时候都能移动的。

例如,某作业执行中启动了外设,正在与外设交换信息时,不能移动该作业,这是因为通道在执行通道程序时是按已确定的主存绝对地址交换信息的,如果这时改变作业的存放区域,作业就得不到从外设传送来的信息或不能把正确的信息传送给外设。

如果重定位是静态的,并且是在汇编时或装入时进行的,那么就不能移动(或紧凑),移动仅在重定位是动态的并在运行时可采用。

要点讲解

4.4节主要学习如下知识要点:

1. 分区的划分

不事先划分若干分区,而是当作业进入主存时,根据作业的大小建立分区,分配给作业使用。

2. 主存空间的分配

采用可变分区存储管理,系统中的分区个数与分区的大小都在不断地变化,系统利用"空闲区表"来管理内存中的空闲分区,其中登记空闲区的起始地址、长度和状态。当有作业要进入内存时,在"空闲区表"中查找状态为"未分配"且长度大于或等于作业的空闲分区分配给作业,并做适当调整;当一个作业运行完成时,应将该作业占用的空间作为空闲区归还给系统。

3. 主存空间分配算法

(1)最先适应算法

空闲区表按分区首址由小到大排序。在分配空间区时顺序查找空间区表,找到第一个能满足作业长度要求的空间区分配给作业,此种分配方法较为简单,可以缩短查找时间。

(2)最优适应算法

空闲区表按分区长度首址由小到大排序。从所有空闲区中挑选出一个最接近作业大小的空闲区分配给作业,这样,可保证不去分割一个更大的区域,使装入作业时比较容易得到满足。

(3)最坏适应算法

空闲区表按分区长度首址由大到小排序。挑选所有空闲区中最大的空闲区分配给作业,旨在使剩下的未使用部分不至于太小,仍有利用价值。

4. 地址转换和存储保护

可变分区存储管理一般采用动态重定位的方式。为实现地址重定位和存储保护,系统设置了相应的硬件:基址/限长寄存器(或上界/下界寄存器)、加法器、比较线路等。

基址寄存器用来存放程序在内存的起始地址,限长寄存器用来存放程序的长度。处理器在执行时,用程序中的相对地址加上基址寄存器中的基地址,形成一个绝对地址,并将相对地址与限长寄存器进行计算比较,检查是否发生地址越界。

5. 移动技术

所谓移动是指把作业从一个存储区域移到另一个存储区域的工作。采用移动技术有两个目的:

(1)集中分散的空闲区。

(2)便于作业动态扩充主存。

移动可集中分散的空闲区,提高主存空间的利用率。移动也为作业动态扩充主存空间提供了方便。但是移动技术会增加系统开销,不是所有作业都可以任意移动。所以,在采用移动技术的系统中,应尽可能地减少移动,以降低系统开销,提高系统效率。为此可改变作业装入主存储器的方式来达到减少移动的目的。

单一连续存储管理、固定分区存储管理、可变分区存储管理要求作业必须装入连续主存空间中。

典型例题分析

1. 可变分区存储管理中,主存空间分配算法不包括( )。

A. 最近最久未使用调度算法　　　　B. 最坏适应算法
C. 最优适应算法　　　　　　　　　D. 最先适应算法

【答案】A

【分析】最近最久未使用调度算法是页面淘汰算法之一。

2. 在可变分区存储管理中,系统收回已完成作业的主存空间,并与相邻空闲区合并,可造成空闲区数减1的情况是( )。

A. 无上邻空闲区,也无下邻空闲区　　B. 有上下邻空闲区
C. 有上邻空闲区,无下邻空闲区　　　D. 无上邻空闲区,但有下邻空闲区

【答案】B

【分析】当收回的主存空间只有上邻或下邻空闲区时,合并后不会造成空闲区数量的变化;上邻、下邻空闲区都不存在时,空闲区数量会加1,只有当收回的主存空间既有上邻空闲区又有下邻空闲区时,空闲区数量才会减1。

3. 在可变分区存储管理中,最优适应分配算法的空闲区是( )。

A. 按地址由小到大排列　　　　　　B. 按地址由大到小排列
C. 按空闲区长度由小到大排列　　　D. 按空闲区长度由大到小排列

【答案】C

【分析】最优适应分配算法要求空闲区按从小到大顺序连在一起,高地址的大空闲区可以分配给较大的作业。

4. 用可变分区方式管理主存时,假定主存中按地址顺序依次有五个空闲区,空闲区的大小依次为 44 KB、39 KB、22 KB、197 KB、82 KB。现有五个作业 J1、J2、J3、J4 和 J5,它们各需要主存 32 KB、44 KB、57 KB、182 KB 和 22 KB。试用最优适应分配算法,请将分配情况填入下面的图 4-17 中。

【答案】最优适应分配算法:从所有空闲区中挑选一个最接近作业大小的空闲区分配给作业,分配后如图 4-18 所示。

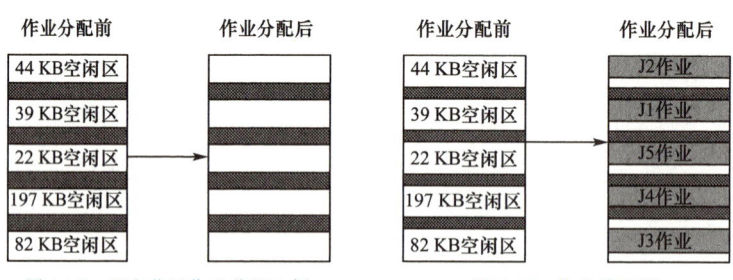

图 4-17 可变分区作业分配 1 例

图 4-18 作业分配图

4.5 页式存储管理方式

前面介绍的几种存储管理方式,要求作业的逻辑地址空间连续地存放在主存的某个区域中,且分区存储管理方式中的主存会产生许多"碎片"("内外零头"),虽然可通过"紧凑"方法将碎片拼接成可用的块,但需要为此付出很大的开销。是否有可能把作业的连续逻辑地址空间分散到几个不连续的主存区域,仍能使作业正确执行?若可行的话,则既可充分利用主存空间又可减少移动所花费的开销。这种存储管理方式称为离散分配方式。离散分配方式有页式存储管理、段式存储管理和段页式存储管理方式三种。

1. 页式存储管理

在页式存储管理方式中,用户作业的逻辑地址空间被划分成若干个固定大小的区域,称为页(或页面)。页面的典型大小为 1 KB、4 KB;相应地,也将主存空间划分成若干个物理块,页和块的大小相等。这样,可将用户程序的任一页放在主存的任一块中,实现了离散分配。这时主存中的碎片大小不会超过一页。

2. 段式存储管理

这是为了满足用户的要求而形成的一种存储管理方式。它把用户作业的逻辑地址空间划分成若干个大小不等的段,每段可以定义一组相对完整的逻辑程序段。在进行存储分配时,以段为单位,这些段在主存中可以不相邻,故也实现了离散分配。

3. 段页式存储管理

这是页式和段式两种存储管理方式相结合的产物。它同时具备了两者的优点,因而既提高了存储器的利用率,又能满足用户要求,是目前用得较多的一种存储管理方式。

4.5.1 页式存储管理基本思想

在页式存储管理方式中,将一个用户作业的逻辑地址空间划分成若干个大小相等的页(或称页面)。相应地,主存空间也划分成与页相同大小的物理块或页框(Frame)。页面和块都要进行编号,从 0 开始,0 块(0 页),1 块(1 页),…,m 块(n 页),如图 4-19 所示。

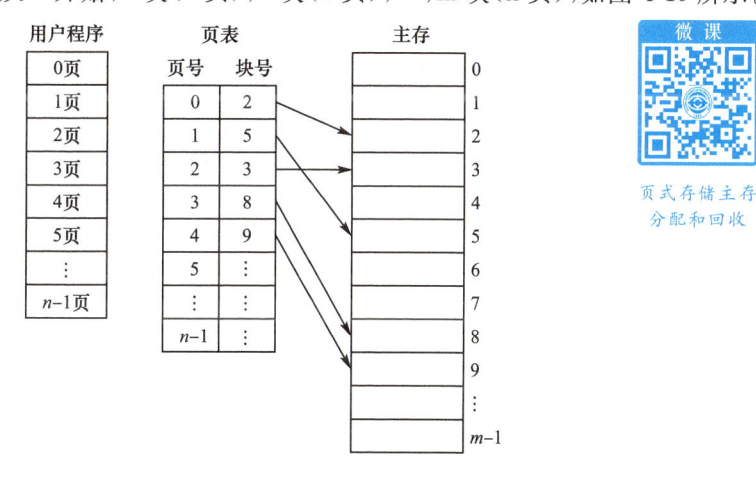

图 4-19 页表示意图

在为用户作业分配主存时,以块为单位将用户作业的若干页分别装入多个可以不相邻的块中。由于用户作业的最后一页经常装不满一块,而形成不可利用的碎片,称为"页内碎片"。由于这种"页内碎片"的不可用,在页式操作系统中,页面大小应当适中。如果页面太小,虽然页面小有利于提高主存的利用率,但也使每个作业要求较多的页面引起页表过长,占用了大量的主存空间。若选择较大的页面,虽然可以减少页表的长度,但会使"页内碎片"增加,所以页面的大小应该选择适中,通常在 512 KB 到 4 KB 之间。

页式操作系统的地址结构如图 4-20 所示,它由两部分组成:页号 P 和页内地址 d,地址的长度为 32 位,其中 0~11 位为页内地址(页的大小为 4 KB),12~31 位为页号,所以允许地址空间的大小为 1 MB。

图 4-20 页式系统地址结构

为了便于查找作业的每个页面在主存中对应的物理块和进行地址变换,系统为每个作业建立了一张页面映射表 PMT(Page Mapping Table),简称页表,如图 4-19 所示,每个页在页表中占一个表项,记录该页在主存中对应的物理块号。页表一般存放在主存,它的作用是实现从页号到物理块号的地址映射。对于大作业,由于页表项非常多,如果全部装入主存,会占用很多主存空间,一般采用多级页表结构来解决此问题。

每个作业的页表长度是不同的,页表的长度由作业所占页的多少而定。然后,借助硬件的地址变换机构,在作业执行过程中,每执行一条指令时按逻辑地址中的页号查页表得到对应的块号,再换算出欲访问的主存单元的绝对地址。

若给定一个逻辑地址 A,页面大小 L,则页号 P 的计算公式为:

$$P = INT[A/L]$$

其中 INT 为整数函数,即 P 是 A 除以 L 的整数部分。

其页内地址 d 的计算公式为:

$$d = A \ MOD \ L$$

其中 MOD 为取余函数,即 A 除以 L 的余数部分。

由于块的长度都是相等的,所以地址转换的计算公式为:

$$绝对地址 = 块号 \times 块长 + 页内地址$$

在页式系统中页面大小是由机器的地址结构所决定的,即由硬件决定。对于某一种机器只能采用一种大小的页面。

4.5.2 地址变换机构

为了将用户作业的逻辑地址转换为主存空间的物理地址,在系统中必须设置地址变换机构。由于页内位移量和物理块中的位移量是一一对应的,无须进行变换,因此地址变换机构的主要任务实际上是将逻辑地址中的页号转换为主存中的物理块号。页表本身就可以记录页号与块号之间的对应关系,所以,地址变换机构主要是借助页表来完成的。

在页式存储管理方式中,对主存的每次访问都要经过页表,因此页表效率很重要。寄存器有很高的访问速度,页表的功能可能由一组专门的寄存器来实现,一个页表项用一个寄存器实现。但由于寄存器成本较高,而大多数现代计算机的页表都非常大(如一百万个条目),这时采用寄存器来实现页表是不可行了。因此需要将页表存放在主存中,在系统中设置一个页表寄存器(Page Table Register),用于存放页表在主存中的起始地址和页表的长度。

进程未执行时,页表的始址和长度存放在本进程的 PCB 中。当调度程序调度到某进程时,将存放在进程控制块中的页表始址和页表长度装入页表寄存器中。在进程执行期间,若进程要访问某个逻辑地址中的数据时,地址变换机构的工作过程为:

(1) 地址变换机构自动将逻辑地址分为页号和页内地址(页内位移量)。

(2) 检查页号是否越界,如果页号大于或等于页表长度,则表示本次所访问的地址已超越进程的地址空间,并同时发出一个地址越界中断。

(3) 如果未出现越界错误,则将页表始址与页号和页表长度的乘积相加,得到该表项在页表中的位置。

(4) 从页表中检索到该物理块号并装入物理地址寄存器中,将逻辑地址中的页内地址直接送入物理地址寄存器的块内地址部分。

(5) 物理块号和块内地址组合就产生了要访问的物理地址。

地址变换机构的工作过程如图 4-21 所示。

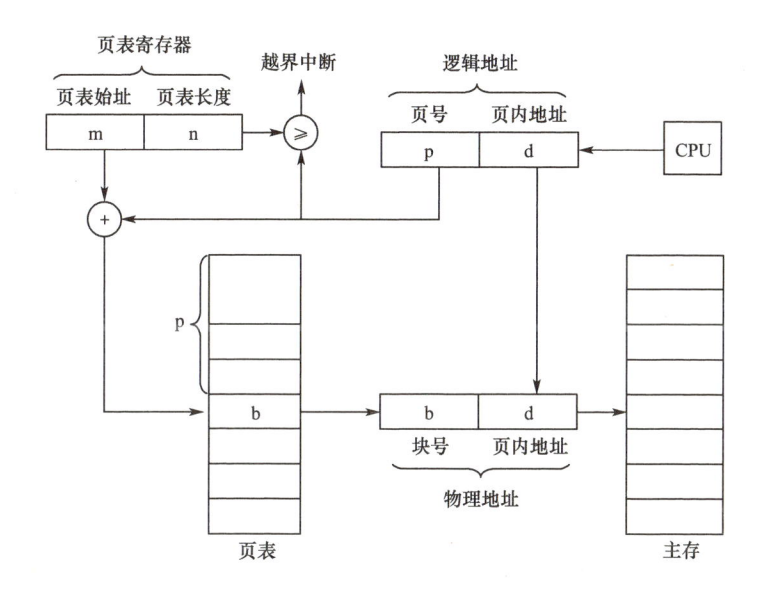

图 4-21 地址变换机构工作过程示意图

4.5.3 快　表

由图 4-19 可知,若页表全部存放在主存中,则存取一个数据或一条指令至少要访问两次主存。第一次是访问页表,得到要访问的主存物理地址,第二次才根据该物理地址进行数据或指令的存取。显然这种方法比通常指令的速度要慢一半。为了解决这一问题,在地址变换机构中增设一个具有并行查找能力的高速缓冲存储器(或由一组高速、小容量且可并行查找的联想寄存器组成),称为联想存储器(Associative Memory)或快表,IBM 系统中称为 TLB(Translation Lookaside Buffer),用以存放当前访问的那些页表项。此时的地址变换过程为:在 CPU 给出逻辑地址后,地址变换机构自动将页号与快表中的所有页号进行比较,若找到则取出该页对应的物理块号与页内位移量拼接成物理地址;若未找到则去主存中查找页表,找到的拼接形成物理地址,同时将此次查到的页表项存入快表中,图 4-22 说明了具有快表的地址变换机构。

采用快表的方法后,使得地址转换的时间大大减少。假定访问主存的时间为 200 ns(纳秒),访问快表的时间为 40 ns,查快表的命中率为 90%。于是,把逻辑地址转换成物理地址及存取的平均时间为:

(200+40)×90%+(200+200)×10%=256 ns

若不使用快表,则转换及存取时间为:200+200=400 ns

由于高速缓冲存储器成本高,联想存储器不可能做得很大,通常只能存放 16 KB~512 KB 个页表项。例如,在 Intel 80486 CPU 中有 32 个联想存储器。使用联想存储器访问主存中的数据或指令,比不使用联想存储器约快一倍。

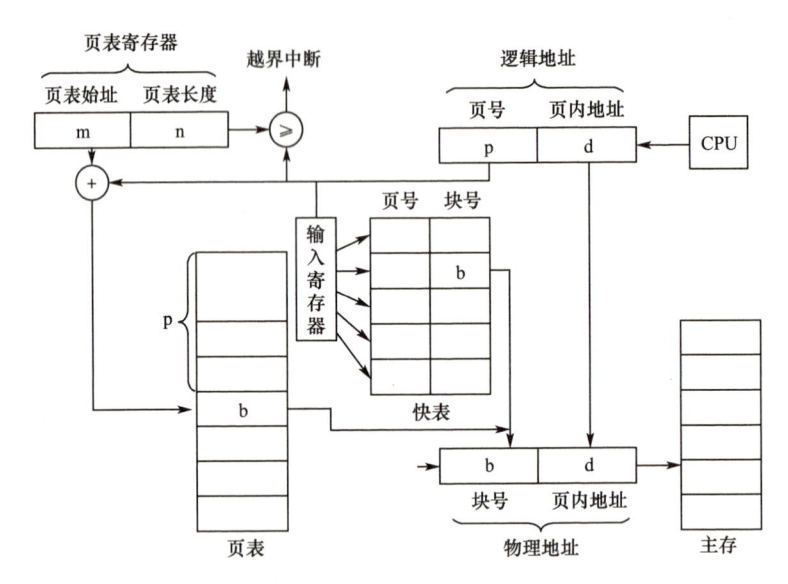

图 4-22　具有快表地址变换机构示意图

4.5.4　页式存储空间的分配和回收

页式存储管理把主存储器的可分配区域按页面大小分成若干块,分配主存空间以块为单位。可用一张主存分配表来记录已分配的块和尚未分配的块以及当前剩余的空闲块数。由于块的大小是固定的,所以可以用一张"位示图"来构成主存分配表。例如主存储器的可分配区域被分成 256 块,则可用字长为 32 位的 8 个字的位示图来构成主存分配表,位示图中的每一位与一个块对应,用 0/1 表示对应块为空闲/已占用,另用一字节记录当前剩余的空闲块数。如图 4-23 所示。

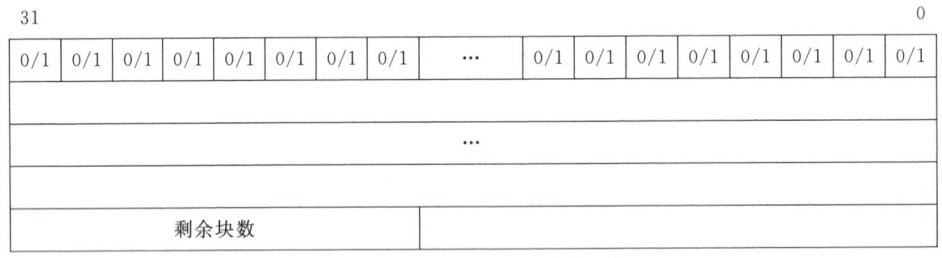

图 4-23　页式存储管理主存分配表

进行主存分配时,先查空闲块数能否满足作业要求,若不能满足则作业不能装入;若能满足,则找出为"0"的一些位,置上占用标志"1",从空闲块数中减去本次占用块数,按找到的位计算出对应的块号,作业可装到这些块中。当一个作业执行结束,归还主存时,则根据归还的块号,计算出在位示图中对应的位置,将占用标志清"0",归还块数加入空闲块数中。

4.5.5 页的共享与保护

页式存储管理能方便地实现多个作业共享程序和数据。在多道程序系统中,编译程序、编辑程序、解释程序、公共子程序、公用数据等都是可共享的,这些共享的信息在主存储器中只保留一个副本。各作业共享这些信息的一个方法是使各自页表中的有关表项指向共享信息的主存块。

页的共享可节省主存空间,但实现信息共享必须解决共享信息的保护问题。通常的办法是在页表中增加一些标志,指出该页的信息可读/写、只读、只执行等。如图 4-24 所示中共享程序只可执行,共享数据只读。指令执行时进行核对,欲向只读块写入信息则指令停止执行,产生中断。

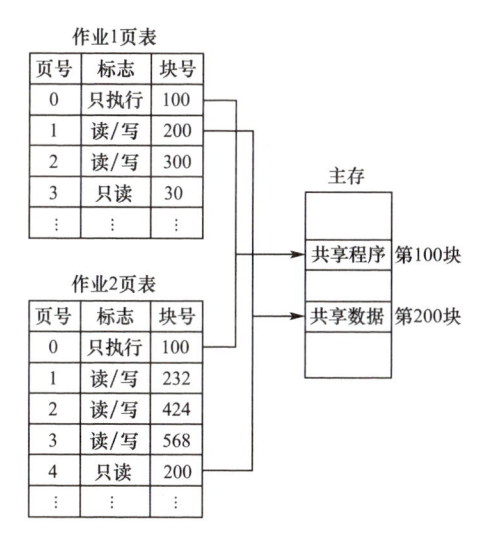

作业1页表

页号	标志	块号
0	只执行	100
1	读/写	200
2	读/写	300
3	只读	30
⋮	⋮	⋮

作业2页表

页号	标志	块号
0	只执行	100
1	读/写	232
2	读/写	424
3	读/写	568
4	只读	200
⋮	⋮	⋮

主存:共享程序 第100块;共享数据 第200块

图 4-24 页的共享

4.5.6 两级和多级页表

目前,大多数计算机系统都支持非常大的逻辑地址空间($2^{32} \sim 2^{64}$)。在这样的环境下,页表就变得非常大,要占用很大的主存空间。而且页表还要求存放在连续的存储空间中,显然这是不现实的,可以采用以下两种途径解决这一问题。

(1)对页表所需的主存空间,采用离散的分配方式。

(2)只将当前需要的部分页表项调入主存,其余的页表项需要时再调入。

1. 两级页表

对于支持32位逻辑地址空间的计算机系统,如果系统中的页大小为4 KB(2^{12}),那么页表可以拥有100万个条目($2^{32}/2^{12}$)。假设每个条目有4 B,那么每个进程需要4 MB物理地址空间来存储页表本身。显然,人们并不愿意在主存中连续地分配这个页表。一种解决方法就是将页表再分页,形成两级页表,如图 4-25 所示。

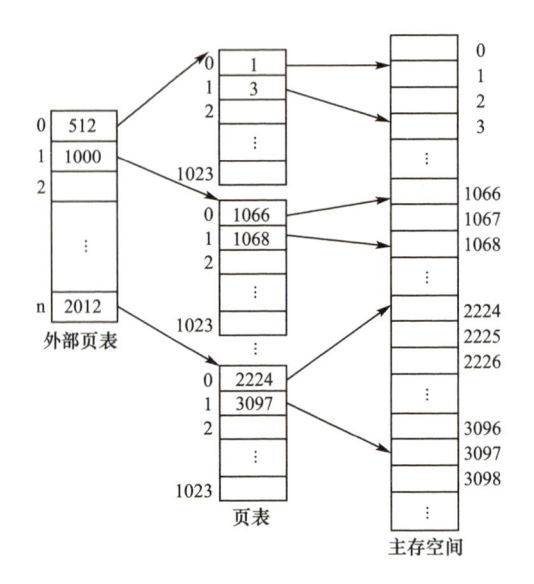

图 4-25 两级页表结构示意图

如果一个 32 位系统的页大小为 4 KB,那么逻辑地址被分为 20 bit 的页号和 12 bit 页内地址。如果采用两级页表结构,对页表进行再分页,使每个页中包含 2^{10}(1024)个页表项,最多允许有 2^{10} 个页表分页,或者说,外层页表中的外层页内地址 p2 为 10 位,外层页号 p1 也为 10 位,此时的逻辑地址结构可描述为如图 4-26 所示。

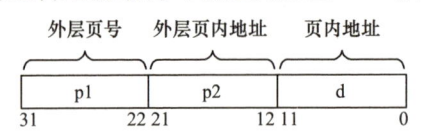

图 4-26 两级页表地址结构

在页表的每个表项中存放的是进程的某页在主存中的物理块号,如 0 号页存放在 1 号物理块中;1 号页存放在 3 号物理块中。而在外层页表的每个页表项中,所存放的是某页表分页的首地址,如 0 号页表存放在第 512 号物理块中。系统可以实现利用外层页表和页表这两级页表,来实现从进程的逻辑地址到主存地址的变换。

对页表进行离散分配的方法,虽然解决了大页表需要大片连续存储空间的问题,但并未解决用较少的主存空间去存放大页表的问题。一种解决方法是把当前所需要的一些页表项调入主存,以后再根据需要陆续调入。对于正在运行的进程,必须将外层页表调入主存,而对页表则只需调入一页或几页,同时在外层页表中增设状态位,表示页表是否调入主存。

2. 多级页表

两级页表结构适合 32 位机器,但是对于 64 位机器,两级页表结构就不再适用了。假设系统页大小为 4 KB,这时页表可由 2^{52} 个条目组成。如果使用两级页表结构,且页表大小还是 2^{10},则将余下的 42 位用于外层页表号,此时在外层页表中可能有 4096 GB 个页表项。即使按照 2^{20} 来划分页表,每个页表分页也将达 1 MB,外层页表仍有 4 GB 个页表项,要 16 GB 的连续空间。显然,无论如何划分结果都是无法接受的。因此,需要对外层页表再次分页,形成多级页表,将各个分页离散地分配到不相邻的物理块中。事实上,64 位机器使用三级页表结构也是难以适应的。

要点讲解

4.5节主要学习如下知识要点：

1. 基本原理

页式存储管理是把主存储器分成大小相等的许多区，每个区称为一块。采用页式存储管理时，相对地址由两部分组成：页号和页内地址。在进行存储空间分配时，总是以块为单位进行分配。

页式存储管理必须解决两个关键的问题：第一，怎样知道主存储器上哪些块已被占用，哪些块是空闲的；第二，作业信息被分散存放后如何保证作业的正确执行。

2. 页式主存空间的分配与回收

采用页式存储管理，可用一张"位示图"来构成主存分配表。进行主存分配时，先查空闲块数能否满足作业要求。若不能满足，则作业不能装入。作业执行结束后，应收回作业所占的主存块。

3. 页表和地址转换

当主存中空闲块数能满足作业要求时，存储管理就找出这些空闲块分配给作业，同时为作业建立一张页表，指出相对地址中页号与主存中块号的对应关系。

页式存储管理采用动态重定位的方式装入作业，作业执行时由硬件的地址变换机构来完成从相对地址到绝对地址的转换工作。页表是进行地址转换的依据。

利用高速缓冲存储器存放页表的一部分，把存放在高速缓冲存储器中的部分页表称为快表。采用快表后，使得地址转换的时间大大下降。

4. 多级页表

采用多级页表，不必把页表一次性装入主存中，各页表可以分散存放在主存块中，必要时还可以把当前暂时不用的页面淘汰出主存。在两级页表中的相对地址分三部分：页面组号、页面号、页内地址。

典型例题分析

1. 页式存储管理中的地址结构分页号和页内地址两部分，它是（　　）。

A. 线性地址　　　　B. 二维地址　　　　C. 三维地址　　　　D. 四维地址

【答案】B

【分析】采用页式存储管理时，相对地址由两部分组成：页号和页内地址，它是二维地址。

2. 页式存储管理中，每取一条指令或取一个操作数，访问主存的次数最多是（　　）。

A. 1　　　　　　　B. 2　　　　　　　C. 3　　　　　　　D. 4

【答案】B

【分析】页式存储管理中利用页表取指令和操作数，页表存放在主存中，对给定的相对地址进行存取时，需访问主存两次，第一次按页号读出页表中对应的块号，第二次按计算出的绝对地址进行存取。

3. 假如一个用户作业的逻辑地址空间为 4 页,每页 4 KB(按字节编址),主存的地址空间为 256 KB,其页表如图 4-27 所示。求:

(1)逻辑地址位数和物理地址位数。

(2)如果一个用户的逻辑地址为 4098,计算其物理地址。

页表

页号	块号
0	5
1	3
2	8
3	32

图 4-27 一个页表

【答案】

(1)4×4 KB$=4\times 4\times 1024=4\times 4096=2^{14}$ B,逻辑地址位数 14 位

256 KB$=2^8\times 2^{10}=2^{18}$ B,物理地址位数 18 位

(2)页号$=4098/4096=1$(两个整数相除的整数部分)

页内地址$=4098\%4096=2$(两个整数相除的余数部分)

绝对地址$=$块号$\times$页长(块长)$+$页内地址$=3\times 4096+2=12290$

目前常见的几种计算机中所选用的页面大小如下:IBM AS/400、VAX 系列、NS32032 的页面大小为 512 B;Intel 80386、Motorola 68030 的页面大小为 4096 B。

4. 页式存储管理中,主存空间按页分配,可用一张"位示图"构成主存分配表。假设主存容量为 2 MB,页面长度为 512 字节,若用字长为 32 位的字作为主存分配的"位示图",需要多少个字?页号从 0 开始,字号和字内位号(从高位到低位)也从 0 开始,试问:第 2999 页对应何字何位;99 字 19 位又对应第几页?

【答案】

(1)128 个字　　字$=2^{21}\div 2^9\div 2^5=2^7=128$

(2)93 字 23 位　　字$=2999/32=93$　　　位号$=2999$ mod $32=23$

(3)第 3187 页　　页号$=99\times 32+19=3168+19=3187$

4.6　虚拟存储器

多数程序执行时,在一段时间内仅使用它的程序编码的一部分,并不需要在整个执行时间内将该程序的全部指令和数据都放在主存中,程序的逻辑地址空间部分装入主存时,它仍能正确地执行。因此,那种将作业一次性地全部装入主存中的方法,显然是一种对主存空间的浪费。此外,作业装入主存后,便一直驻留在主存直到作业运行结束。尽管运行中的进程会因 I/O 而长期等待,或有的程序运行一次后,就不再需要运行了,然而它们都将继续占据宝贵的主存资源。这样,将严重地降低主存的利用率,从而减少了系统的吞吐量。

4.6.1　局部性原理

早在 1968 年 P. Denning 就指出过,程序在执行时将呈现出局部性规律,即在一段较短的时间内,程序的执行仅限于某个部分;相应地它所访问的存储空间也局限于某个区域。

局部性表现如下:

(1) 时间局部性。如果程序中的某条指令一旦执行,则不久以后该指令可能再次被执行;如果某个存储单元被访问,则不久以后该存储单元可能再次被访问。产生时间局部性的典型原因是在程序中存在大量的循环操作。

(2) 空间局部性。一旦程序访问了某个存储单元,则不久以后,其附近的存储单元也将被访问,程序在一段时间内访问的地址可能集中在一定范围内,引起空间局部性的典型原因是程序的顺序执行。

4.6.2 虚拟存储器的定义与特征

1. 虚拟存储器定义

基于局部性原理,一个作业运行之前,没有必要全部装入主存,而仅将那些当前要运行的部分页面或段,先装入主存便可启动运行,其余部分暂时留在磁盘上。程序在运行时所要访问的页(或段)已调入主存,便可继续执行下去;但如果程序所要访问的页(或段)尚未调入主存,则程序应利用 OS 所提供的请求调页(或段)功能,将它们调入主存,以使进程能继续执行下去。如果此时主存已满,无法再装入新的页(或段),则还须再利用页(或段)的置换功能,将主存中暂时不用的页(或段)调出至磁盘上,腾出足够的主存空间后,再将所要访问的页(或段)调入主存,使程序继续执行下去。这样,便可使一个大的用户程序在较小的主存中运行;也可使主存中同时装入更多的进程并发执行。从用户角度看,该系统所具有的主存容量,将比实际主存容量大得多,我们把这种存储器称为虚拟存储器。

虚拟存储器就是指把用户作业的一部分装入主存便可运行的存储系统。实际上用户看到的大容量只是一种感觉,是虚的,故称为虚拟存储器。

2. 虚拟存储器特征

虚拟存储的最基本特征是离散性,在此基础上又形成了多次性及对换性等特征。

(1) 离散性。指在主存分配时采用离散分配方式。

(2) 多次性。指一个作业运行时分成多次装入主存。

(3) 对换性。指作业运行过程中在主存和外存的对换区之间换进换出。

(4) 虚拟性。指能够从逻辑上扩充主存容量,使用户感觉到的存储器容量远远大于实际的主存容量。

4.6.3 虚拟存储器的实现方法

虚拟存储器的实现都是建立在离散分配存储管理方式的基础上,目前的实现方法主要有以下两种:

(1) 请求页式存储管理

请求页式存储管理是在页式存储管理基础上增加了请求调页功能、页面置换功能所形成的页式虚拟存储分配系统。程序启动运行时装入部分用户程序页和数据页,在以后的运行过程中,访问到其他逻辑页时,再陆续将所需的页调入主存中。请求调页和置换时,需要页表机构、缺页中断机构、地址变换机构等硬件支持。

(2)请求段式存储管理

请求段式存储管理是在段式存储管理方式的基础上增加了请求调段和分段置换功能而形成的段式虚拟存储管理,只需装入部分程序段和数据段即可启动运行,以后出现缺段时再动态调入。实现请求分段同样需要分段的段表机制、缺段中断机构、地址变换机构等软、硬件支持。

4.7 请求分页存储管理

在前面介绍的各种存储管理方式中,必须为作业分配足够的存储空间,以装入有关作业的全部信息。但在程序运行中,我们发现程序的有些部分是彼此互斥的,即在程序的一次运行中执行了这部分程序就不会去执行那部分程序。例如,错误处理部分仅在有错的情况下才会运行。另一方面程序的执行往往有局部性,某一时刻循环执行某些指令或多次地访问某一部分的数据。所以,当把有关作业的全部信息都装入主存储器后,作业执行时实际上不是同时使用这些信息的,甚至于有些部分在作业执行的整个过程中都不会被使用。于是,提出了这样的问题:能否不把作业的全部信息同时装入主存,而是将其中一部分先装入主存,另一部分暂时存放在磁盘上,作业执行过程中要用到那些不在主存中的信息时,再把它们装到主存储器中。如果这个问题能够解决的话,当主存空间小于作业需要量时,作业也能执行,也就使得主存空间能充分地被利用。进而,用户编制程序时可以不必考虑主存储器的实际容量,允许用户的逻辑地址空间大于主存储器的绝对地址空间。对用户来说,好像计算机系统具有一个容量很大的主存储器,称为虚拟存储器,这在上一节我们已经介绍过。

4.7.1 页表机制

在请求分页存储管理的方式中,页表仍然是重要的数据结构,其主要作用是实现用户逻辑地址空间中从逻辑地址到主存空间的物理地址的变换。在虚拟存储器中,由于应用程序并没有完全调入主存,所以页表结构根据虚拟存储器的需要增加了若干项,如图4-28所示。

| 页号 | 块号 | 状态位 P | 访问字段 A | 修改位 M | 外存地址 |

图4-28 请求分页虚拟存储管理方式的页表结构

其中:

(1)状态位 P 用于显示该页是否已调入主存,供程序访问时参考。

(2)访问字段 A 用于记录本页在一段时间内被访问的次数,或最近多长时间未被访问,供转换算法选择换出页面时参考。

(3)修改位 M 表示该页在调入主存后是否被修改过。由于主存的每一页在外存都有备份,所以在该页被换出时,若该页被修改过,则必须将该页写回外存;若未被修改,则直接进行覆盖无须写回。

(4)外存地址用于指出该页在外存上的地址,通常是物理块(簇)号,供调入该页时使用。

4.7.2 缺页中断

在请求分页存储管理中,当所要访问的页不在主存时,便要产生缺页中断,请求操作系统将所缺页调入主存。缺页中断与一般中断不同,区别如下:

(1)缺页中断是在执行一条指令期间产生的中断,并立即转去处理,而一般中断则是在一条指令执行完毕后,当发现有中断请求时才去响应和处理。

(2)缺页中断处理完成后,仍返回到原指令去重新执行,因为那条指令并未执行。而一般中断则是返回到下一条指令去执行,因为上一条指令已经执行完毕了。

4.7.3 地址变换

请求分页系统中进行地址变换时,首先要检测该页面是否在主存,如果该页面在主存中,则地址变换方式与页式存储管理方式相同;如果该页不在主存中,则进行缺页中断处理。进行缺页中断处理时首先判断主存空间是否够用,如果主存没有可用空间,必须进行置换,以腾出可用空间,图 4-29 所示为请求分页存储管理的地址变换过程。

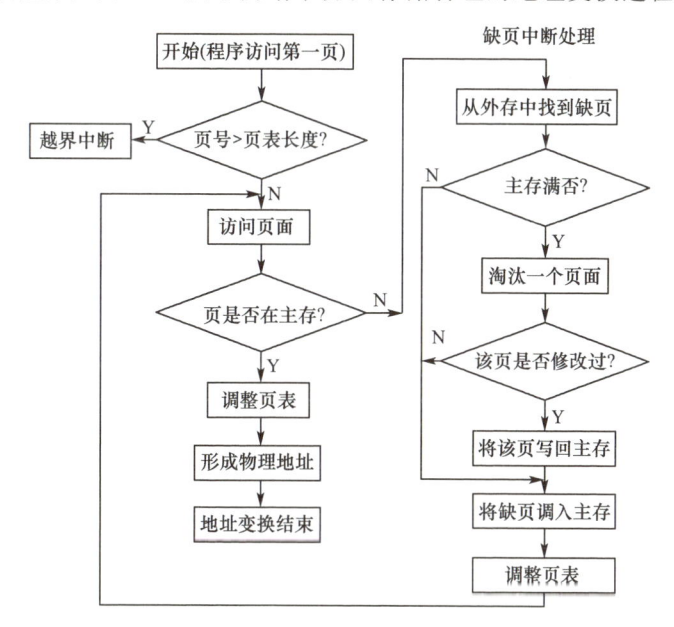

图 4-29 请求分页存储管理的地址变换过程

4.7.4 页面分配

在为进程分配物理块时,首先考虑的是保证进程能正常运行所需要的最少物理块数。若系统为某进程分配的物理块数小于此值时进程将无法运行。

其次,要考虑的问题是页面的分配和置换策略。在请求分页存储管理中可采用固定和可变两种分配策略。在进程置换时,也可采用全局置换和局部置换两种策略。组合成如下三种策略:

(1)固定分配局部置换策略

所谓固定分配就是为每个进程分配一个固定块数的主存空间,在整个运行期间主存空间的块数是不变的,如果运行中发现缺页,则只能从该进程在主存所占的固定块数所对应的页面中选择换出。

(2)可变分配全局置换策略

系统为每个进程分配一定数目的物理块,而操作系统本身也保证一个空闲物理块队列。当某进程发现缺页时,由系统从空闲物理块队列中取出一物理块分配给该进程,并将欲调入的缺页装入其中。当空闲物理块队列中的物理块用完时,操作系统才能从主存中选择一页调出,该页可能是驻留主存中任一进程的页。

(3)可变分配局部置换策略

根据进程的类型或程序员的要求,为每个进程分配一定数目的物理块,但当某个进程发生缺页时,只允许从该进程在主存的页面中迁出一页换出,而不影响其他进程的运行。系统在运行过程中根据各进程的缺页率动态调整各进程的物理块。

4.7.5 页面淘汰算法

发生缺页时,就要从外存上把所需要的页面调入主存。如果当时主存中有空闲块,那么页面的调入问题就解决了;如果当时主存中已经没有空闲块可供分配使用,那么就必须在主存中选择一页,然后把它调出主存,以便为即将调入的页面让出块空间。这就是所谓的"页面淘汰"问题。

页面淘汰首先要研究的是选择谁作为被淘汰的对象。虽然可以简单地随机选择一个主存中的页面淘汰出去,但显然选择将来不常使用的页面出去,可能会使系统的性能更好一些。因为如果淘汰一个经常要使用的页面,那么很快又要用到它,需要把它再一次调入,从而增加了系统在处理缺页中断与页面调出/调入上的开销。鉴于系统的性能考虑,总是希望缺页中断少发生一些,如果出现这种情形:一个刚被淘汰(从主存调出到外存)出去的页,时隔不久因为又要访问它,又把它从外存调入;调入后不久再一次被淘汰,再访问,再调入;如此频繁地反复进行。这会使得整个系统一直陷于页面的调入、调出,以致大部分CPU时间都用于处理缺页中断和页面淘汰上,很少能顾及用户作业的实际计算。这种现象被称为"抖动"或"颠簸"。很明显,抖动使得整个系统效率低下,甚至趋于崩溃,是应该极力避免和排除的。

注意:页面淘汰是由缺页中断引起的,但缺页中断不见得一定引起页面淘汰,只有当主存中没有空闲块时,缺页中断才会引起页面淘汰。

选择淘汰对象有很多种策略可以采用,下面介绍几种常用的置换算法。在介绍之前还需要说明的是,在主存里选中了一个淘汰的页面,该页面在主存时未被修改过,那么就可以直接用调入的页面将其覆盖掉;但如果该页面在主存时被修改过,那么就必须把它写回外存,以便更新该页在外存上的副本。一个页面的内容在主存时是否被修改过,可以通过页表表目反映出来。

☞ 面对困难——对症下药

"宝剑锋从磨砺出,梅花香自苦寒来",年轻人要勇于担当,面对困难敢于迎难而上。

> 在页面置换算法中,经常出现抖动现象,各种各样的异常现象。在编写置换算法时,善于发现问题,找到解决问题的方法,实现技术上的创新和突破。

1. 先进先出(First In First Out,FIFO)页面淘汰算法

这种调度算法总是淘汰最先进入主存储器的那一页,FIFO 算法简单,易实现。它是一种直观,但性能最差的算法。

例如,给出一个作业运行时的页面走向为:1、2、3、4、1、2、5、1、1、3、4、5,这就是说,该作业运行时,先要用到第 1 页,再用到第 2 页、第 3 页、第 4 页等。页面走向中涉及的页面总数为 12。假定只分配给该作业 3 个主存块使用,开始作业程序全部装入外存,3 个主存块都为空。通过三次调度,第 1 页、第 2 页、第 3 页 3 个页面分别从外存调入主存块中。当页面走向到达 4 时,用到第 4 页。由于 3 个主存块全部分配完毕,必须进行页面淘汰才能够腾空一个主存块,然后让所需的第 4 页进入。可以看出,这个缺页中断引起了页面淘汰。根据 FIFO 的淘汰原则,显然应该把第一个进来的作为最先进入的第 1 页淘汰出去。紧接着又用到第 1 页,它不在主存的 3 个块中,于是不得不把这一时刻最先进来的第 2 页淘汰出去,图 4-30 给出了整个过程总共发生多少次缺页中断。比如,对于所给的页面走向,它涉及的页面总数为 12,通过缺页中断调入页面的次数为 9,因此它的缺页中断率 $f = 9/12 = 75\%$。

图 4-30　利用 FIFO 置换算法的置换过程

2. 最近最久未使用(Least Recently Used,LRU)页面淘汰算法

最近最久未使用(LRU)页面淘汰算法的着眼点是在要进行页面淘汰时,检查这些淘汰对象的被访问时间,总是把最长时间未被访问过的页面淘汰出去。这是一种基于程序局部性原理的淘汰算法。也就是说,算法认为如果一个页面刚被访问过,那么不久的将来被访问的可能性就大;否则被访问的可能性就小。

仍以前面的 FIFO 涉及的页面走向 1、2、3、4、1、2、5、1、1、3、4、5 为例,当对它实行 LRU 页面淘汰算法时,缺页中断率是多少,如图 4-31 所示。

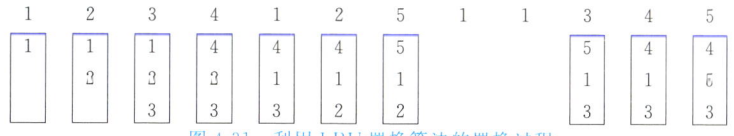

图 4-31　利用 LRU 置换算法的置换过程

按照页面走向,从第 1 页开始直到第 7 页(1、2、3、4、1、2、5),这两个图表现的是一样的。当又进到第 1 页时,由于该页在主存中存在,因此不会引起缺页中断,但是两个算法的处理是不同的。

对于 FIFO,关心的是这三页进入主存的先后次序,对第 1 页的访问不会改变主存中第 1、2、5 三页进入主存的先后次序,因此它们之间仍然保持前一列的关系,对于 LRU,关心的是这三页被访问的时间。

3. 最近最少用(Least Frequently Used,LFU)页面淘汰算法

最近最少用(LFU)页面淘汰算法的着眼点考虑主存块中页面的使用频率,它认为在

一段时间里使用得最多的页面,将来用到的可能性就大。因此,当要进行页面淘汰时,总是把当前使用得最少的页面淘汰出去。

要实现 LFU 页面淘汰算法,应该为每个主存中的页面设置一个计数器。对某个页面访问一次,它的计算器加 1。经过一个时间间隔,把所有计数器都清 0,产生缺页中断时,比较每个页面计数器的值,把计数取值最小的那个页面淘汰出去。

4. 最佳(Optimal,OPT)页面淘汰算法

最佳页面淘汰算法是由 Belady 于 1966 年提出的一种理论上的算法。其所选择的被淘汰的页面,将是永不使用的,或者是在最长时间内不再被访问的(或总是把以后不再访问的页或距当前最长时间访问过的页先调出)。

例如,作业 A 的页面走向 2、7、4、3、6、2、4、3、4、……,分给 4 个主存块使用。运行一段时间后,页面 2、7、4、3 分别通过缺页中断进入分配给它使用的 4 个主存块。当访问页面 6 时,4 个主存块已无空闲的可以分配,于是要进行页面淘汰,按照 FIFO 或 LRU 等算法,应该淘汰第 2 页,因为它最早进入主存,或最长时间没有调用它。但是,稍加分析可以看出,应该淘汰第 7 页,因为在页面走向给出的可见的将来,根本没有再访问它,所以 OPT 肯定要比别的淘汰算法产生的缺页中断次数少。

遗憾的是,OPT 的前提是已知作业运行时的页面走向,这是根本不可能做到的,所以 OPT 页面淘汰算法没有实用价值,它只能用来作为一种尺度,与别的淘汰算法进行比较。如果在相同页面走向的前提下,某个淘汰算法产生的缺页中断次数接近于它,那么就可以说这个淘汰算法不错;否则就属较差。

在操作系统发展过程中,页面淘汰算法有许多种,这里就不再赘述了。

要点讲解

4.6 节和 4.7 节主要学习如下知识要点:

1. 虚拟存储器

虚拟存储器实际上是为扩大主存容量而采用的一种管理技巧。让作业部分而不是全部装入主存,作业开始执行时,允许作业逻辑地址空间大于实际的主存空间。

采用虚拟存储有两个好处:第一,使主存空间能充分地被利用;第二,从用户的角度来看,好像计算机系统提供了容量很大的主存储器。

2. 虚拟存储器的工作原理

作业信息保留在磁盘上,当要求装入时,只将其中一部分先装入主存储器,作业执行过程中,若要访问的信息不在主存中,则再设法把这些信息装入主存。

3. 页式虚拟存储器的实现

页式虚拟存储器的实现是借助大容量辅助存储器(如磁盘)存放虚存中的实际信息,操作系统利用程序执行时在时间上和空间上的局部性特点,把当前需要用的程序段和数据装入主存储器。且利用表格(如页表)为用户构造一个虚拟空间(对不在主存的信息,指出存放在辅助存储器中的位置)。硬件根据操作系统建立的表格进行地址转换,当发现所要访问的信息不在主存储器中时,发出需要调度的中断信号(如缺页中断)。操作系统处理这个中断事件时,选择一种好的调度算法对主存储器和辅助存储器中的信息进行高效调度,尽可能避免"抖动"。

4. 页面调度算法

(1) 最佳调度算法

在页面调度时,淘汰以后再也不被访问的页,或距当前最久访问的页。(理想化的算法,不可能实现)

(2) 先进先出调度算法

在页面调度时,淘汰最早进入主存的页。

实现方法:将各页面按进入主存顺序排成队列,新进入的页面放在队尾,指针指向淘汰页在页号队列中的位置。

(3) 最近最久未使用调度算法

在页面调度时,淘汰过去一段时间内最久没有被访问过的页。在页面队列中,规定队首总是最久未使用的页,队尾总是最近才被访问的页,页表调度时,选择队首所指示的页面淘汰。

(4) 最近最不经常使用调度算法

在页面调度时,淘汰过去一段时间内被访问次数最多的页。设置周期 T,为每一页设置一个计数器,用来记录页被访问的次数,页面调度时,淘汰计数器最小的页。

5. 缺页中断率(f)

f = 缺页中断次数/作业执行中访问页面的总次数。

典型例题分析

1. 请求分页存储管理是在_____的基础上实现虚拟存储器的,首先需要把作业信息作为副本存放在磁盘上,作业执行时,把作业的_____装入主存。

【答案】页式存储管理、部分页面

【分析】在页式存储管理的基础上进行改造,无须把作业的全部装入主存,而是把作业信息作为副本存放在磁盘上,作业执行时,把作业的部分页面装入主存。

2. 假定某程序在内存中分配4个页面,初始为空,所需页面的顺序依次为6,5,4,3,2,1,5,4,3,6,5,4,3,2,1,6,5,分别采用 LRU 和 OPT 页面调度算法,计算整体缺页中断次数。

(1) LRU 调度算法

本例的 LRU 调度算法工作过程,见表 4-2。

表 4-2 LRU 调度算法工作过程

访问页面	6	5	4	3	2	1	5	4	3	6	5	4	3	2	1	6	5
页号队首→	6	6	6	6	5	4	3	2	1	5	4	3	6	5	4	3	2
		5	5	5	4	3	2	1	5	4	3	6	5	4	3	2	1
			4	4	3	2	1	5	4	3	6	5	4	3	2	1	6
页号队尾→				3	2	1	5	4	3	6	5	4	3	2	1	6	5
是否缺页	×	×	×	×	×	×	×	×				×	×	×	×	×	×

缺页中断次数:14 次。

(2) OPT 调度算法

本例的 OPT 调度算法工作过程,见表 4-3。

表 4-3　　　　　　　　　　　　　OPT 调度算法工作过程

访问页面	6	5	4	3	2	1	5	4	3	6	5	4	3	2	1	6	5
页号队首→	6	6	6	6	2	1	1	1	1	6	6	6	6	6	6	6	6
		5	5	5	5	5	5	5	5	5	5	5	5	5	5	5	5
			4	4	4	4	4	4	4	4	4	4	4	4	2	2	2
页号队尾→				3	3	3	3	3	3	3	3	3	3	3	1	1	1
是否缺页	×	×	×	×						×					×	×	

缺页中断次数：8 次。

注意：①本例没有调整队首、队尾次序，便于分清哪一页先进入内存；②后面的 7、8 次调出的页采用 OPT 算法，在 OPT 算法无法确定调出页的情况下，采用先进先出调度算法。例如 5 页、6 页马上要再次访问，不能调出，那么只有调出 4 页、3 页，4 页先进入内存，先调出。

3. 在一个采用页式虚拟存储管理的系统中，有一用户作业，它依次要访问的字地址序列是：115,228,120,88,446,102,321,432,260,167，若该作业的第 0 页已经装入主存，现分配给该作业的主存共 300 字，页的大小为 100 字，请回答下列问题：

(1) 按 FIFO 调度算法将产生几次缺页中断，依次淘汰的页号？缺页中断率？

(2) 按 LRU 调度算法将产生几次缺页中断，依次淘汰的页号？缺页中断率？

【答案】

分析后的逻辑页情况如图 4-32 所示。

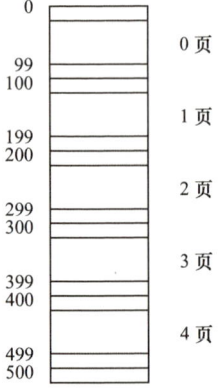

图 4-32　字与页对应关系示意图

根据 115,228,120,88,446,102,321,432,260,167 地址序列，及页面的大小 100 字，页长＝100 字，块数＝300/100＝3（块）。

$$页号 = \left[\frac{字地址}{页长}\right] 结果取整$$

因此 [115/100]＝1,[228/100]＝2,[120/100]＝1,[88/100]＝0,[446/100]＝4,
[102/100]＝1,[321/100]＝3,[432/100]＝4,[260/100]＝2,[167/100]＝1

地址序列对应的页面调度序列为：1,2,1,0,4,1,3,4,2,1。

(1) 按 FIFO 调度算法将产生 5 次缺页中断，见表 4-4。

表 4-4　　　　　　　　　　　　　　采用 FIFO 算法

时刻	1	2	3	4	5	6	7	8	9	10
访问页面	1	2	1	0	4	1	3	4	2	1
页号队首→	0	0	0	0	1	1	2	2	2	4
		1	1	1	2	2	4	4	4	3
页号队尾→			2	2	2	4	4	3	3	1
缺页	＋	＋			＋		＋			＋

从表中看出依次淘汰的页号为：0,1,2（表中带下划线的页号）；缺页中断率为：5/10＝50%。

(2)按 LRU(最近最久未使用)调度算法将产生 6 次缺页中断,见表 4-5。

表 4-5　　　　　　　　　　采用 LRU 算法

时刻	1	2	3	4	5	6	7	8	9	10
访问页面	1	2	1	0	4	1	3	4	2	1
页号队首→	0	0	0	2	1	0	4	1	3	4
	1	1	2	1	0	4	1	3	4	2
页号队尾→		2	1	0	4	1	3	4	2	1
缺页	+	+			+		+		+	+

从表中看出依次淘汰的页号为:2,0,1,3(表中带下划线的页号);缺页中断率为:6/10＝60%。

4. 在请求页式存储管理系统中,设一个作业访问页面的序列为 4,3,2,1,4,3,5,4,3,2,1,5,设分配给该作业的存储空间有 4 块,且最初未装入任何页。试计算 FIFO 和 LRU 算法的缺页率。

【答案】

(1)采用 FIFO 页面淘汰算法,该作业运行时缺页情况见表 4-6。

表 4-6　　　　　　　　　　采用 FIFO 算法

时刻	1	2	3	4	5	6	7	8	9	10	11	12
访问页面	4	3	2	1	4	3	5	4	3	2	1	5
页号队首→	4	4	4	4	4	4	3	2	1	5	4	3
		3	3	3	3	3	2	1	5	4	3	2
			2	2	2	2	1	5	4	3	2	1
页号队尾→				1	1	1	5	4	3	2	1	5
缺页	是	是	是	是			是	是	是	是	是	是

从表中可以看出,缺页中断次数为 10;调出页面顺序为:4,3,2,1,5,4(表中带下划线的页号);缺页率为 $f=10/12=83\%$。

(2)采用 LRU 页面淘汰算法,该作业运行时缺页情况见表 4-7。

表 4-7　　　　　　　　　　采用 LRU 算法

时刻	1	2	3	4	5	6	7	8	9	10	11	12
访问页面	4	3	2	1	4	3	5	4	3	2	1	5
页号队首→	4	4	4	4	3	2	1	1	1	5	4	3
		3	3	3	2	1	4	3	5	4	3	2
			2	2	1	4	3	5	4	3	2	1
页号队尾→				1	4	3	5	4	3	2	1	5
缺页	是	是	是	是			是			是	是	是

从表中可以看出,缺页中断次数为 8;调出页面顺序为:2,1,5,4(表中带下划线的页号);缺页率为 $f=8/12=67\%$。

4.8　Linux 的存储管理

存储管理是操作系统中最重要的组成部分，对主存如何管理在很大程度上影响整个系统的性能。

Linux 系统采用了虚拟主存管理机制，就是交换和请求分页存储管理技术。这样，当进程运行时，不必把整个进程的映像都放在主存中，仅需在主存保留当前用到的那一部分页面。当进程访问到某些尚未在主存的页面时，就由核心把这些页面装入主存，这种策略使进程的虚拟地址空间映射到机器的物理空间时具有更大的灵活性，通常允许进程的大小大于可用主存的总量，并允许更多进程同时在主存中执行。

1. Linux 的多级页表机制

不同的 CPU 实现虚拟存储的机制是不同的，为了在不同的 CPU 上有好的可移植性，Linux 将存储管理分为多个相对独立的部分。一部分与硬件平台有关，如具体的分页及地址转换；另一部分则通用，如对页表的维护、交换等可以使用相同的代码，两部分之间使用统一的接口相互联系。

Linux 存储管理采用分页而不分段的平展地址模式，如图 4-33 所示。32 位 CPU 采用两级页表机制，这种模式可以看成只分 1 个段的特殊情况，并采用请求分页管理来实现虚拟存储，其目的是避开不同 CPU 之间复杂的分段机制，具有更好的可移植性。

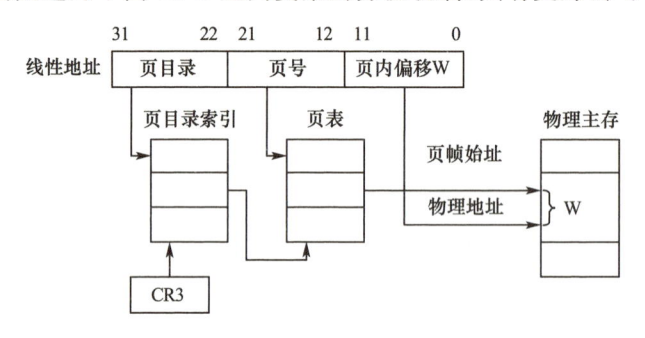

图 4-33　32 位 CPU 的 Linux 两级页表机制示意图

由图 4-33 可知，32 位 CPU 提供了两级页表机制，故 Linux 也采用二级分页机制对页表进行索引以减少访问磁盘的次数，提高了查询速度，而 64 位 CPU 提供的虚拟主存空间达 2^{64} B，因此 64 位 CPU 采用三级页表索引结构的方式。64 位 Linux 也采用三级页表结构，如图 4-34 所示。

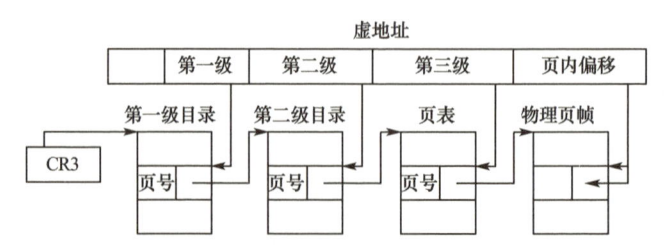

图 4-34　64 位 CPU 的 Linux 两级页表机制示意图

Linux 三级页表如下所述：

(1)页目录(PGD)

PGD 是顶级页表，也称为第一级页目录索引，是由 pgd_t 项组成的数组，其中每项指向一个两级页表，每个进程都有自己的页目录，内核空间也有一个自己的页目录。可以把页目录看作一个对齐的 pgd_t 数组。

(2)中级页目录(PMD)

PMD 是第二级页表，也称为第二级页目录索引，是页对齐的 pmd_t 数组。一个 pmd_t 项是指向第三级页表的指针，两级处理器没有物理的 PMD，它们将自己的 PMD 作为一个单元素的数组，其值是 PMD 本身。

(3)页表(PTE)

PTE 是一个页对齐项的数组，每一项称为一个页表项，内核为这些页表项使用 pte_t 类型表示。一个 pte_t 包含了数据页的物理地址和相应的参数。

64 位 Linux 的虚拟地址有 4 个域：第一级页目录索引、第二级页目录索引、页表和页内偏移。通过前 3 个域得到物理页帧的起始地址，加第 4 个域页内偏移得到物理地址，从而形成地址映射。

2. Linux 主存交换

(1)交换进程

当主存空间变得很少时，Linux 存储管理必须释放一些主存页。这一任务的实现由交换进程 kswapd 来完成。kswapd 是一个特殊的内核进程。

内核线程是没有虚存的进程，它们在物理地址空间中以内核模式运行。

交换进程 kswapd 的任务是负责将页交换到交换文件中，保证系统有足够的主存空间以实现高效主存管理。交换进程在系统初始化时由 init 启动，等待内核交换定时器周期性地将它唤醒。每当唤醒，它就检查系统中空闲页面数是否小于某个下限值 free_page_low，如果小于则释放一些主存页面，直到系统中空闲页面数大于某个上限值 free_page_high 为止。与 UNIX 的偷页算法类似，这样做也是为了避免系统的抖动。

(2)页交换策略

Linux 的页交换策略采用的是最久未用者淘汰策略。Linux 在页数据结构中定义了一个页年龄的计数 age，通过该项实现对页的淘汰。

Linux 页交换算法中使用了页的年龄：当该页闲置时页会变老，当被访问时页会变年轻。

Linux 对于老页面的淘汰时机并不发生在进程请求主存而主存中没有空闲页帧时，否则很被动，且效率低下。它采用的是定时偷页淘汰的方法：在 CPU 相对空闲的情况下，系统的偷页进程乘机挑选一些最久没有使用的、年龄老了的页交换到交换区中，从而使系统维护一定量的空闲页帧，同时实现了在物理主存中只保留最有效的页面。

当系统挑选出若干主存页面准备换出时，需要将这些页面的内容写回到相应的磁盘中，并将这些换出页的页表项 pte_t 内容设置为指向磁盘交换区的页面地址。

为了防止抖动的发生，Linux 将主存页面的换出和主存页面的释放分为逻辑释放和物理释放两步来完成。

当该物理页需要换出时,只是将 pte_t 的 P 位置设为 0,并不立即释放它所占据的主存页面,而是将其 page 结构留在一个 cache 队列中,并使其从"活跃状态"转换为"不活跃状态",此时物理页面的换出只是逻辑上的换出。这样做的好处是,如果该页在换出后马上又要使用到时,由于它还在主存中并没有真正释放,因而不需要重新读盘而避免了抖动的发生。

真正物理上的释放在该物理页重新被分配时才执行。当该物理页被重新分配后,原来主存的内容就被新的内容覆盖,此后若再要访问其原来的页面时就要读盘了。

将主存页面的换出与释放分两步走的策略显然可以有效减少抖动发生的可能性,并减少系统在页面交换上的系统开销。

3. Linux 页交换中的"脏"页面和"干净"页面

当某页被换出并且被再次分配时,即系统需要进行物理释放该页,根据该页是否被修改过,决定是否要将其中的信息回写到磁盘上。如果被修改过,称该页为"脏"页,需要回写磁盘后才能释放;否则称为"干净"页,不需要回写,直接释放即可。这样做的好处是节省了写盘次数,提高了系统效率,页是不是干净的状态由该页数据结构 struct page 中的 flags 域给定。

本章小结

存储器是计算机系统的重要资源之一。因为任何程序和数据以及各种控制用的数据结构都必须占用一定的存储空间,因此,存储管理直接影响系统性能。

存储器由主存(内存)和外存(辅存)组成。主存由顺序编址的块组成;每块包含相应的物理单元。CPU 要通过启动相应的输入/输出设备后才能使外存与主存交换信息。本章主要讨论主存管理问题,包括几种常用的主存管理方式、主存的分配和调度算法、虚拟存储器的概念、地址变换技术和主存数据保护与共享技术等。

本章介绍各种常用的主存管理办法,它们是单一连续存储管理、固定分区、可变分区存储管理、页式存储管理、请求页式存储管理。主存管理的核心问题是如何解决主存和外存的统一,以及它们之间的数据交换问题。主存和外存的统一管理使得主存的利用率得到提高,用户程序不再受主存可用区大小的限制。与此相关联,主存管理要解决主存扩充、主存的分配与释放、虚拟地址到主存物理地址的变换、主存保护与共享等问题。

系统地对几种存储管理方法所提供的功能和所需硬件支持做了一个比较。见表 4-8。

表 4-8　　　　　　　　存储管理方式的比较

功能	方式				
	单一连续	分区		页式	请求页式
		固定	可变		
适应环境	单道	多道	多道	多道	多道
重定位方式	静态	静态	动态	动态	动态
采用技术	覆盖或交换		紧凑		虚拟存储器

(续表)

功能	方式				
	单一连续	分区		页式	请求页式
		固定	可变		
共享	不能	不能		较难	较难
连续	连续	连续		不连续	不连续
全部装入	全部	全部		全部	不全部
地址保护	界限寄存器	上、下限寄存器	基址、限长寄存器	页表寄存器	页表寄存器

最后简单介绍 Linux 在存储管理上的相关知识。

习 题

一、选择题

1. 存储管理的目的是(　　)。

    A. 方便用户 　　　　　　　　　　B. 提高主存空间利用率

    C. 方便用户和提高主存空间利用率　D. 增加主存实际容量

2. (　　)存储管理不适合多道程序系统。

    A. 单一连续　　B. 固定分区　　C. 可变分区　　D. 页式

3. 静态重定位是在作业的(　　)中进行的。

    A. 编译过程　　B. 装入过程　　C. 修改过程　　D. 执行过程

4. 虚拟存储器的基础是程序的(　　)理论。

    A. 局部性　　　B. 全局性　　　C. 动态性　　　D. 虚拟性

5. 提高主存利用率主要是通过(　　)实现的。

    A. 主存分配　　B. 主存保护　　C. 地址映射　　D. 主存扩充

6. 系统"抖动"现象的发生是由(　　)引起的。

    A. 置换算法选择不当　　　　　　B. 交换的信息量过大

    C. 主存容量不足　　　　　　　　D. 请求页式管理方案

7. 多道程序环境中,使每道程序能在不受干扰的环境下运行,主要是通过(　　)功能实现的。

    A. 主存分配　　B. 地址映射　　C. 主存保护　　D. 主存扩充

8. 最优适应算法的空闲区是(　　)。

    A. 按空闲区长度大小递减顺序排列　B. 按空闲区长度大小递增顺序排列

    C. 按地址由小到大排列　　　　　　D. 按地址由大到小排列

9. 固定分区中,每个分区的大小(　　)。

    A. 相同　　　　　　　　　　　　　B. 随作业长度变化

    C. 可以不同,但预先固定　　　　　D. 可以不同,但根据作业长度固定

10. 在页式存储管理中,程序员编制的程序,其地址空间是连续的,分页是由(　　)完成的。

　　A. 程序员　　　　B. 编译地址　　　　C. 用户　　　　D. 系统

11. 在请求分页存储管理中,若采用 FIFO 页面淘汰算法,则当分配的页面增加时,缺页中断的次数(　　)。

　　A. 减少　　　　　　　　　　　　　B. 增加
　　C. 无影响　　　　　　　　　　　　D. 可能增加,也可能减少

12. 在以下存储管理方式中,(　　)可采用覆盖技术。

　　A. 单一连续分区存储管理　　　　　B. 可变分区存储管理
　　C. 页式存储管理　　　　　　　　　D. 请求分页存储管理

13. 在可变分区存储管理方式中,某一作业完成后,系统收回其主存空间,并与相邻空闲区合并,为此修改空闲区(说明)表,造成空间区数减 1 的情况是(　　)。

　　A. 无上邻空闲分区,也无下邻空闲分区
　　B. 有上邻空闲分区,但无下邻空闲分区
　　C. 有下邻空闲分区,但无上邻空闲分区
　　D. 有上邻空闲分区,也有下邻空闲分区

14. 碎片现象的存在使得(　　)。

　　A. 主存空间利用率降低　　　　　　B. 主存空间利用率提高
　　C. 主存空间利用率得以改善　　　　D. 主存空间利用率不影响

二、填空题

1. 将作业地址空间中的逻辑地址转换成为主存中的物理地址的过程称为_____。
2. 在请求页式存储管理中,页面置换算法常用的是_____和_____。
3. 重定位的方式有_____和_____。
4. 页式存储管理采用"最先适应"分配算法时,应将空闲区按_____次序登记在空闲区表中。
5. 页表的表目含有_____。
6. 静态重定位在_____时进行;而动态重定位在_____时进行。
7. 采用_____存储管理方式不会产生内部碎片。

三、思考题

1. 存储管理的功能是什么?
2. 什么是抖动?
3. 在分区存储管理中,可以利用哪些分区算法?
4. 页式和请求页式存储管理的区别?
5. 什么是虚拟存储器?它有什么特点?
6. 在一个分页存储管理中,某作业的页表见表 4-9。已知页面大小为 1024 B,试将逻辑地址 1011、2148、3000、4000 转化为相应的物理地址。

表 4-9　　　　　　　　　　　页表

页号	块号
0	2
1	3
2	1
3	6

7. 采用可变分区存储管理主存空间时，若主存中按地址顺序依次有五个空闲区，空闲区的大小分别为 18 KB，30 KB，12 KB，185 KB，120 KB。现有五个作业 J1，J2，J3，J4 和 J5，它们所需的主存依次为 11 KB，16 KB，105 KB，28 KB，165 KB，如果采用最先适应分配算法能把这五个作业按 J1～J5 的次序全部装入主存吗？用什么分配算法装入这五个作业可使主存的利用率最高？

8. 某页式存储管理的主存为 64 KB，被分成 16 块，块号为 0～15，设某作业有 4 页，被分别装入主存的 2、4、1、5 块中。

(1) 写出作业的页面映像表（页表）。

(2) 写出作业的每一页在主存中的起始地址。

9. 分页存储管理方式中，假如系统分配给一个作业的物理块数为 3，并且此作业访问页面的顺序为 2,3,2,1,5,2,4,5,3,2,5,2，试用 FIFO 和 LRU 淘汰算法分别计算出程序访问过程中所发生的缺页情况。

10. 在一个请求分页管理中，采用 LRU 页面调度算法，假如一个作业的页面访问顺序为 4,3,2,1,4,3,5,4,3,2,1,5，当分配给该作业的物理块数 M 分别为 3 和 4 时，计算访问过程中所发生的缺页次数和缺页率。

第5章 设备管理

本章目标

- 理解与掌握设备管理的任务与功能知识。
- 理解与掌握设备管理的控制方式。
- 理解与掌握设备的分配知识。
- 理解与掌握磁盘驱动调度知识。

文件管理(第6章)提供按名存取服务,能把用户文件保存在存储介质上,或从存储介质上取出文件信息传送给用户。要实现这一功能必须把存储介质装到相应的外设上,并且启动外设工作。所以,从设备管理的角度应考虑设备的分配和启动,以配合文件管理实现信息传送。

从使用的角度,可把外设分成独占使用的设备和可共享使用的设备。对独占使用的设备一般采用静态分配策略,根据用户指定的设备类别和台数进行分配。对可共享的设备如磁盘,不进行预先分配,而是根据确定的驱动调度算法来决定当前可以使用磁盘者。

启动外设完成输入/输出操作的过程可分为三个阶段:组织通道程序并把通道程序首地址存入通道地址字(CAW)中;用"启动 I/O"指令启动通道工作,通道执行程序把执行情况记录在通道状态字(CSW)中;完成输入/输出操作后形成 I/O 中断,由操作系统做出相应的处理。

为了提高独占设备的使用效率,建立多道并行工作的环境,增加单位时间内的计算量,充分利用系统的资源,操作系统借助硬件提供的中央处理器与外设之间的并行工作能力,采用多道程序设计技术,实现斯普林(SPOOLing)系统,通过预输入、井管理和缓输出为用户提供虚拟设备。

5.1 设备管理概述

文件系统为用户提供了按名存取的功能,用户只要依照文件系统的规定,把信息组织成逻辑文件,提出存取要求后,文件系统便能按用户的要求和外设特性把逻辑文件转换成物理文件。而文件存放在存储介质上,在对文件进行存取时,必须要对外设进行启动和控制操作。这一功能是由操作系统的设备管理部分来完成的。因此,设备管理与文件系统是密切相关的,文件系统确定文件应怎样转换以及确保文件的安全使用,而设备管理实现文件信息在存储介质上与主存之间的传送,它们为用户使用文件提供方便。

CPU 和外设之间的信息传输称为 I/O 操作。设备管理主要是指对 I/O 设备的管理。本章先简述设备管理功能和 I/O 系统的结构,接着介绍设备管理中几个重要技术和 I/O 控制方式,最后介绍设备分配、设备处理和磁盘驱动调度。

本节主要介绍设备管理中 I/O 系统结构、设备管理的主要功能、设备分类、设备控制器和 I/O 通道。

5.1.1 I/O 系统结构

1. I/O 系统结构概述

I/O 系统一般由 I/O 设备及其接口线路、控制部件、通道和 I/O 软件组成。大多数 I/O 系统都采用基于总线的结构。总线是计算机各部件之间进行数据传送的公共通路,在其上传送数据都遵循严格定义的协议。各部件只与总线相连接,它们之间的数据发送也是通过总线来实现的。图 5-1 所示为典型的单、双、三总线结构。

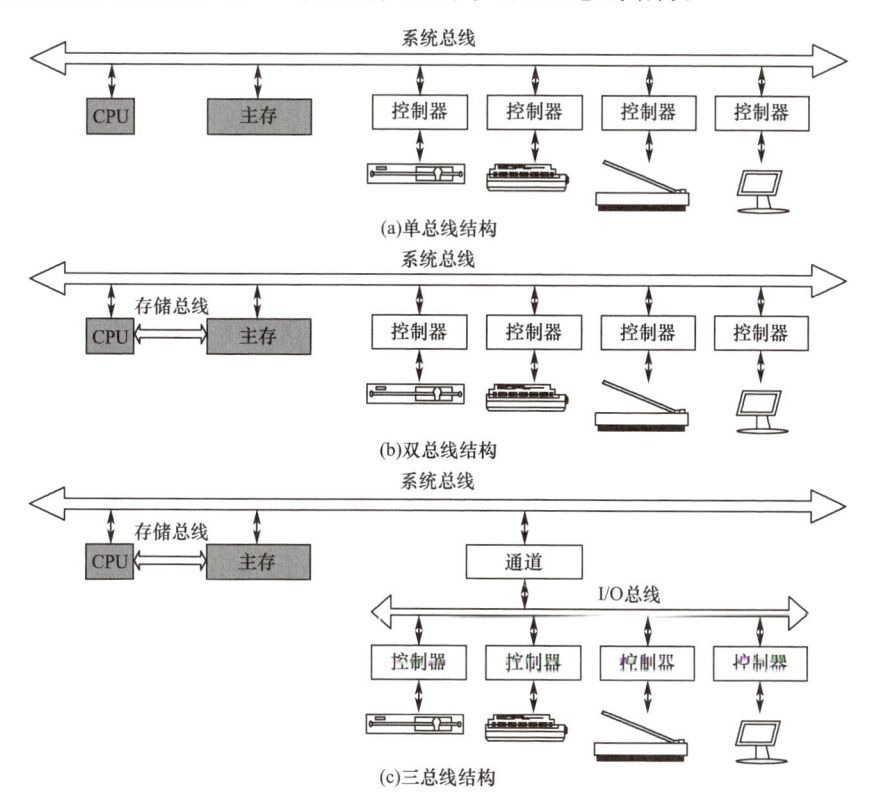

图 5-1 典型总线结构

单总线结构是把所有快速设备(CPU、主存等)和慢速设备(打印机、扫描仪等)都连接在一条总线上,快慢速设备只能采用异步应答方式实现数据传送,如图 5-1(a)所示。

由于单总线不允许多于两台的设备在同一时刻交换信息,因此信息传送的效率受到限制,为此出现了双总线结构,如图 5-1(b)所示。

在双总线结构中,因 CPU 可通过存储总线访问主存,因而减轻了系统总线的负担,同时,也提高了信息的传送效率。另外,在这种结构中,主存与外设之间通过系统总线传送信息,不必经过 CPU,所以提高了 CPU 工作效率。

在双总线基础上增加了 I/O 总线,这种结构称为三总线结构,如图 5-1(c)所示。

在三总线结构中,I/O 总线是外设与通道之间传递数据的公共通路,通道又称为 I/O 总处理器,三总线结构中采用了通道,它减轻了 CPU 对数据的 I/O 控制,使整个系统效率得到很大提升,所以在中大型计算机系统中多采用三总线结构。

2. I/O 软件结构

I/O 系统功能的实现要通过 I/O 软件和 I/O 硬件的配合才能完成。I/O 软件结构一般可分为 4 层,从低到高是:中断处理程序、设备驱动程序、设备无关级 I/O 层和用户级 I/O 层。在 CPU 接收了 I/O 中断信号后,中断处理程序被 CPU 调用,对数据传送工作进行相应的处理;设备驱动程序与硬件直接相关,具体实现系统发出的设备操作指令;设备无关级 I/O 层的程序实现 I/O 管理的大部分功能,诸如与设备驱动器接口、设备命名、设备保护、设备分配和释放,同时为设备管理和传送数据提供必需的存储空间;用户级 I/O 层的程序向用户提供友好、清晰和标准的 I/O 接口。

划分 I/O 软件的层次,有利于保证设备独立性。图 5-2 所示为 I/O 软件层次和各层的主要功能。在具体的操作系统中,各层之间界限的确定依赖于系统具体的目标和条件。

层	I/O功能
用户级I/O层	发出I/O调用,SPOOLing
设备无关级I/O层	设备名解析、阻塞、缓冲分配
设备驱动程序	设备寄存器、检查状态
中断处理程序	I/O完成后唤醒设备驱动
硬件	完成I/O操作

图 5-2 I/O 功能各层的主要功能

5.1.2 设备管理的主要功能

因为设备管理程序直接与物理设备相关,而且不同的计算机系统配置的 I/O 设备不同(其种类、类型、数量都有所不同),因此操作系统不同,设备管理程序也有很大的差异。设备管理程序的主要功能归纳如下(各种教材说法不一):

(1)设备分配。按照设备的类型和系统中所采用的分配算法,决定把某个 I/O 设备分配给要求使用该设备的进程。在进行设备分配的同时,还应分配相应的控制器和通道,以保证在 I/O 设备和 CPU 之间有传输信息的通路。凡是没有分配到所需设备的进程,应排成一个等待队列。

(2)设备控制。设备控制是设备管理的另一功能,它包括设备驱动和设备中断处理,具体的工作过程是在设备处理的程序中发出驱动某设备工作的 I/O 指令后,再执行相应的中断处理。

(3)实现对磁盘的驱动调度。对磁盘来说,若干个用户都可以把信息存放在磁盘上,但每一时刻只能为一个用户存取信息,这就必须考虑为用户服务时的先后次序问题。

(4)实现虚拟设备。为了提高只能独占使用设备的利用率,用可共享的设备来模拟独占型设备,仿佛独占使用的设备就变成了可共享的设备。通常,把模拟的独占型设备称为虚拟设备。它的存取速度就是用于模拟的共享设备的存取速度,比实际的被模拟的独占设备的存取速度高得多,有利于提高作业的执行速度。

5.1.3 设备分类

从不同的角度出发,I/O设备可分成不同的类型。下面列举几种常见的分类方法。

1. 按设备的所属关系分类

这种分类方法将设备分为以下两类:

(1)系统设备。系统设备是指操作系统生成时已登记在系统中的设备,如键盘、显示器、鼠标等。

(2)用户设备。用户设备是指操作系统生成时未登记的非标准设备,如打印机、绘图仪、扫描仪等。

2. 按操作特性分类

这种分类方法将设备分为:

(1)存储设备。存储设备是计算机用来存放各种信息的设备,如磁盘、磁带等。

(2)I/O设备。I/O设备的作用是向CPU输入信息和输出经加工处理的信息,如键盘、显示器和打印机等。

3. 按设备的共享分类

这种分类方法将设备分为以下三类:

(1)共享设备。共享设备是指在一段时间内允许多个进程同时访问的设备。如磁盘就是典型的共享设备,若干个进程可以交替地从磁盘上读写信息。

(2)独占设备。独占设备是指在一段时间内只允许一个用户进程访问的设备。系统一旦把这类设备分配给某进程后,便由该进程独占,直至用完释放。多数低速I/O设备都属于独占设备,如打印机就是典型的独占设备。

(3)虚拟设备

虚拟设备是指通过虚拟技术将一台独占设备变换为若干台逻辑设备,供若干个用户进程同时使用,通常把这种经过虚拟技术处理的设备称为虚拟设备。如显示器虚拟成的打印机(LPT3)(一般一台电脑可以有两个串行口分配给两台物理打印机,这是为了实现对各种软件输出的报表或文档的模拟显示而把显示器作为第三台打印机)。

4. 按信息交换单位分类

这种分类方法将设备分为以下两类:

(1)字符设备。每次传输数据以字节为单位的设备称为字符设备,如键盘、打印机和显示器是字符设备。

(2)块设备。每次传输数据以数据块为单位的设备称为块设备,一般块的大小为512 B~4 KB,如磁盘、磁带是块设备。

5.1.4 设备控制器和 I/O 通道

1. 设备控制器

设备控制器处于 CPU 与 I/O 设备之间,它接收从 CPU 发来的命令,并控制 I/O 设备工作,使处理器从繁杂的设备控制事务中解放出来。设备控制器是一个可编址设备,当仅控制一个设备时,它只有一个设备地址;当控制器可连接多个设备时,则应具有多个设备地址,使每个地址对应一个设备。设备控制器应能接收和识别来自 CPU 的各种命令,实现 CPU 与控制器、控制器与设备之间的数据交换,记录设备的状态供 CPU 查询,还应能识别它所控制的每个设备的地址。为此,控制器中应设置控制寄存器存放接收的命令及参数,设置数据寄存器存放传输的数据,设置状态寄存器记录设备状态。

2. I/O 通道

(1) 通道结构

怎样实现输入/输出操作呢?这需要计算机系统中的硬件技术与软件技术密切配合。为了使物理特性各异的外设能以标准的接口连接到系统中去,现代计算机系统引入自成独立系统的通道结构。通道的出现使计算机系统的性能得到提高,它把处理器(CPU)从琐碎的输入/输出操作中解脱出来,为计算机系统中各个部件能并行工作创造了条件。

计算机系统引入通道结构后,主存储器与外设之间传送信息的输入/输出操作就不再由 CPU 承担,而改由通道承担。只要 CPU 启动了通道,通道就能按指定的要求独立地完成输入/输出操作,然后 CPU 可做与输入/输出操作无关的其他工作,从而使计算机系统获得了 CPU 与外设的并行工作能力。由于各通道能独立工作,因而通道上的外设也能并行工作。正因为通道能单独地完成输入/输出操作,所以也把通道称为输入/输出处理器(I/O 处理器)。

具有通道装置的计算机系统,CPU、主存、通道、设备控制器、设备等诸部件之间的连接如图 5-3 所示。

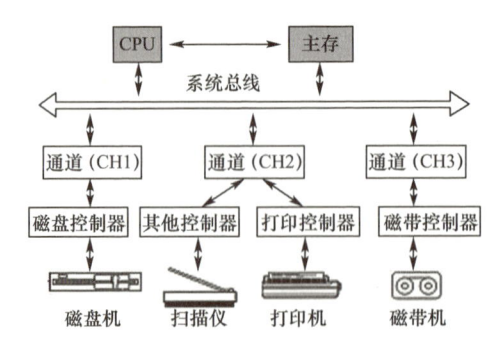

图 5-3 通道连接

通常一个 CPU 可以连接多个通道,一个通道可以连接多个设备控制器,一个设备控制器可以连接同类型的多台设备。有的系统还可将一台设备连接到几个设备控制器上或把一个设备控制器连接到几个通道上,实现多路交叉连接。

当有输入/输出请求时,CPU 先执行"启动 I/O"指令,启动指定通道上的指定设备。当启动成功,通道按规定的要求通过设备控制器控制外设进行操作。这时 CPU 就可执行其他任务,并与通道并行工作,直到输入/输出操作完成,由通道发出操作结束的"I/O"中断时 CPU 才暂停当前的工作,转去处理 I/O 中断事件。

(2)通道命令字(Channel Command Word,CCW)

CPU 启动通道工作时,应把要求通道"做什么"和"怎样去做"告诉通道。这样操作系统必须按用户的要求和设备的特性来规定通道的工作。为了使操作系统能用同样的手段来启动种类繁多、特性各异的外设,计算机硬件提供一组"通道命令"。每一个通道命令规定了设备的一种操作。操作系统可以用若干条通道命令来规定通道执行一次输入/输出操作应做的工作,这若干条通道命令就组成了一个通道程序。

不同计算机系统的通道命令的格式可能不同,但一般都由命令码、数据主存地址、传送字节个数和标志码等组成。这里不再赘述。

(3)通道地址字(Channel Address Word,CAW)

编制好的通道程序存放在主存。为了使通道能取到通道命令去执行,必须把存放通道程序的主存起始地址告诉通道,在具有通道的计算机系统中,在主存中设置一个固定单元,用来存放当前启动外设时要求通道执行的通道程序首地址。这个用来存放通道程序首地址的主存固定单元称为通道地址字(CAW)。通道被启动后就可从 CAW 指示的主存单元中取到要执行的第一条通道命令,并把存放通道的地址保存起来,以后就可顺序地从主存中取到该通道程序中的所有通道命令,逐条解释执行。

(4)通道状态字(Channel Status Word,CSW)

当通道被启动成功后,就要控制指定的设备执行通道命令所规定的操作。通道在执行通道程序时,把通道和设备执行操作的情况随时记录下来。当通道程序执行结束时,被记录的执行情况也要存放到一个固定单元的主存单元中。这个单元称为通道状态字(CSW)。

要点讲解

5.1 节主要学习如下知识要点:

1. 外设分类(按操作特性分)

(1)存储型设备。如:磁盘机、磁带机等。

(2)输入/输出型设备。如:显示器、输入机、打印机等。

2. 输入/输出操作

输入/输出操作是指主存储器与外设之间的信息传送操作。

(1)对存储型设备:输入/输出操作的信息传送单位为"块"。

(2)对输入/输出型设备:输出/输出操作的信息传送单位为"字符"。

3. 设备管理的主要功能

(1)实现对外设的分配与回收。

(2)设备控制(实现外设的启动)。

(3)实现对磁盘的驱动调度。

(4)实现虚拟设备。

4. 独占设备、共享设备和虚拟设备

(1) 独占设备：是指每次只能供一个作业在执行期间单独使用的设备。

(2) 共享设备：是指若干个作业在执行期间可同时使用的设备。共享设备可同时使用的含义：指一个作业尚未撤离，另一个作业即可使用，但每一时刻仍只能有一个作业使用该设备，允许它们交替使用。

(3) 虚拟设备。通过 SPOOLing 技术把原来的独占设备模拟成可为若干个用户所共享的设备，以提高设备的利用率，这种设备称为虚拟设备。

5. 通道

(1) 通道命令：为了使操作系统能用同样的手段来启动种类繁多、特性各异的外设，计算机硬件提供一组"通道命令"。每一条通道命令规定了设备的一种操作。

(2) 通道程序：操作系统用若干条通道命令来规定通道执行一次输入/输出操作应做的工作，这些通道命令就组成一个通道程序。

(3) 通道的三个字：通道含有通道地址字(CAW)、通道状态字(CSW)和通道命令字(CCW)。

典型例题分析

1. 磁带机输入/输出操作的信息传输单元是（　　）。

A. 字节　　　　　　B. 块　　　　　　C. 字　　　　　　D. 文件

【答案】B

【分析】存储型设备的输入/输出操作信息传输单位是"块"。磁带机属于存储型设备，所以它的输入/输出操作信息传输单位为"块"。

2. 属于共享设备的有（　　）。

A. 打印机　　　　　B. 磁带机　　　　C. 磁盘机　　　　D. 输入机

【答案】C

【分析】打印机、磁带机、输入机均属于独占设备，只有磁盘机属于共享设备。

3. 通道又称 I/O 处理器，可以实现（　　）之间的信息传输。

A. CPU 与外设　　　B. CPU 与主存　　C. 主存与外设　　D. 外设与外设

【答案】C

【分析】通道又称 I/O 处理器，能按指定的要求独立地完成输入/输出操作，承担主存和外设之间信息传输的工作。

4. 通道把通道程序的首地址记录在（　　）中。

A. PSW　　　　　　B. PCB　　　　　　C. CSW　　　　　　D. CAW

【答案】D

【分析】为了使通道取到通道命令去执行，必须把存放通道程序的主存起始地址告诉通道。在主存中设置的固定单元 CAW（通道地址字），用来存放当前启动外设时要求通道执行的通道程序首地址。

5. 为了提高只能独占使用设备的利用率，用可共享的设备来模拟独占型设备，这种技术称为（　　）技术。

A. 虚拟存储　　　　B. 联想存储　　　　C. 辅助存储　　　　D. 通道

【答案】A

【分析】虚拟存储技术是把独占设备模拟成共享设备,以提高设备利用率。最典型技术是 SPOOLing 技术(5.5.2 节)。

5.2 输入/输出(I/O)控制方式

设备管理的任务之一是控制设备和主存或设备和 CPU 之间的数据传送,即对设备进行 I/O 控制。随着计算机技术的快速发展,I/O 控制方式也在不断发生变化,但它的目标始终是:减少主机对 I/O 控制的干预,让主机更多地去完成数据处理工作。

I/O 控制方式一般分为程序控制方式、中断控制方式、DMA 控制方式和通道控制方式。

1. 程序控制方式

在早期的计算机系统中,由于无中断机构,处理器对 I/O 设备的控制采用程序控制方式,即由用户进程直接控制主存或 CPU 和外设之间进行信息传送的方式。当用户进程需要输入数据时,处理器向设备控制器发出一条 I/O 指令,启动设备进行输入,在设备输入数据期间,处理器通过循环执行测试指令不间断地检测设备状态寄存器的值,当状态寄存器的值显示设备输入完成时,处理器将数据寄存器中的数据取出,送入主存指定的单元,然后再启动设备去读下一个数据。反之,当用户进程需要向设备输出数据时,也必须同样发出启动命令启动设备输出并等待输出操作完成。

程序控制方式的工作过程非常简单,但 CPU 的利用率相当低。因为 CPU 执行指令的速度高出 I/O 设备几个数量级,所以在循环测试中浪费了大量的 CPU 处理时间。

2. 中断控制方式

在现代计算机系统中,对 I/O 设备的控制广泛采用了中断控制方式。这种方式要求 CPU 与设备之间有相应的中断请求线,且要求在状态寄存器中有中断允许位。

在 I/O 中断方式中,数据的输入按如下步骤操作:

(1)首先,当进程需要数据时,通过 CPU 发出启动指令,启动外设输入数据。同时,该指令还将状态寄存器中的中断允许位打开。

(2)在进程发出指令启动设备之后,该进程放弃处理器,等待输入完成,从而,进程调度程序调度其他就绪进程占据处理器。

(3)当输入完成时,I/O 控制器通过中断请求向 CPU 发出中断信号,CPU 在接收到中断信号后,转向设备中断处理程序。

(4)中断处理程序接收到信号后,首先保护现场,然后把输入缓冲寄存器中的数据转送到某一特定主存单元中,以供要求输入的进程使用。同时还把等待输入完成的那个进程唤醒,再返回被中断的进程继续执行。

(5)在以后的某个时刻,进程调度程序先提出请求输入的进程,该进程从约定的主存单元中取出数据做进一步处理。

与程序控制方式相比,中断控制方式使 CPU 利用率大大提高了。但这种控制方式仍然存在许多问题,如某台机器每输入/输出一个数据都要求中断 CPU,这样,在一次数据传送过程中,中断发生次数较多,从而耗去大量 CPU 处理时间。

3. DMA(直接存储器存取)控制方式

DMA 控制方式在外部设备和主存之间建立了直接数据通路。在 DMA 控制器控制下,设备和主存之间可成批地进行数据交换,而不用 CPU 干预。这样既大大减轻了 CPU 的负担,也使 I/O 数据传送速度大大提高。这种方式应用于块设备的数据传输。

DMA 控制方式下进行数据输入的过程如下:

(1)当进程要求设备输入一批数据时,CPU 将准备存放输入数据的主存始址以及要传送的字节数分别送入 DMA 控制器中的主存地址寄存器和传送字节计数器;另外,还将中断位和启动位置1,以启动设备开始进行数据输入,并允许中断。

(2)发出数据要求的进程进入等待状态,进程调度程序调度进程占据 CPU。

(3)输入设备不断地挪用 CPU 工作周期,将数据寄存器中的数据源源不断地写入主存,直到所要求的字节全部传送完毕。

(4)DMA 控制器在传送字节数完成时通过中断请求发出中断信号,CPU 收到中断信号后转中断处理程序,唤醒等待输入完成的进程,并返回被中断的程序。

(5)在以后的某个时刻,进程调度程序选中提出请求输入的进程,该进程从指定的主存始址取出数据做进一步的处理。

DMA 控制方式与中断控制方式的主要区别:中断控制方式在每个数据传送完成后中断 CPU,而 DMA 控制方式则是在所要求传送的一批数据全部传送结束时中断 CPU;中断控制方式的数据传送是在中断处理时由 CPU 控制完成,而 DMA 控制方式则是在 DMA 控制器的控制下完成。然而,DMA 控制方式仍存在一定局限性。如数据传送的方向、存放数据的主存始址及传送数据长度等都由 CPU 控制,并且每台设备需要一个 DMA 控制器,当设备增加时,多个 DMA 控制器的使用也不经济。

4. 通道控制方式

通道控制方式与 DMA 类似,也是一种以主存为中心,实现设备与主存直接交换数据的控制方式。与 DMA 控制方式相比,通道所需的 CPU 干预更少,且可以做到一个通道控制多台设备,从而更进一步减轻了 CPU 的负担。

在通道控制方式中,CPU 只需发出启动指令,指出通道相应的操作和 I/O 设备,该指令就可启动通道并使该通道从主存中调出相应的通道指令执行。

通道控制方式的数据输入过程如下:

(1)当进程要求输入数据时,CPU 发出启动指令,指明 I/O 操作、设备号和对应通道。

(2)对应通道接收到 CPU 发来的启动指令之后,把存放在主存中的通道指令程序读出,并执行通道程序,控制设备将数据传送到主存中指定的区域。

(3)若数据传送结束,则向 CPU 发出中断请求。CPU 收到中断信号后转中断处理程序,唤醒等待输入完成的进程,并返回被中断程序。

(4)在以后的某个时刻,进程调度程序选中提出输入的进程,该进程从指定的主存始址取出数据做进一步处理。

要点讲解

5.2节主要学习如下知识要点：

1. 程序控制方式

早期计算机系统没有中断技术，启动外设工作通常采用程序控制方式，但程序控制方式下CPU利用率低。

2. 中断控制方式

与程序控制方式相比，中断控制方式使CPU利用率大大提高了，但这种控制方式仍然存在许多问题，如每输入/输出一个数据都要求中断CPU，这样在一次数据传送过程中，中断发生次数较多，从而耗去大量CPU处理时间。

3. DMA控制方式

DMA控制方式是在外部设备和主存之间建立了直接数据通路。在DMA控制方式下CPU干预少，并能实现数据传输以"块"为单位。

4. 通道控制方式

通道控制方式与DMA控制方式类似，也是一种以主存为中心的控制方式。与DMA控制方式相比，通道所需的CPU干预更少，进一步减轻了CPU的负担。

典型例题分析

1. 采用DMA控制方式，主存与外设之间传输信息以（　　）为单位。

A. 字节　　　　　　B. 块　　　　　　C. 字　　　　　　D. 文件

【答案】B

【分析】与通道控制方式一样，DMA控制方式以"块"为单位传输信息。

2. 要实现外设与主存之间的信息传输，必须首先（　　）。

A. 启动外设　　　B. 由CPU参与　　　C. 保护现场　　　D. 实现传输

【答案】A

【分析】外设的启动一般经过三个阶段：准备阶段、启动外设阶段、结束处理阶段。

5.3　中断和缓冲技术

5.3.1　中断技术

1. 中断的基本概念

中断是指计算机在执行期间，系统内发生了某一急需处理的事件，使得CPU暂时中止当前正在执行的程序而转去执行相应的事件处理程序，待处理完毕后又返回到原来被中断处继续执行，如图5-4所示。

在图5-4中，CPU执行主程序，到达断点A被中断，去执行中断服务程序1；在执行中断服务程序1过程中，到达断点B，又被中断，去执行中断服务程序2，执行中断服务程序2后，返回断点B继续执行中断服务程序1，之后，返回断点A，继续执行主程序。

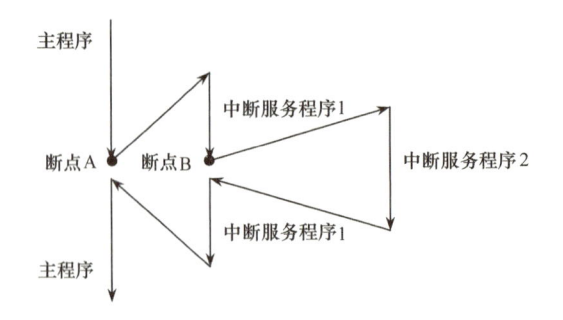

图 5-4 中断及中断服务子程序

引起中断发生的因素称为中断源。中断源向 CPU 发出请求中断处理的信号称为中断请求。而 CPU 收到中断请求后转相应事件处理程序的过程称为中断响应。

发生中断时,刚执行完的那条指令所在的单元号称为断点,断点的逻辑后继指令的单元号称为恢复点。而现场是指中断的那一时刻能确保程序继续运行的有关信息。

在某些情况下,尽管产生了中断和发出了中断请求。但 CPU 内部的处理器状态字 PSW(程序状态字)的中断允许位已被清除,从而不允许 CPU 响应中断,这种情况下称为禁止中断。CPU 禁止中断后只有等待 PSW 的中断允许位被重新设置后才能接收中断,禁止中断也称关中断,PSW 的中断允许位的设置也被称为开中断。开中断和关中断是为了保证某些程序执行的原子性(不被打断)。

为了处理上的方便,通常对不同的设备编制不同的中断处理程序,并把该程序的入口地址存放在特定主存单元中。此外,不同的设备也对应着不同的处理器状态字,且把它放在与存放中断处理程序入口地址相邻的单元中。存放的处理器状态字与中断处理程序入口地址一起构成中断向量。

除了禁止中断的概念之外,还有一个比较常用的概念是中断屏蔽。中断屏蔽是指系统用软件方式有选择地封锁部分中断而允许其余部分中断仍能得到响应。不过,有些中断请求是不能屏蔽甚至不能禁止的。也就是说,这些中断具有最高优先级,不管 CPU 是不是关中断,只要这些中断请求一提出,CPU 必须立即响应。例如,电源掉电事件所引起的中断就是不可禁止和屏蔽的中断。

2. 中断的分类

根据中断源产生的条件,可将中断分为两大类。

(1)强迫性中断

这类中断事件不是正在运行的进程期待的,而是由于外部的请求或某些意外事件而迫使正在运行的进程被打断,强迫性中断有如下几种:

①硬件故障中断

这是由计算机故障造成的。例如:电源电压超出规定的范围,主存储器读写发生校验错误,等等。

②程序性中断事件

这是指由程序执行某条指令时出现的问题引起的中断。例如:使用非法操作码,地址越界,除数为"0",等等。

③外部中断事件

这是由各种外部事件引起的中断。例如,用户从终端上输入一条命令,设备的定时时间已到,操作员从控制台上发出控制信号等。

④输入/输出中断事件

这是由来自输入/输出控制系统的事件所引起的中断。例如,外设在执行信息传输操作时出现故障,外设完成了一次信息传输操作等。

(2) 自愿性中断

这是正在运行的进程所期望的中断事件,是正在运行的进程执行一条"访管指令"请求系统调用为其服务所引起的中断。例如,用户请求操作系统分配主存空间,或请求分配一台设备,或请求启动外设工作等,我们把自愿性中断称为访管中断。

3. 中断优先级

根据系统对中断处理的需要,操作系统一般对中断进行分类并对不同的中断赋予不同的处理优先级。当系统中同时发生多个中断时,先处理优先级高的中断。如内中断的优先级往往高于一些外设引起的中断,时钟中断的优先级高于其他外设中断。

一般情况下,优先级的高低顺序依次为硬件故障中断、自愿性中断、程序性中断、外部中断、输入/输出中断。

4. 中断处理过程

中断处理过程是一个复杂的处理过程,其处理过程如图 5-5 所示。

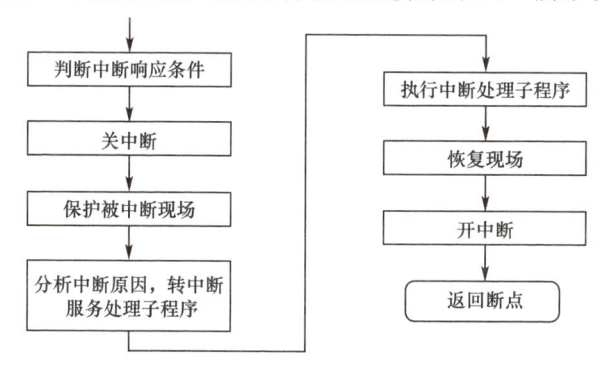

图 5-5 中断处理过程

用文字描述中断处理过程,通常有如下几个步骤:

(1) CPU 检查响应中断的条件是否满足。CPU 响应中断的条件:有来自中断源的中断请求、CPU 允许中断。如果不满足中断响应条件,则中断处理无法进行。

(2) 如果 CPU 响应中断,则 CPU 关中断,使其进入不可再次响应中断的状态。

(3) 保存被中断进程现场。为了在中断处理结束后能使进程正确地返回到中断点,系统必须保存当前处理器状态字 PSW 和程序计数器 PC 等的值。这些值一般保存在特定堆栈或硬件寄存器中。

(4) 分析中断原因,调用中断处理子程序。在多个中断请求同时发生时,处理优先级最高的中断源发出的中断请求。

(5) 执行中断处理子程序。对陷阱来说,在有些系统中则是通过陷阱指令向当前执行进程发出中断信号后,调用对应的处理子程序执行。

(6)退出中断,恢复被中断进程的现场或调度新进程占据处理器。

(7)开中断,返回断点,CPU继续执行原来被中断的程序。

中断技术还有中断响应、中断屏蔽、中断嵌套、中断字寄存器等知识,这些已在计算机组成原理中讲解了,我们在本节的要点讲解中简单介绍这方面的知识,这里就不再详细介绍了。

5.3.2 缓冲技术

在现代操作系统中,设备与内存交换数据为提高设备的利用率及并行程序大都需要借助缓冲技术来实现。缓冲可分为硬件缓冲及软件缓冲两种。硬件缓冲器是应用广泛的一种机制,它是指在主存划出一个具有 n 个单元的专用缓冲区,以便 I/O 操作时用来临时存放输入/输出的数据。

1. 缓冲的引入

(1)改善 CPU 与 I/O 之间速度不匹配的矛盾

我们知道,程序通常都是时而计算、时而输出的。例如,一个程序,它时而进行长时间的计算而没有输出,时而又阵发性把输出送到打印机,由于打印机的速度跟不上 CPU,使得 CPU 长时间等待。如果设置了缓冲区,程序输出的数据先送到缓冲区暂存,然后由打印机慢慢地打印,这时,CPU 不必等待,可以继续执行程序,从而实现 CPU 与 I/O 设备之间的并行工作。事实上,凡在数据传送速率不同的地方,都可设置缓冲,以缓和它们之间因速度不匹配造成的矛盾。

(2)可以减少对 CPU 的中断频率,放宽对中断响应时间的限制

如果 I/O 操作每传送一个字节就要产生一次中断,那么设置了 n 个字节的缓冲区后,则可以等到缓冲区满才产生中断,这样中断次数就减少了,而且中断响应的时间也可以相应地放宽。

(3)提高 CPU 和 I/O 设备之间的并行性

缓冲的引入可显著提高 CPU 和设备的并行操作程度,提高系统的吞吐量和设备的利用率。

缓冲实现方法有两种:一种是采用硬件缓冲器实现,但由于成本太高,除一些关键部位外,一般情况下不采用;另一种实现方法是在主存划出一块存储区,专门用来临时存放输入/输出数据,这个区域被称为缓冲区。

2. 缓冲的种类

根据系统设置的缓冲区个数,可以将缓冲分为单缓冲和双缓冲。

(1)单缓冲

单缓冲是在设备和处理器之间设置一个缓冲。设备和处理器交换数据时,先把被交换数据写入缓冲区。然后,需要数据的设备或处理器从缓冲区取走数据。由于只设置了一个缓冲区,因而设备与处理器对缓冲区操作是串行的。

(2)双缓冲

引入双缓冲,可以提高处理器与设备的并行操作程度。例如,在设备输入时,输入设备先将第一个缓冲区装满数据,在输入设备装填第二个缓冲区的同时,处理器可从第一个

缓冲区中取出数据供用户进程进行处理;当第一个缓冲区中的数据处理完毕后,若第二个缓冲区已填满,则处理器又从第二个缓冲区中取出数据进行处理,而输入设备又可装填第一个缓冲区。显然,双缓冲区的使用提高了处理器和输入设备并行操作的程度。只有当两个缓冲区都空出,进程还要提取数据时,该进程才被迫等待。

(3) 环形缓冲

环形缓冲中包含多个大小相等的缓冲区,每个缓冲区中有一个链接指针指向下一个缓冲区,最后一个缓冲区指针指向第一个缓冲区,这样多个缓冲区构成一个环形。环形缓冲区用于输入/输出时,还需要有两个指针:in 和 out。对于输入而言,首先要从设备接收数据到缓冲区中,in 指针指向可以输入数据的第一个空缓冲区;当运行进程需要数据时,从环形缓冲区中取一个装满数据的缓冲区,并从这些缓冲区中提取数据,out 指针指向可以提取数据的缓冲区。显然,对输出而言正好相反,进程将处理过的需要输出的数据送到空缓冲区中,而当设备空闲时,从满缓冲区中取出数据由设备输出。

(4) 缓冲池

缓冲池也由多个大小相等的缓冲区组成,与环形缓冲不同的是:缓冲池中的缓冲区是各级组织系统公用资源,池中的缓冲区可供多个进程共享,且既能用于输入,又能用于输出。池中的缓冲区按其使用状况可以形成三个队列:空缓冲队列、装满输入数据的缓冲队列(输入队列)和装满输出数据的缓冲队列(输出队列)。除以上三个队列之外,还应具有四种工作缓冲区:用于收容输入数据的工作缓冲区、用于提取输入数据的工作缓冲区、用于收容输出数据的工作缓冲区及用于提取输出数据的工作缓冲区。当输入进程需要输入数据时,便从空缓冲队列的队首摘下一空缓冲区,把它作为收容输入工作缓冲区,然后把数据输入其中,装满后再将它挂到输入队列队尾。当计算进程需要输入数据时,便从输入队列取得一个缓冲区作为提取输入工作缓冲区,计算进程从中提取数据,数据用完后再将它挂到输出队列尾。当要输出时,由输出进程从输出队列中取得一装满输出数据的缓冲区,作为提取输出工作缓冲区,当数据提取完后,再将它挂到空缓冲队列的队尾。

要点讲解

5.3 节主要学习如下知识要点:

1. 中断技术

(1) 中断和中断类型

①中断基本概念:一个进程占用处理器运行时,由于自身或外界的原因使运行被打断,让操作系统处理所出现的事件,到适当的时候再让被打断的进程继续运行,我们称该进程被中断了。

②中断源:引起中断的事件称为中断源。

③中断处理程序:对出现的事件进行处理的程序称为中断处理程序(中断服务子程序)。

(2) 中断类型

按中断事件的性质来分:

①强迫性中断事件:这类中断事件不是正在运行的进程所期待的,而是由于外部的请求或某些意外事故而使正在运行的进程被打断。

- 硬件故障中断:由计算机故障造成的中断。
- 程序性中断事件:由执行程序的某条指令出现的问题引起的中断。
- 外部中断事件:由各种外部事件引起的中断。
- 输入/输出中断事件:由来自输入/输出控制系统的事件所引起的中断。

②自愿性中断事件:这是正在运行的进程所期望的中断事件,是正在运行的进程执行一条"访管指令"请求系统调用为其服务所引起的中断,也称为访管中断。

(3)中断响应

①中断响应概念:若有中断事件发生,则暂停现行进程的执行,而让操作系统的中断处理程序占用处理器,这一过程称为中断响应。

②中断装置:发现中断的装置。

中断装置的具体工作:

- 检查是否有中断事件发生(发现中断)。
- 若有中断事件发生,则暂停现行进程的执行,且保护好被中断进程的断点以及其他一些信息,以便进程在适当的时候能继续执行(保护断点)。
- 启动操作系统的中断处理程序工作(产生中断处理程序入口地址)。

(4)程序状态字和程序状态字寄存器(详见第7章)

①程序状态字(PSW):用来控制指令执行顺序并且保留和指示与程序有关的系统状态。含有指令地址、条件码(C、O、N、Z 标志)、目态/管态、等待/计算。

②程序状态字寄存器:在计算机系统中,对每个处理器设置一个用来存放当前运行进程的 PSW 的寄存器,该寄存器称为程序状态字寄存器。

(5)中断响应

三个程序状态字(PSW):当前 PSW、新 PSW、旧 PSW。

①当前 PSW:存放在程序状态字寄存器中的 PSW,是当前正在占用处理器的进程的 PSW。

②新 PSW:出现中断事件后,要由操作系统的中断处理程序占用处理器,让中断处理程序处理出现的中断事件。我们把中断处理程序的 PSW 称为新 PSW。

③旧 PSW:中断处理程序在占用处理器前,必须把被中断进程的 PSW 保护好,以便该进程在适当的时候按被中断时的情况继续执行。我们把保护好的被中断进程的 PSW 称为旧 PSW。

(6)中断事件的处理

简单化为如下步骤:

①保护被中断进程的现场信息:把中断时的通用寄存器内容、控制寄存器内容以及已被中断装置保存的旧 PSW 保存到被中断进程的进程控制块中。

②分析中断原因:根据被中断时由中断装置保存的旧 PSW 中的中断码可知发生该种中断的具体原因。

③处理发生的中断事件:在多数情况下中断处理程序只需做一些保护现场、分析事件性质等原则性的处理,而具体的处理可由适当的例行程序来完成。

(7)中断优先级

一般来说,中断装置是按预定的顺序响应同时出现的中断事件,这个预定的顺序称为中断优先级。一般情况下,优先级的高低顺序依次为硬件故障中断、自愿中断、程序性中断、外部中断、输入/输出中断。

(8)中断屏蔽

中断屏蔽是指中断发生后,若出现优先级别比正在处理的中断级别高是否可再中断,形成中断的嵌套。一般中断屏蔽只屏蔽比自己级别低的中断事件。另外,自愿性中断是不能屏蔽的。

2.缓冲技术

缓冲技术是为了解决缓冲处理器与外设之间工作速度不匹配的矛盾而采用的技术。

(1)单缓冲:主存储器的系统区中只设置一个缓冲区,是最简单的缓冲技术。

(2)双缓冲技术:利用两个缓冲区来完成输入/输出操作,两个缓冲区交替使用,与单缓冲技术相比,进程执行速度又有了较大提高。

(3)缓冲池技术:主存中设置一组缓冲区称为缓冲池。缓冲池中的缓冲区是系统中的公共资源,可供各进程共享,并由操作系统统一分配和管理。

典型例题分析

1.引起强迫性中断事件不包括(　　)。
　A.硬件故障　　　B.程序地址越界　　C.外部中断事件　　D.访管中断
【答案】D
【分析】强迫性中断事件是由于外部的请求或某些意外事件而产生的中断,包括硬件故障、程序性中断、外部中断和输入/输出中断事件,而访管中断属于自愿性中断。

2.下列各种类型中断中,优先级最低的中断是(　　)。
　A.硬件故障中断　　B.程序性中断　　C.输入/输出中断　　D.外部中断
【答案】C
【分析】一般情况下,中断优先级如下:硬件故障、自愿性中断、程序性中断、外部中断和输入/输出中断事件。

3.CPU输出数据的速度远高于打印机的打印速度,为了解决此种矛盾,可以采用(　　)。
　A.虚拟技术　　B.覆盖技术　　C.缓冲技术　　D.对换技术
【答案】C
【分析】缓冲区用来缓解处理器与外设之间工作速度不匹配的矛盾。

4.下列(　　)不属于操作系统采用的缓冲技术。
　A.单缓冲技术　　B.缓冲池技术　　C.双缓冲技术　　D.缓冲队列技术
【答案】D
【分析】操作系统常用字的缓冲技术,包括单缓冲、双缓冲和缓冲池三种。

5. 中断处理程序的主要工作包括_____、_____、处理中断事件。

【答案】保护现场、分析中断原因

【分析】保护被中断进程的现场信息是为了中断进程再次运行时,能够继承中断前的情况继续运行;分析中断原因,为进行中断处理提供依据。

6. 简述中断装置的职责。

【答案】
(1) 检查是否有中断事件发生。
(2) 如果有中断事件发生,则暂停当前进程的执行,并做好现场保护。
(3) 启动中断服务处理程序。

5.4 设备分配

由于外设、设备控制器、通道等资源有限,对多个请求使用设备的进程,不是每一个进程都能随时随地使用这些设备的。进程必须首先向设备管理程序提出资源申请,然后由设备分配程序根据相应的分配算法为进程分配设备,直到所需的设备被释放。因此,设备管理应能合理、有效地进行设备的分配。

微课:
通道地址字和通道
状态字,外设的启动,
IO中断事件的处理

5.4.1 设备分配中的数据结构

为了实现对I/O设备的管理和控制,需要对每台设备、通道、控制器的情况进行登记。设备分配依据主要有设备控制表(或设备表)(Device Control Table,DCT)、控制器控制表(Controller Control Table,COCT)、通道控制表(Channel Control Table,CHCT)和系统设备表(或设备类表)(System Device Table,SDT),图5-6所示为这些表的数据结构。

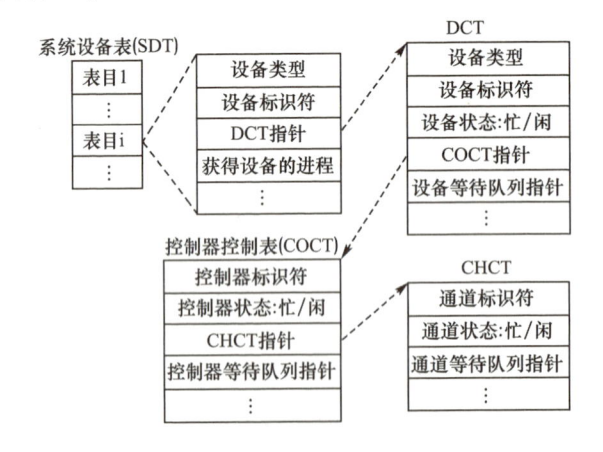

图 5-6 设备管理中的数据结构

系统为每一个设备配置一张设备控制表(设备表),用于记录设备的特性及与I/O控制连接的情况。设备控制表中包括设备标识符、设备类型、设备等待队列指针、I/O控制器指针、绝对号、好/坏、已/未分配、占用作业名、相对号等。其中,设备状态用来指示设备是忙还是闲,设备等待队列指针指向等待使用该设备的进程组成的等待队列,I/O 控制器指针指向与该设备相连接的 I/O 控制器。设备表中部分信息如图 5-7(b)所示。

设备类	拥有的总台数	现存台数	设备表始址		绝对号	好/坏	已/未分配	占用作业名	相对号
打印机	1	1		→	001	好	未分配		
输入机	2	1		→	002	好	已分配	J2	001
…	…	…	…		003	好	未分配		
					…	…	…	…	…

(a)设备类表　　　　　　　　　　　(b)设备表

图 5-7　设备分配示意图

控制器控制表用于记录本控制器的情况,它反映 I/O 控制器的使用状态以及和通道的连接情况等。

每个通道都配有一张通道控制表。通道控制表包括通道标识符、通道状态、等待获得该通道的进程和等待队列指针等。

系统设备表(设备类表)是整个系统一张,它记录已被连接到系统中的所有物理设备的情况,每类物理设备占一个表目。系统设备表的每个表目包括设备类型、设备标识符、拥有的总台数、现有台数、设备控制表(设备表)指针等。其中,设备控制表指针指向该设备对应的设备控制表(设备表)。设备类表中部分信息如图 5-7(a)所示。

从图 5-7 可以看出,该计算机系统把一台打印机的绝对号确定为 001;把两台输入机的绝对号分别设置为 002 和 003(没有在图中给出)。

当用户提出申请某设备时,先查设备类表,如果该类设备的现存台数可以满足申请要求,则从指定的设备表始址开始依次查该类设备在设备表中的登记项,找出"好的且尚未分配的"设备分配给用户作业。分配后要修改"现存台数",把标记改为"已分配",且填上占用该设备的作业名和作业中定义的相对号,并把设备的绝对号与相对号的对应关系通知用户,以便用户可以在分到的设备上装好存储介质,使作业执行时能读到需要的信息,或者可以输出作业执行的结果。

当用户作业执行中向系统提出使用设备的要求时,系统根据使用要求中的设备类,先查设备类表,从中得到该类设备的设备表地址,再根据作业名的相对号比较设备表中的登记项,可得到所分到的设备的绝对号,然后启动这台设备。

作业撤离时应收回该作业所占用的全部设备。收回设备的过程:根据作业名可在设备表中找到有该作业名的全部登记项,把标记都修改成"未分配",并清除作业名,这样就收回了该作业使用这些设备的权利。当然,此时应把收回的设备台数加到"现有台数"中去。被收回的设备可以再分配给需要使用这类设备的作业。

5.4.2　设备分配的策略

在一个系统中,请求设备为其服务的进程往往多于设备数,这样就出现了多个进程对某类设备的竞争问题。为了保证系统有条不紊地工作,系统在进行设备分配时,应考虑如下几个因素:

1. 设备分类(见 5.1.3)

2. 设备分配算法

I/O 设备的分配,除了与 I/O 设备的固有的属性相关外,还与系统所采用的分配算法有关。设备分配主要采用先请求先服务和优先级高者优先两种算法。

(1)先请求先服务

当有多个进程对同一设备提出 I/O 请求时,该算法根据这些进程发出请求的先后顺序,将这些进程排成一个设备请求队列,设备分配程序总是把设备首先分配给队首进程。

(2)优先级高者优先

按照进程优先级的高低进行设备分配。当多个进程对同一设备提出 I/O 请求时,哪一个进程的优先级高,就先满足哪一个进程的请求,将设备分配给该进程。对优先级相同的 I/O 请求,则按先请求先服务的算法排队。

3. 设备分配的安全性

所谓设备分配的安全性是指在设备分配中应防止发生进程的死锁。

在进行设备分配时,可采用静态分配和动态分配两种方式。静态分配是在作业级进行的,用户作业开始执行之前,由系统一次分配该作业所要的全部设备、控制器和通道。一旦分配不公,这些设备、控制器和通道就一直为该作业所占用,直到该作业被撤销为止。静态分配方式不会出现死锁,但设备的利用率低。

动态分配是在进程进行中根据执行需要进行的设备分配。当进程需要设备时,通过系统调用命令向系统提出设备请求,由系统按照事先规定的策略给进程分配所需要的设备、控制器和通道,一旦用完之后,便立即释放。动态分配方式有利于提高设备的利用率,但如果分配算法使用不当,则有可能造成进程死锁。

在进行动态分配时也分两种情况。在某些系统中,每当进程发出 I/O 请求后便立即进入阻塞状态,直到所提出的 I/O 请求完成才被唤醒。在这种情况下,设备分配是安全的,但进程推进缓慢。在有的系统中,允许进程发出 I/O 请求后仍继续运行,且在需要时又可发出第二个 I/O 请求,第三个 I/O 请求,……,只有当进程所请求的设备已被另一进程占用时才进入阻塞状态。这样,一个进程有可能同时操作多个设备,从而使进程推进迅速,但这种设备分配有可能产生死锁。

4. 设备独立性

设备独立性是指用户在编制程序时所使用的设备与实际使用的设备无关。为此,要求用户程序对 I/O 设备的请求采用逻辑设备名,而在程序实际执行时使用物理设备名,它们之间的关系类似于存储管理中的逻辑地址与物理地址。

5.4.3 设备分配步骤

当某一进程提出 I/O 请求后,系统的设备分配程序会按照图 5-5 中的指针(虚线箭头)找到相关的控制表,可按下述步骤进行设备分配。

(1)分配设备

根据进程提出的物理设备名查找系统设备表,从中找到该设备的设备控制表。查看设备控制表中的设备状态字段。若该设备处于忙状态,则将进程插入设备等待队列;若设备空闲,便按照一定的算法来计算本次设备分配的安全性。若分配不会引起死锁则进行分配;否则,仍将该进程插入设备等待队列。

(2)分配控制器

在系统把设备分配给请求 I/O 的进程后,再到设备控制表中找到与该设备相连的控制器的控制表,从该表的状态字段中可知该控制器是否忙碌。若控制器忙,则将进程插入等待该控制器的队列;否则将该控制器分配给进程。

(3)分配通道

从控制器控制表中找到与该控制器连接的通道控制表,从该表的状态字段中可知该通道是否忙碌。若通道处于忙状态,则将进程插入等待该通道的队列,否则将该通道分配给进程。

此时,进程本次 I/O 请求所需要的设备、控制器、通道等均已分配,可由设备处理程序去实现真正的 I/O 操作。

要点讲解

5.4 节主要学习如下知识要点:

1. 设备的绝对号与相对号

(1)设备的绝对号:为了对设备进行管理,计算机系统对每一台设备都要进行登记,且为每一台设备确定一个编号以便区分和识别,这个确定的编号称为设备的绝对号。

(2)设备的相对号:由用户对自己需要使用的若干台同类设备给出的编号称为设备的相对号。

2. 设备的分配

(1)设备申请的指定方式

①指定设备的绝对号:系统必须把对应的设备分配给作业,且不可替代。

②指定设备类和相对号:可以实现用户编制程序时使用的设备与实际能占用的设备无关。

(2)设备的独立性

设备的独立性是指用户程序中使用由"设备类、相对号"定义的逻辑设备,可以实现用户编制程序时使用的设备与实际能占用的设备无关,该种使用设备的特性称为设备的独立性。

设备独立性的含义:用户编制程序时使用的设备与实际能占用的设备无关,称为设备独立性。

(3)设备的分配

当用户作业执行中向系统提出使用设备的要求时,系统根据使用要求中的设备类,先查设备类表,从中得到该类设备的设备表地址,再根据作业查找相对号查找设备表中的登记项,可得到所分到的设备的绝对号,然后启动该设备。

①设备类表:每一类独占设备在设备类表中占一个登记项。表项包括设备类、拥有的总台数、现存台数、设备表始址。

②设备表:每一台设备在设备表中占一个登记项。表项包括绝对号、好/坏、已/未分配、占用作业名、相对号。

典型例题分析

1. 将系统中的每一台设备按某种原则进行统一的编号,这些编号作为区分硬件和标识设备的代号,该编号称为( )。
   A. 绝对号   B. 相对号   C. 设备号   D. 类型号

【答案】A

【分析】计算机系统对每一台设备都要进行登记,且为每一台设备确定一个编号,这个确定的编号被称为设备的绝对号。

2. 为了提高设备分配的灵活性,用户申请设备时应指定( )号。
   A. 设备类相对   B. 设备类绝对   C. 设备相对   D. 设备绝对

【答案】C

【分析】可以实现用户编制程序时使用的设备与实际能占用的设备无关,这个与设备无关的编号被称为设备相对号。

3. 操作系统使用设备分配表管理独占设备,通常,设备分配表由设备类表和设备表组成。其中,设备表的基本内容是( )。
   A. 绝对号、好/坏、待修复、已/未分配、占用作业名
   B. 好/坏、待修复、已/未分配、占用作业名、相对号
   C. 待修复、已/未分配、占用作业名、相对号、绝对号
   D. 绝对号、好/坏、已/未分配、占用作业名、相对号

【答案】D

【分析】设备表内容包括绝对号、好/坏、已/未分配、占用作业名、相对号。

4. 有了通道后,只要中央处理器_____通道,通道执行通道程序就自行控制外设与_____间的信息传输,使 CPU 可以与外部设备并行工作。

【答案】启动、外设

【分析】通道工作必须由 CPU 启动,通道与 DMA 一样,实现外设与外设之间的信息传输,从而实现 CPU 与外设之间、外设与外设之间的并行工作。

5.5 虚拟设备

5.5.1 为何引入虚拟设备

1. 虚拟设备概念

操作系统利用共享设备来模拟独占设备的工作,当系统只有一台输入设备和一台输出设备的情况下,可允许两个以上的作业并行执行,并且让每个作业都感觉到获得了供自己独占使用的输入设备和输出设备。我们称操作系统采用的这种技术为"虚拟设备"技术。

2. 为什么要提供虚拟设备

我们已经知道像输入机、打印机等独占使用的设备采用静态分配方式,既不能充分利用设备,又不利于提高系统效率。主要表现为:

(1)占用输入机和打印机的作业,只有一部分时间在使用它们,在其余时间这些设备处于空闲状态。在设备空闲时不允许其他作业去使用它们,因此不能有效地利用这些设备。

(2)当系统只配有一台输入机和一台打印机时,就不能接受两个以上要求使用输入机和打印机的作业同时执行,不利于多道并行工作。

(3)这些独占设备大多是低速设备,在作业执行中往往由于等待这些设备的信息传输而延长了作业的执行时间。

5.5.2 SPOOLing 技术

1. SPOOLing 技术的基本原理

把一批作业的全部信息通过输入设备预先传送到磁盘上等待处理。在多道程序设计系统中,可从磁盘上选择若干个作业同时装入主存储器,并让它们同时执行。由于作业的信息已全部在磁盘上,故作业执行时不必再启动输入机读信息,而可以从共享的磁盘上读取各自的信息。把作业产生的结果也存放在磁盘上,而不直接启动打印机输出。直到一个作业得到全部结果而执行结束时,才把该作业的结果从打印机输出。

2. 实现虚拟设备的基本条件

实现虚拟设备必须有一定的硬件和软件条件为基础。对硬件来说,必须配置大容量的磁盘,要有中断装置和通道,具有中央处理器与通道并行工作的能力。对操作系统来说,应采用多道程序设计技术。

3. SPOOLing(斯普林)技术

SPOOLing 技术,这个名字来自 Simultaneous Peripheral Operation On Line 的首字母缩写,被称为外设同时联机操作技术或假脱机技术。从本质上讲,SPOOLing 是把磁盘作为一个缓冲器,在一个计算问题开始之前,把计算所需要的程序和数据从读卡机或其他输入设备上预先输入磁盘上存放。这样,在进行计算时不再需要访问读卡机等慢速的输入设备,而可以从速度快得多的磁盘上读取程序和数据。同样对于计算的结果也是先在磁盘上缓冲存放,待计算完成后,再从打印机上打印出该计算问题的所有计算结果。在操作系统的控制下,采用 SPOOLing 处理方式后,可以把一批计算问题的程序和数据预先输入磁盘上存放。于是,可以对若干个计算问题进行批处理,使计算机系统的效率又有了进一步的提高。最先投入使用的操作系统是批处理操作系统,它提高了单位时间内计算量。

SPOOLing 技术克服了脱机输入/输出方式的缺点,其本质是将一台独立设备改造成可以共享的虚拟设备,如图 5-8 所示。

SPOOLing 技术主要包括如下六个方面:

(1)输入井和输出井

这是在磁盘上建立的两个存储区域。输入井模拟脱机输入时的磁盘,用于收容 I/O 设备输入的数据。输出井模拟脱离机输出时的磁盘,用于收容用户程序的输出数据。

(2)输入缓冲区和输出缓冲区

这是在主存中建立的两个缓冲区。输入缓冲区用于暂存由输入设备送来的数据,以后再传送到输入井,输出缓冲区用于暂存从输出井送来的数据,以后再传送到输出设备。

(3) 预输入程序和缓输出程序

我们经常把一批作业组织在一起形成作业流。预输入程序的任务是把作业流中每个作业的初始信息传送到输入井并保存以备作业执行时使用。

缓输出程序负责查看输出井中是否有待输出的结果信息。若有，则启动打印机把结果文件打印输出。如图 5-8(a)所示。

(4) 井管理程序

作业执行过程中，当要求从输入井读文件到主存或把作业的执行结果送输出井时，操作系统根据作业的请求就调用井管理程序。井管理程序又分井管理读程序和井管理写程序。当作业请求从输入井读文件到主存时，就把任务转交给井管理读程序。当作业执行输出作业的执行结果时，由井管理写程序把结果从主存中写到输出井中，供缓输出程序调用输出设备输出结果。如图 5-8(b)所示。

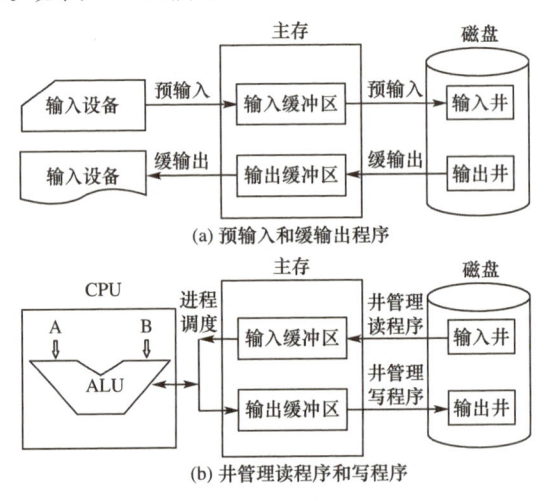

图 5-8　SPOOLing 技术示意图

(5) SPOOLing 技术相关的数据结构（表）

- 作业表：用来登记输入井中的各个作业的作业名、作业状态、作业拥有的文件数，以及预输入表和缓输出表的位置等。
- 预输入表：每个作业有一张预输入表，用来登记该作业的初始信息中的各个文件，指出各文件的文件名、传输文件信息时使用的设备类型、文件的长度以及文件的存放位置等。
- 缓输出表：对每个作业设置一张缓输出表，用来登记该作业产生的结果文件。作业产生的结果也按链接结构组织成文件存放在输出井中。

(6) 输入井中作业的状态

- 提交状态：预输入程序启动了输入机正在把该作业的信息传输到输入井。
- 后备状态：该作业的信息已经存放在输入井中，但尚未被选中执行。
- 运行状态：作业已被选中并装入主存储器开始运行。
- 完成状态：作业已运行结束，其执行结果在输出井中等待打印输出。

总结进程调度、作业调度和 SPOOLing 技术，可通过如图 5-9 所示理解这三方面知识。

第 5 章 设备管理　175

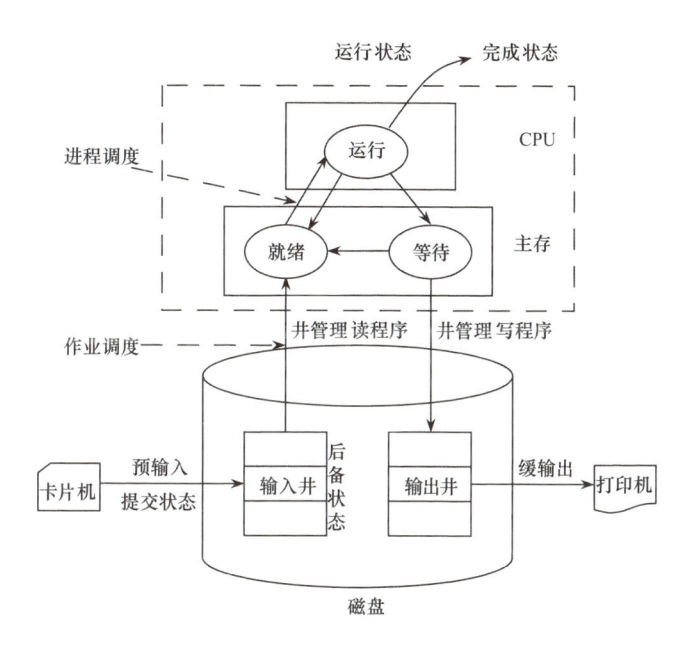

图 5-9　进程调度、作业调度、SPOOLing 技术三者之间联系示意图

要点讲解

5.5 节主要学习如下知识要点：

1. 虚拟设备概念

操作系统利用共享设备来模拟独占设备工作的技术称为"虚拟设备"。

2. SPOOLing 技术

(1) 输入井和输出井：输入井、输出井。

(2) 预输入程序、井管理程序、缓输出程序。

(3) 数据结构：作业表、预输入表、缓输出表。

(4) 输入井中作业的状态：输入状态、收容状态、执行状态、完成状态。

典型例题分析

1. 下列不属于虚拟设备涉及的技术是（　　）。

　A. 输入井　　　　B. 输出井　　　　C. 井管理程序　　　D. 分区管理

【答案】D

【分析】虚拟设备涉及的技术有输入井、输出井、预输入程序、缓输出程序和井管理程序。

2. SPOOLing 系统，用户的打印结果首先被送到（　　）。

　A. 打印机　　　　B. 输入井　　　　C. 磁盘固定区域　　D. 主存固定区域

【答案】C

【分析】SPOOLing 系统将用户的输出数据保存到输出井中，输出井在磁盘上。

3. 系统为用户提供"虚拟设备"后，不能（　　）。

A. 提高设备的利用率　　　　　　B. 有利于多道程序设计
C. 缩短作业的执行时间　　　　　D. 充分利用外设与 CPU 的并行工作能力

【答案】D

【分析】为了克服独占设备利用率的缺点,通过共享设备来模拟独占设备的动作,使独占设备具有共享设备的特点,提高设备利用率,提升系统的效率,操作系统提供了虚拟设备。实现虚拟设备,作业执行时不需要在输入机和打印机上操作,只要从磁盘读写就可以了,可以使多个作业同时执行,加快了作业执行的速度。并且在作业执行期间,输入机和打印机还可继续工作。

4. 从磁盘输入井中读程序是_____完成的;把作业的运行结果保存到输出井是_____完成的。

【答案】井管理读程序、井管理写程序

【分析】井管理程序负责对作业的读和写操作,井管理程序又分井管理读程序和井管理写程序。

5. 实现虚拟设备为什么能提高系统效率?

【答案】实现虚拟设备,作业执行时不需要在输入机和打印机上操作,只要从磁盘读写就可以,可以使多个作业同时执行,加快了作业执行的速度。并且,在作业执行期间,输入机和打印机还可以继续工作。

5.6　磁盘的驱动调度

为了实现能对外存空间的有效利用,并提高对文件的访问效率,就需要系统对外存中的空闲块资源进行妥善处理。在大多数情况下,存放文件利用的都是磁盘。这是因为磁盘存储器不仅容量大,存取速度快,而且还可以实现随机存取,是实现虚拟存储器的必需的硬件。

访问磁盘的操作时间、先来先服务调度、最短寻找时间调度

磁盘是将信息存放在圆盘上的一种存储介质。每个圆盘有上下两个面,多个圆盘就组成一个盘组。每个盘面上只有一个读写磁头,这些磁头在盘面上来回移动,而盘体则围绕中心轴高速旋转。磁盘在执行操作时,整个盘组不停地旋转,存取臂带动磁头来回移动。盘组旋转一周,对应的磁头在盘上的移动就是一个圆,这个圆就是磁道。各个存取臂如以相同的长度沿水平方向移动,则相同半径的一些磁道便合成一个圆柱面,称为柱面。对一个盘组,柱面从外向内编号为 0、1、2、……。在每个柱面上,把磁头号作为相应盘面的磁道号,磁道从上向下编号为 0、1、2、……。

5.6.1　访问磁盘的时间

对磁盘的任何一次访问请求,应给出访问磁盘的存储空间地址:柱面号、磁头号和扇区号。磁盘在工作时,首先要移动到目标磁道上,然后使需要的扇区旋转到磁头下,最后读取该扇区中的数据。这些工作都是在磁盘控制器的控制下完成的。如图 5-10 所示,磁盘执行一次输入/输出操作所需花费的时间,由寻找(道)时间、延迟时间和传送时间三个部分组成。

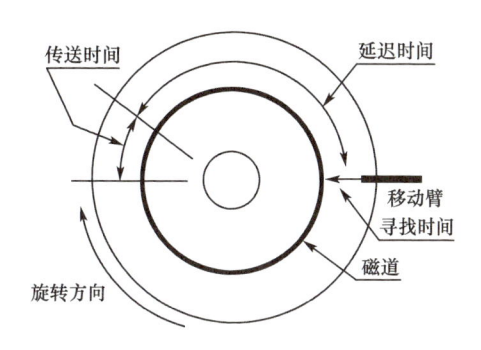

图 5-10 访问磁盘示意图

(1) 寻找时间

磁头在移动臂带动下,移动到指定柱面所需的时间。

(2) 延迟时间

指定扇区旋转到磁头位置所需的时间。

(3) 传送时间

由指定的磁头把磁道上的信息读到主存储器或把主存储器中的信息写到磁道上所需要的时间。由于每个扇区中各磁道上的信息容量是相同的(块的长度),所以读/写信息的传送时间也是相同的,且传送信息所需要的时间是固定的。

磁盘是一种可共享使用的设备,在多道程序设计的系统中,同时会有若干个进程要求访问磁盘,但每一时刻仍只允许一个访问者启动它进行输入/输出操作,其余的访问者必须等待,直到一次输入/输出操作结束后,才能释放等待访问者中的一个,让它去启动磁盘。现在的问题是应先释放哪一个?这样可以降低若干个访问者执行输入/输出操作的总时间为目的来考虑,增加了输入/输出操作的吞吐量,有利于提高系统效率。

系统往往采用一定的调度策略来决定各等待访问者的执行次序,这项工作称"驱动调度",采用的调度策略称驱动调度算法。对磁盘来说,驱动调度是先进行"移臂调度",再进行"旋转调度"。"移臂调度"的目标是尽可能地减少寻找时间。"旋转调度"的目标是尽可能地减少延迟时间。

5.6.2 移臂调度

根据等待访问者指定的柱面位置来决定次序的调度称为移臂调度。移臂调度的目标是尽可能地减少输入/输出操作中的寻找时间。常用的移臂调度算法有先来先服务调度算法、最短寻找时间优先调度算法、电梯调度算法和单向扫描调度算法。

1. 先来先服务调度算法

最简单的移臂调度算法是先来先服务调度算法,它只考虑请求访问者的先后次序,而不考虑它们要访问的物理位置。

例如,如果现在读写磁头正在 42 号柱面上执行输入/输出操作,而等待访问者依次要访问的次序为 87,26,111,3,126,54,56,那么 42 号柱面上的操作结束后,移动臂将按请求的先后次序,先移动到 87 号柱面为请求访问者服务,然后再依次移到 26,111,3,126,54,56 号柱面,如图 5-11 所示。

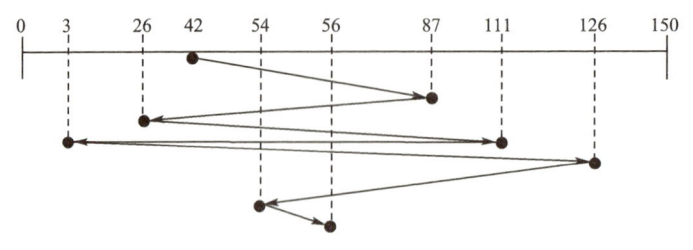

图 5-11　先来先服务调度算法

从图 5-11 可以看出,采用先来先服务调度算法确定等待访问者执行输入/输出操作的次序时,移动臂将来回移动,读写头共移动了 504 个柱面距离,花费的寻找时间较长,这样执行输入/输出操作的总时间也较长。

2. 最短寻找时间优先调度算法

作为改进可采用最短寻找时间优先调度算法,这个算法总是让查找时间最短的那个请求先执行,而不管请求访问者到来的先后次序。

例如,对于上例,采用最短寻找时间优先调度算法,显然当 42 号柱面的操作完成后,应该先处理 54 号柱面的请求,然后是移臂到 56 号柱面执行操作,后继的操作次序为:26,3,87,111,126,如图 5-12 所示。

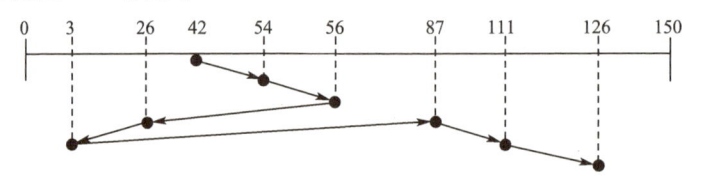

图 5-12　最短寻找时间优先调度算法

从图 5-12 看出,采用最短寻找时间优先算法确定等待访问者执行输入/输出操作的次序时,读写磁头总共移动了 193 个柱面的距离,与先来先服务比较,大幅度减少了寻找时间,因而缩短了为各请求访问者服务的平均时间,提高了系统效率。

上述两种算法都可能经常地改变移动臂的移动方向,既花费时间又影响机械部件。有一种"单向扫描"算法,总是让移动臂从最外柱面开始向里扫描到最内柱面,按照各访问者所要访问的柱面位置的次序去选择,不管访问者到来的次序。

另一种"双向扫描"算法,"双向扫描"的移动臂也是从最外柱面开始先向里移动,按各访问者所访问的柱面位置次序去选择执行,同样不考虑各访问者的等待次序。与"单向扫描"不同的是:在一次向里扫描结束后,不让移动臂直接返回到最外的柱面位置,而是改变移动臂的移动方向,进行一次反向扫描,这样做可以减少返回移动臂所花的时间。

这里对这两种算法就不再详述了。

3. 电梯调度算法

电梯调度算法是一种简单而高效的算法。按照这种算法总是从移动臂当前位置开始沿着臂的移动方向去选择离当前移动臂最近的那个柱面的访问者,如果沿臂的移动方向无请求访问时,就改变臂的移动方向再选择。这好比乘电梯,如果电梯向上运动到四楼时,依次有三位乘客 A、B、C,他们的要求:A 在二楼要求上;B 在五楼要求下;C 在八楼要求上。电梯管理员不是按照乘客来到的先后次序服务,而是考虑电梯的效率,在这种情况下,总是先把 C 带上楼,然后把 B 带下楼,最后再把 A 带上楼。

在多道程序设计系统中,在等待访问磁盘的若干个请求访问者中,有些请求访问者可能要求访问的柱面号相同,但各自要求访问同一柱面上的不同磁道。所以,在进行移臂调度时,按照某种算法把移动臂定位到某个柱面后,应该让访问这个柱面的各个访问者的输入/输出操作都完成后再改变移动臂的位置。这只要在移动臂定位后,再分别让欲访问的磁道上的磁头进行读/写就可完成这些访问者的输入/输出操作。

4. 单向扫描调度算法

单向扫描调度算法也不考虑访问者先后次序,总是从 0 号柱面开始向内扫描,按照各访问者所要求访问的柱面位置的次序挑选访问者。移动臂到达最后一个柱面后,立即返回 0 号柱面,返回时不接受访问者请求。

单向扫描调度算法与电梯调度算法的区别是磁头回头时不访问请求者,重新沿着原来方向访问请求者。

电梯调度算法与单向扫描调度算法都有沿着向上(up)和向下(down)方向扫描。

5.6.3 旋转调度

当移动臂定位后,有多个访问者等待访问该柱面时,应怎样决定这些等待访问者的执行次序?从减少输入/输出操作时间为目标考虑,显然应该优先选择延迟时间最短的访问者去执行,这样根据延迟时间来决定执行次序的调度称旋转调度。这些访问者可能要求访问同一磁道上的不同扇区,也可能要求访问不同磁道上的扇区。不管怎样,旋转调度总是让首先到达磁头位置下的扇区进行传送操作。

在进行旋转调度时应区分如下几种情况:
(1) 若干请求者要访问同一磁头下的不同的扇区。
(2) 若干请求者要访问不同磁头下的不同编号的扇区。
(3) 若干请求者要访问不同磁头下具有相同编号的扇区。

对于前面两种情况,旋转调度总是对先到达读写磁头位置下的扇区进行信息传送。对于第 3 种情况,这些请求指定的扇区会同时到达磁头位置下,这时根据磁头号从中任意选择一个磁头进行读/写操作,其余的请求必须等待磁盘再次把扇区旋转到磁头位置时才有可能被选中。

例如,有四个访问 6 号柱面的访问者,他们访问要求见表 5-1。

表 5-1　　　　　　　　　　旋转调度示例

请求次序	柱面号	磁头号	扇区号
(1)	6	4	1
(2)	6	2	5
(3)	6	2	5
(4)	6	4	7

进行旋转后使得它们的执行次序是(1),(2),(4),(3);或(1),(3),(4),(2)。其中第(2),(3)两个请求都是访问第5个扇区,当第5个扇区旋转到磁头位置下时,只有其中一个请求可执行传送操作,而另一个请求必须等待磁盘再一次把第5扇区旋转到磁头位置下时才执行。

可见,当一次移臂调度把移动臂定位到某一柱面后,还可能进行多次旋转调度,以减少若干个信息传输操作所需的总时间。

要点讲解

5.6节主要学习如下知识要点:

1. 访问磁盘的操作时间

(1)输入/输出操作所需花费的时间

① 寻找时间:磁头在移动臂带动下移动到指定柱面所需的时间。

② 延迟时间:指定扇区旋转到磁头位置所需的时间。

③ 传送时间:由指定的磁头把磁道上的信息读到主存储器或把主存储器中信息写到磁道上所需的时间。由于块的长度一样,因此传送时间是固定的。

(2)驱动调度

① 移臂调度:是指根据等待访问者指定的柱面位置来决定次序的调度。目标是尽可能地减少寻找时间。

② 旋转调度:是指根据延迟时间来决定执行次序的调度。目标是尽可能地减少延迟时间。

2. 移臂调度

(1)先来先服务调度算法。

(2)最短寻找时间优先调度算法。

(3)电梯调度算法。

(4)单向扫描调度算法。

3. 旋转调度

(1)若干请求者要访问同一磁头下的不同扇区:旋转调度总是对先到达读写磁头位置下的扇区进行信息传送。

(2)若干请求者要访问不同磁头下的不同编号的扇区:旋转调度总是对先到达读写磁头位置下的扇区进行信息传送。

(3)若干请求者要访问不同磁头下具有相同编号的扇区:旋转调度根据磁头号可从中任意选择一个磁头进行读/写操作,其余的请求者必须等磁盘再次把扇区旋转到磁头位置时才有可能被选中。

典型例题分析

1. 磁盘执行一次输入/输出操作所花费的时间依次为(   )。

A. 延迟时间、寻找时间、传送时间

B. 寻找时间、传送时间、延迟时间

C. 寻找时间、延迟时间、传送时间

D. 延迟时间、传送时间、寻找时间

【答案】C

【分析】启动磁盘完成一次输入/输出所花的时间包括寻找时间、传送时间、延迟时间，寻找时间最长，延迟时间次之（多个扇区），传送时间最少（一个扇区）。

2. 若干个等待访问磁盘者依次要访问的柱面为 20,44,40,4,80,12,76，移动臂当前位于 40 号柱面，请按下列算法分别计算为完成上述各次访问移动的总柱面数。

(1) 先来先服务调度算法。

(2) 最短寻找时间优先算法。

【答案】

各算法使移动臂的移动次序和移动的柱面数如下：

(1) 40 $\xrightarrow{(20)}$ 20 $\xrightarrow{(24)}$ 44 $\xrightarrow{(4)}$ 40 $\xrightarrow{(36)}$ 4 $\xrightarrow{(76)}$ 80 $\xrightarrow{(68)}$ 12 $\xrightarrow{(64)}$ 76

共移动 292 柱面。

(2) 40 $\xrightarrow{(4)}$ 44 $\xrightarrow{(24)}$ 20 $\xrightarrow{(8)}$ 12 $\xrightarrow{(8)}$ 4 $\xrightarrow{(72)}$ 76 $\xrightarrow{(4)}$ 80

共移动 120 柱面。

3. 当磁头处于 70 号磁道时，有 9 个进程先后提出读写请求，涉及盘的柱面号为 63、57、34、88、91、103、76、18 和 128，约定 down 方向提供服务，如图 5-13、图 5-14 所示。

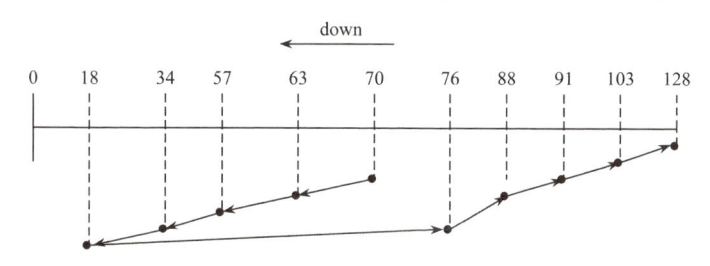

图 5-13 电梯调度（down 方向）

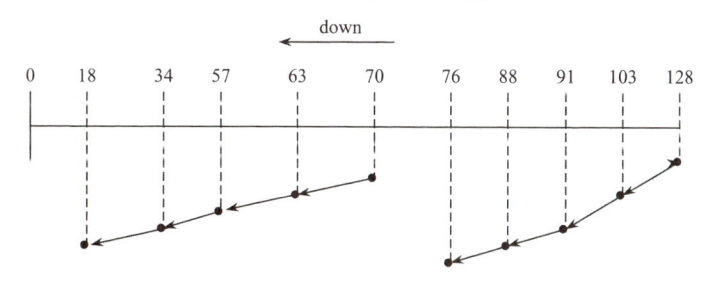

图 5-14 单向扫描（down 方向）

要求：(1) 写出按电梯调度扫描（SCAN）调度算法的调度次序，计算按这种调度算法时的平均寻道数。

(2) 写出按单向扫描（C-SCAN）调度算法的调度次序，计算按这种调度算法时的平均寻道数。

【答案】

(1) 调度次序为：

$$70 \xrightarrow[(7)]{} 63 \xrightarrow[(6)]{} 57 \xrightarrow[(23)]{} 34 \xrightarrow[(16)]{} 18 \xrightarrow[(58)]{} 76 \xrightarrow[(12)]{} 88 \xrightarrow[(3)]{} 91 \xrightarrow[(12)]{} 103 \xrightarrow[(25)]{} 128$$

总移动的道数为：$7+6+23+16+58+12+3+12+25=162$ 道。

平均寻道数为：$162/9=18$ 道。

(2) 单向扫描调度算法不考虑访问者和先后次序，在规定的读写头移动方向提供服务。本次约定 down 方向提供服务，所以，移动臂向柱面小的方向移动时提供服务。该算法的调度次序为：

$$70 \xrightarrow[(7)]{} 63 \xrightarrow[(6)]{} 57 \xrightarrow[(23)]{} 34 \xrightarrow[(16)]{} 18 \xrightarrow[(110)]{} 128 \xrightarrow[(25)]{} 103 \xrightarrow[(12)]{} 91 \xrightarrow[(3)]{} 88 \xrightarrow[(12)]{} 76$$

读写头共移动了：$7+6+23+16+110+25+12+3+12=214$ 道。

平均寻道数为：$214/9=23.8$ 道。

【分析】在单向扫描调度算法在答题时不考虑移动到 0 道和最内道的情况，求平均寻道数不要除以 10，应除以寻道间隔数，其值为 9。

5.7 Linux 的设备管理

在 Linux 中，每个外部设备都被映射为一个特殊的设备文件，对于硬盘、光驱等 IDE 或 SCSI 设备也不例外。这使得用户程序可以像对其他文件一样方便地对该设备文件进行读写操作。

Linux 采用了虚拟文件系统(VFS)进行设备管理，向上(面向用户)提供设备文件的系统调用；向下(面向设备)内核将控制权交给设备驱动程序，由其完成底层的设备驱动，如图 5-15 所示。系统调用是操作系统内核和应用程序之间的接口，设备驱动程序是操作系统内核和机器硬件之间的接口。

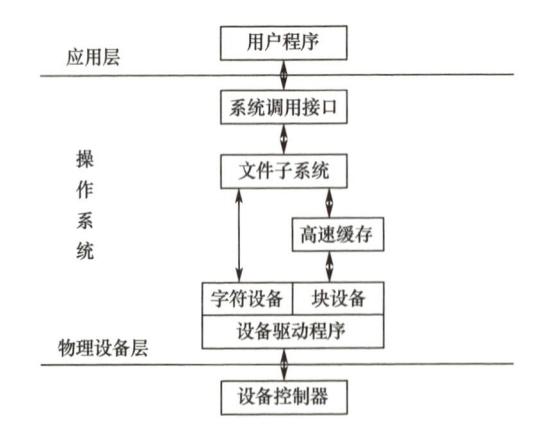

图 5-15 ext2 文件系统的磁盘结构

这样做的好处：设备驱动程序为应用程序屏蔽了硬件的细节。在应用程序看来，硬件设备只是一个设备文件，应用程序可以像操作普通文件一样对硬件设备进行打开、关闭、读、写等操作,从而将硬件设备的特性及管理细节对用户隐藏起来,实现用户程序的设备无关性。

1. Linux 的设备分类

(1)分类

Linux 支持 3 种不同类型的设备:字符设备、块设备和网络接口。

字符设备以字节为单位进行数据处理,能够按顺序输入/输出不定长度的数据,大部分字符设备不使用缓存技术。一次传递一个字符,每传递一次产生一次中断,部分字符设备拥有内部缓存,内核将它们看成可以顺序访问的字符流,顺序读写其中的数据,每当缓存中的数据使用完毕就产生一次中断。通常,在对字符设备发出读写请求时,实际的硬件 I/O 就会紧接着发生,典型的字符设备有很多,如鼠标、键盘、打印机等。

块设备将数据按可寻址的块为单位进行处理,块的大小通常为 512 B~32 KB。大多数块设备允许随机访问,且常常采用缓存技术。当用户进程对设备请求能满足用户的要求时,就返回请求的数据,如果不能,就调用请求函数来进行实际的 I/O 操作,其 I/O 操作以块为单位进行。文件系统一般都要求能够随机访问,因此通常采用块设备作为文件系统的载体。

(2)主设备号和次设备号

传统方式和设备管理中,除了设备类型以外,内核还需要一对称为主设备号和次设备号的参数,才能唯一地标识设备,主设备号用于标识设备对应的驱动程序,主设备号相同的设备使用相同的驱动程序。如 IDE 硬盘的主设备号 3。

次设备号是一个 8 位数,用于区分具体设备实例,如一台机器上两个软驱有相同的主设备号 2,第一个软驱的次设备号为 0,第二个软驱的次设备号为 1。

2. Linux 的设备文件

在与设备驱动程序通信时,内核常使用设备类型、主设备号和次设备号表示一个具体设备。但从用户角度,记住设备的编号是不现实的,用户希望能用同样的应用程序和命令访问设备和普通文件。因此,Linux 将设备映射为一种特殊的文件,称为设备文件,为文件和设备提供了一致的用户接口。这样由于设备文件与普通文件没有太大的区别,用户可以使用统一的界面去操作它们,如打开、关闭、读和写操作等。

3. Linux 的设备驱动程序

系统对设备的控制和操作是由设备驱动程序完成的。设备驱动程序由设备服务子程序和中断处理程序组成。设备服务子程序包括了对设备进行各种操作的代码,中断处理子程序处理设备的中断。

设备驱动程序的主要功能:对设备进行初始化;启动或停止设备的运行;把设备上的数据传送到主存;把数据从主存传送到设备;检测设备状态。

驱动程序是与设备相关的。代码由内核统一管理,在具有特权级的内核态下运行。设备驱动程序是输入/输出子系统的一部分。它是为某个进程服务的,其执行过程仍处在进程运行的过程中,即处于进程上下文中。若驱动程序需要等待设备的某种状态,它将阻塞当前进程,把进程加入该种设备的等待队列中。Linux 的驱动程序分为两个基本类型:字符设备驱动程序和块设备驱动程序。

本章小结

本章从设备管理的主要任务和功能出发,围绕着 I/O 系统、I/O 控制方式、I/O 设备分配、I/O 驱动程序和处理过程、缓冲技术和磁盘驱动调度进行了讲解。

常见的 I/O 控制方式有四种,它们分别是程序控制方式、中断控制方式、DMA 控制方式和通道控制方式。

程序控制方式只适用于那些 CPU 执行速度较慢,而且外设较少的系统。中断控制方式 CPU 无须等待数据完成,I/O 设备与 CPU 可以并行工作,CPU 利用率因此大大提高。但它的缺点也是非常明显的,CPU 在响应中断后,还需要时间来执行中断服务程序。如果数据量大,需要执行中断程序,CPU 的效率仍然不高。

DMA 控制方式较之中断控制方式,大大减少了 CPU 进行中断的次数,提高了 CPU 的使用效率,但如果众多外设都采用 DMA 控制方式工作,接连地占用 CPU 周期,则会使 CPU 长时间挂起,从而降低了 CPU 效率。

通道控制方式中,数据传送、存放数据的主存开始地址以及传送的数据块长度由通道进行控制,并在 I/O 控制方式下,一个通道可以控制多台外设与主存之间数据交换,这和 DMA 控制方式相比较,减轻 CPU 的工作负担,大大提高了 CPU 效率,节约成本。

设备分配主要介绍了设备分配的数据结构:设备控制表、控制器控制表、通道控制表和系统设备表。同时还介绍了 SPOOLing 技术。

缓冲是为了匹配 I/O 设备与 CPU 的处理速度,以及为了进一步减少中断次数、解决 DMA 控制方式和通道控制方式的瓶颈问题而引入的。缓冲技术分为单缓冲、双缓冲、多缓冲和缓冲池。

本章还介绍了磁盘驱动知识。包括磁盘的移臂调度(先来先服务、最短寻找时间优先、电梯调度、单向扫描调度算法)和旋转调度及其调度算法。

最后简单介绍 Linux 系统的设备管理方面知识。

习 题

一、选择题

1. 为提高设备分配的灵活性,用户申请设备时应指定(   )号。
   A. 设备类相对   B. 设备类绝对   C. 设备相对   D. 设备绝对

2. 通常把通道程序的执行情况记录在(   )中。
   A. PSW   B. PCB   C. CAW   D. CSW

3. 对磁盘而言,输入/输出操作的信息传送单位为(   )。
   A. 字符   B. 字   C. 块   D. 文件

4. 一次访问磁盘的时间要素中最主要的因素是(   )。
   A. 传送时间   B. 旋转等待时间   C. 磁头移动时间   D. 延迟时间

5. 如果I/O设备与存储设备进行数据交换不经过CPU来完成,这种数据交换方式是( )。
   A. DMA　　　　B. 程序查询　　　C. 中断控制方式　　D. 无条件存取方式
6. ( )是直接存取的存储设备。
   A. 磁盘　　　　B. 磁带　　　　　C. 打印机　　　　　D. 键盘显示终端
7. 操作系统中的SPOOLing技术,实质是将( )转化为共享设备的技术。
   A. 虚拟设备　　B. 独占设备　　　C. 覆盖与交换技术　D. 通道技术
8. 通道是一种( )。
   A. I/O端口　　B. 数据通道　　　C. I/O专用处理器　　D. 软件工具
9. 通过软件手段,把独立设备改造成若干个用户共享的设备,这种设备称为( )。
   A. 系统设备　　B. 存储设备　　　C. 用户设备　　　　D. 虚拟设备

二、填空题

1. 主存储器与外设之间的信息传送操作被称为_____。
2. 用户程序中往往使用_____定义逻辑设备。
3. 程序执行时根据用户指定的_____转换成与其对应的物理设备,并启动,这样用户编写程序时不需关心实际使用哪个物理设备,这种特性称为_____。
4. 从资源管理(分配)角度出发,I/O可分为_____、_____和_____三种类型。
5. 按所属关系对I/O设备分类,可分为系统设备和_____两类。
6. 引起中断发生的事件称为_____。
7. 通道指专门用于负责输入/输出工作的处理器。通道所执行的程序称为_____。
8. 常用的I/O控制方式有_____、_____、_____、_____。

三、简答题

1. 设备管理的功能有哪些?
2. 设备分为哪几种类型?
3. I/O设备驱动程序的功能有哪些?
4. 若干个等待访问磁盘者依次要访问的柱面为20,44,40,4,80,12,76,假设每移动一个柱面需要3 ms,移动臂当前位于10号柱面,请按下列算法分别计算为完成上述各次访问总共花费的寻找时间。
   (1)先来先服务调度算法。
   (2)最短寻找时间优先算法。
5. 假如磁盘有200个磁道,磁盘请求队列中是一些随机请求,它们按照到达的次序分别处于55,58,39,18,90,160,150,38,184号磁道上,当前磁头在100号磁道上,并向磁道号增加的方向移动,请给出按FCFS、SSTF、SCAN、C-SCAN算法进行磁盘调度时满足请求的次序,并计算出它们的平均寻道长度。
6. I/O控制方式有哪几种?

第6章 文件管理

本章目标

- 理解与掌握文件与文件系统的基本知识。
- 理解与掌握文件的存储结构和存取方式。
- 理解与掌握文件的存储空间的管理。
- 理解与掌握文件目录管理知识。

文件系统为用户提供按名存取的功能,用户从使用角度组织文件,用户组织的逻辑文件有两种形式:流式和记录式。

文件系统从存储介质的特性、用户的存取方式,以及怎样有效地从存储和检索的角度来组织文件。由文件系统组织的物理文件类型可以有顺序文件、链接文件和索引文件等。

文件系统通过查找文件目录,得到用户指定的文件在存储介质上的位置,读出物理文件再转换成逻辑文件传送给用户。

为了正确地实现按名存取,用户与系统必须密切配合。对用户来说,应组织好逻辑文件,为文件定义文件名、存取方式、记录格式、记录长度以及存储设备类型等;调用规定的文件操作请求使用文件。对文件系统来说,要做好存储介质初始化的工作;确定物理文件的组织形式;进行文件存储空间的分配和回收;文件目录的查找和登录;解释执行文件操作。

考虑到系统的效率与安全,文件系统还要实现文件保护与保密功能。

6.1 文件系统概述

文件系统是操作系统中对文件进行控制管理的模块。文件系统的主要功能是负责管理存储器在外存上的文件并为用户提供一种简单而又统一的存取和管理文件的方法。无论是用户文件、操作系统的系统文件还是作为管理用的目录文件都依靠文件系统来实施管理。文件系统将文件的存储、检索、共享和文件保护的手段提供给操作系统和用户,以实现方便用户的宗旨。

文件系统的设计目标在于:方便用户使用、提高文件检索速度、提供文件共享、提供文件安全性保证和提高存储文件的外存资源利用率。

对文件系统而言,文件是一系列可以读写的数据块。文件系统不需要了解数据块存放在磁盘上什么位置,这些都是设备驱动的任务。无论何时,只要文件系统需要从块设备中存取信息或数据,文件系统都将请求底层的设备驱动来完成。

无论是字符设备还是块设备,都与文件的操作有关,由于设备与文件系统联系紧密,很多操作系统将设备的控制与管理纳入文件系统,由文件系统统一管理。

6.1.1 文件与文件系统

1. 文件的概念

文件是具有符号名的一段程序或数据的集合,通常存储在计算机系统的外存上。文件具有如下三个基本特征:

(1)文件的内容是一组信息的集合,比如源程序、可执行的二进制代码程序、待处理的数据、表格、声音及图像等。

(2)文件可以保存,文件被存放在如磁盘、磁带和光盘等存储介质上,内容可以被长期保存和多次使用。

(3)文件可按名存取,每个文件都具有自己的标识名,用户操作时可通过这个标识名来存取文件,而无须了解文件在存储介质上的具体物理位置。

2. 文件系统

操作系统中与文件有关的软件和数据称为文件系统。它由管理所需的数据结构、相应的管理软件和被管理的文件构成。它负责为用户建立、撤销、读写、修改和复制文件,还负责完成对文件的按名存取和存取控制。文件系统方便用户对信息进行存取和管理,用户即使不具备相应的存取设备知识,也能进行操作。

文件系统具有如下特点:

(1)提供友好的用户接口,包括命令、程序和菜单等接口,用户在对文件进行操作时,不需要了解文件的结构和存储位置。

(2)文件按名存取,方便用户操作,如对文件的存取、检索和修改等。

(3)某些文件可以被多个用户或进程共享,也能安全保护,防止文件被破坏和窃取。

(4)文件系统通常使用磁盘等大容量存储介质,可存储大量信息。

6.1.2 文件的分类、文件名及属性

1. 文件的分类

为了便于管理和控制文件,需要将文件分成多种类型。由于各种系统对文件的管理方式不同,因而它们对文件的分类方法也有很大的差异。

常见的文件分类方法有以下几种:

(1)按文件的用途分类

①系统文件。它是指由系统软件构成的文件。大多数系统文件只允许用户调用而不允许用户去读,更不允许修改,有的系统不直接对用户开放。

②用户文件。由用户的源程序、可执行文件或数据等构成的文件,用户将这些文件委托给系统保管。

③库文件。主要是各种标准过程和函数,如 C 语言子程序库和函数。允许用户通过系统调用来执行,但不允许修改。

(2)按文件的数据形式分类

①源文件。由源程序和数据构成的文件。一般由汉字或 ASCII 码组成,如 C 语言源程序扩展名为.c。

②目标文件。由相应的编译程序编译而成的文件。由二进制组成,扩展名为.obj。

③可执行文件。由目标文件连接而成的文件,扩展名一般为.exe。

(3)按文件的存取权限分类

①只读文件。允许文件主用户及授权用户读,但不准改写文件内容。

②读/写文件。允许文件主用户及授权用户读、写。

③只执行文件。只允许被核准的用户调用执行,既不允许读,也不允许写。

(4)按文件的逻辑结构分类

①有结构文件。由若干条记录构成的文件,又称记录式文件。根据记录的长度是否可变,可进一步分为定长记录文件和可变长记录文件。

②无结构文件。直接由字符序列构成的文件,又称流式文件。如用户编写的源程序文件。

(5)按文件的物理结构分类

①顺序文件。它是指把逻辑文件中的记录顺序地存储到连续的物理块中,在记录的次序与存储介质上的存放次序是一致的。

②链接文件。它是指文件中的各个记录可以存储在不相邻的各个物理块中,通过物理块中的链接指针链接一个链表。

③索引文件。它是指文件中的各个记录可以存储在不相邻的各个物理块中,为每个文件建立一张索引表,用于实现记录和物理块之间的映射。

2. 文件名

文件是具有符号名的一段程序或数据的集合。文件名由两部分组成:主文件名和扩展名。主文件名一般由用户给定,操作系统和用户都利用主文件名来管理和使用文件;文件的扩展名,一般情况下都按照约定俗成使用,这样有利于对文件的正确使用。表 6-1 所示列出了部分常见文件的扩展名及其含义。

表 6-1 部分常见文件的扩展名及其含义

文件扩展名	含义	文件扩展名	含义
.asm	汇编语言源文件	.hlp	帮助文件
.asp	动态网页文件	.html	WWW 超文本标记语言文件
.bak	备份文件	.jpg	JPEG 格式图像文件
.bas	BASIC 源程序文件	.lib	库程序文件
.bat	批处理文件	.mpg	MPEG 格式视频/语音文件
.bin	二进制文件	.obj	编译器输出的目标文件
.bmp	位图文件	.ppt	PowerPoint 演示文稿文件
.c	C 语言源程序	.rar	压缩文件
.com	可执行的二进制代码文件	.rtf	Rich Text 格式文件

(续表)

文件扩展名	含义	文件扩展名	含义
.dat	数据文件	.txt	文本文件
.dll	动态链接库文件	.wav	MS波形格式声音文件
.doc/.docx	Word文档文件	.zip	ZIP格式压缩文件
.exe	可执行浮动二进制文件	.gif	图形交换格式图像文件

根据文件的扩展名，可以了解文件的类型，给用户使用文件带来方便。

3. 文件的属性

大多数操作系统设置了专门的文件属性用于文件的管理控制和安全保护，它们虽然不是文件的信息内容，但对于系统的管理和控制是十分重要的。不同的系统文件属性有所不同，但是通常都包括如下属性：

（1）文件的基本属性：文件名、文件所有者、文件授权者、文件长度等。

（2）文件的类型属性：如普通文件、目标文件、系统文件、隐式文件、设备文件等。也可按文件信息分为 ASCII 文件、二进制文件等。

（3）文件的操作属性：如可读、可写、可执行、可更新、可删除、可改变保护以及文档属性。

（4）文件的管理属性：如文件创建时间、最后修改时间、最后存取时间等。

（5）文件的控制属性：逻辑记录长度、文件当前长度、文件最大长度，以及允许的存取方式标志、关键字位置、关键字长度等。

6.1.3 文件系统的功能

文件系统应具有如下功能：

（1）文件存储空间的管理

对存储空间的管理是文件系统最基本的功能。该功能使文件系统中的各个文件"各得其所"，文件存储空间管理工作的主要目标是提高存储空间的利用率。事实上，对外存和主存的存储管理方式极其相似，同样可以分为连续存储分配方式和离散存储分配方式，甚至所采用的存储管理空间的分配与回收算法也基本相同。

把文件保存到存储介质上时，必须要记住哪些存储空间已经被占用，哪些存储空间是空闲的，文件只能保存到空闲的存储空间中，否则会破坏已保存的信息。

（2）文件目录管理

文件目录是实现按名存取的一种手段，一个好的目录结构既能方便检索又能保证文件的安全。

目录管理的主要目标是提高对文件的检索速度，为此，需要对目录进行有效的组织。此外，在目录管理中还必须解决文件的命名冲突问题以及实现多个用户共享文件的问题。

（3）实现从文件到存储空间的映射

用户的大量信息一般都存放在磁盘或磁带上，为此必须记住各种信息的分布情况、记住存放的物理位置，还要启动磁盘机或磁带机来保存和读出信息。为了方便用户，文件系统就能按用户的要求把逻辑文件组织成物理文件存放到存储介质上或把存储介质上的物理文件转换成逻辑文件供用户使用。

(4)实现文件的共享、保护和保密

在多道程序设计的系统中,有些文件是可共享的。例如,编译程序组成的文件、共享数据组成的文件等。实现文件共享既节省文件的存放空间又可减少传送文件的时间,但必须对文件采取安全保护措施。

(5)文件的读/写管理

文件读/写可根据用户的要求从磁盘中读出数据或将数据写入磁盘。该功能需要借助管理功能才能实现。文件的读/写管理所追求的目标是提高对文件的读/写速度。为此,需要对磁盘文件缓冲区进行有效的组织,对从磁盘读和向磁盘写请求进行合理的调度。

(6)提供用户接口

为方便用户使用文件系统所提供的服务,文件系统向用户提供了两种接口。

①文件存取

以一组系统调用或命令的形式提供给用户程序或用户,用来实现按名存取。

②文件管理

为用户提供建立新文件、删除老文件以及修改已存在的文件等操作命令。

要点讲解

6.1节主要学习如下知识要点:

1. 文件

(1)文件是指逻辑上具有完整意义的信息集合。每个文件都要用一个名字作标识,称为文件名。

(2)文件分类

分类标准不一样,文件可分为不同的类型。

2. 文件系统的组成部分

(1)文件系统目的

对文件统一管理,目的是方便用户且保证文件的安全可靠。面向用户,文件系统主要是实现"按名存取"。

(2)文件系统的功能

文件存储空间的管理、文件目录管理、文件的组织、文件操作、文件的安全措施等。

(3)文件操作

为了保证文件系统能正确地存储和检索文件,系统规定了在一个文件上可执行的操作,这些可执行的操作统称为文件操作。基本操作有建立文件、打开文件、读文件、写文件、关闭文件和删除文件。

典型例题分析

1. 文件系统对文件进行统一管理,目的是方便用户且保证文件的安全可靠。为此,面向用户文件系统实现的主要功能称为(   )。

A. 按名存取　　　　B. 文件的操作　　　　C. 文件的组织　　　　D. 文件的安全操作

【答案】A

【分析】面向用户,文件系统主要是实现"按名存取"。

2. 简述文件系统的功能。

【答案】

(1)文件存储空间的管理。

(2)文件目录管理。

(3)文件的组织。

(4)文件操作。

(5)文件的安全措施。

6.2 文件的结构及存取方式

文件的结构(或组织)就是指文件的构造方式,用户和文件系统往往从不同的角度来对待同一个文件。用户是从使用的角度来组织文件,用户把能观察到的且可以处理的信息根据使用要求构造成文件,这种构造方式称文件的逻辑结构。文件系统要从文件的存储和检索的角度来组织文件。

文件的存取方式决定以怎样的形式把用户文件存放到存储介质上。在存储介质上的文件构造方式,称文件的存储结构或物理结构。文件在存储介质上的构造方式,用户是不必关心的,但对文件系统来说是至关重要的,它直接影响存储空间的使用和检索文件信息的速度。

6.2.1 文件的逻辑结构

用户按自己对信息的处理要求确定文件的逻辑结构,由用户确定的文件结构称逻辑文件。逻辑文件可以有两种形式。

一种是记录式文件,另一种是流式文件。

1. 记录式文件

记录式文件是指用户可把信息按逻辑上独立的含义划分信息单位,每个单位称为一个逻辑记录(简称记录)。逻辑记录由一组数据项(或称字段、属性)组成。记录长度可分为定长和变长两类。

例如,某专业的学生成绩管理文件中,每个学生的信息可作为一个逻辑记录,逻辑记录中的信息包括学生的学号、姓名、出生日期、所在班级等,见表6-2。

表 6-2　　　　　　　　　　记录式文件中的记录

记录号	学号	姓名	出生日期	班级
1	35101031	李一	1992-01-02	351010
2	35102013	张海青	1991-11-04	351020
3	35103003	钱三	1992-04-01	351030
4	35103004	赵卫国	1989-04-23	351030

对记录式文件中的每个逻辑记录至少要有一项特殊的信息,利用它可把同一文件中的各个记录区别开来,在表 6-2 中,"学号"可以区分各个不同的记录。我们把能用来唯一地标识某个记录的项称为记录的键,"学号"和"记录号"都是键,但"姓名"不能作为键,因为可能会有同名同姓者,这时用"姓名"就不能唯一地标识某个记录。要存取一个指定的记录时只要按键去搜索就可找到该记录。

2. 流式文件

流式文件是指对文件内的信息不再划分单位,是由字符序列组成。文件内的信息不再划分结构。如果说大量的数据结构和数据库是采用有结构的文件形式的话,那么大量的源程序、可执行文件和库函数等采用的则是无结构的文件形式。流式文件长度以字节为单位。对流式文件的访问期间,则是利用读写指针来指出下一个要访问的字符。可以把流式文件看作记录式文件的一个特例。在 UNIX 系统中,所有的文件都被看作流式文件,系统不对文件进行格式处理。

6.2.2 文件的物理结构

文件在存储介质(用来记录信息的磁带、磁盘、光盘、卡片等)上的组织方式称文件的存储结构或称为物理文件。由于存储设备的类型不同、特性各异,因而文件在相应存储介质上的组织方式也有差异。在现代计算机系统中磁盘和磁带是广泛使用的,所以我们就对文件在磁盘和磁带上的组织方式加以介绍。文件在磁盘上可以有多种组织方式,现仅介绍顺序结构、链接结构和索引结构三种。

1. 顺序结构

将一个文件在逻辑上连续的信息存放到磁盘依次相邻的块上,便形成顺序结构。显然,这是一种逻辑记录顺序和物理块的顺序相一致的文件结构,这类文件称顺序文件或连续文件。通常,若用户总是以记录的先后次序使用文件,即当前访问第 i 个记录,则下次一定访问第 i+1 个记录,那么该文件就可采用顺序结构组织在磁盘上。首先,按文件的长度计算出要占用磁盘的多少块,找出能存放文件的连续空闲块;然后,建立一个文件目录,目录中指出文件名、文件存放的始址、末址(或长度),如图 6-1 所示。

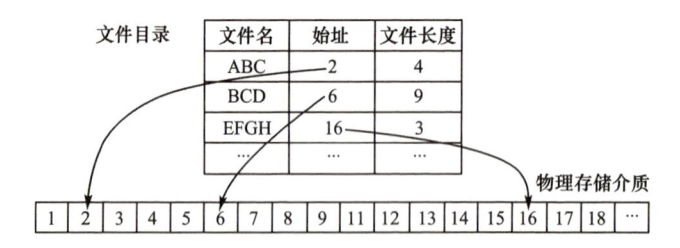

图 6-1 顺序文件结构

顺序结构的优点是一旦知道了文件在存储介质上的起始地址和文件长度,便可以很快地进行存取,且文件系统管理简单。但采用顺序结构使磁盘的存储空间的利用率不高,如图 6-1 中文件 ABC 占第 2、3、4、5 块,如果文件要扩充,则无法增加块数;如果文件删除则会产生零头空间,无法利用。这种顺序结构文件适合存放在磁带上。

2. 链接结构

链接结构是把每个物理块的最后一个单元用作指针,指向下一物理块的地址,通过指针链接形成物理文件结构。如图 6-2 所示。

图 6-2 链接文件结构

从图 6-2 中可以看出,文件 ABC 起始块 2,占用 4 处物理块,分别为 2、4、6、13,采用链接指针链接。

采用链接结构的文件,允许用户扩充文件,例如在上面的文件 ABC 中要增加第 5 个块,这第 5 块中的记录在第 4 块和第 6 块之间,那么只要在磁盘上再寻找一个空闲块(假定块号为 3),把第 3 块的链接指针修改成 4,把第 4 个块的链接指针修改为 3,见图 6-2。

删去一个块时,只要把删去的块所占的物理块中的链接指针值送入前面一个在物理块的链接指针中,该记录就从文件中被删除了。

文件按链接结构组织后,只有读出前一块的信息后才能从链接指针中获得存放信息的下一块地址。想要得到第 i 个记录的信息,必须依次读出前面的 i−1 个块,才能得到第 i 个记录的存放地址,然后再去读出第 i 个记录的信息。所以,链接结构也只适合逻辑上连续的文件,且存取方式是顺序存取的文件。对随机存取文件,其存取速度慢,因为只能按链接指针从头至尾顺序查找。这种存储结构的文件适合的存储介质是磁盘。

3. 索引结构

索引结构是实现非连续存储的另一种方法,索引结构为每个文件建立一张索引表,用以指示逻辑记录与物理块之间的映射关系,也称索引文件。索引表中每一表目都含有记录的逻辑号(或关键字)和存放信息的物理块号,索引表的物理地址由文件数据结构给出。图 6-3 所示为一个索引文件的示例。每个文件都应有一个索引表,多个文件要建立多个索引表。

显然,采用索引结构也便于增加、删除文件的记录。增加一个记录时,只要找出一个空闲的物理块,把记录存入该块,同时在索引表中登记该记录的存放地址就行了。删去一个记录时,只要把该记录在索引表中的登记项清 0,且收回该记录原先占用的物理块,把它作为空闲块,供存放其他信息使用。

索引结构的缺点是当文件的记录很多时,索引表就很庞大。但由于索引结构既适合顺序存取记录又适合按任意次序随机存取记录,所以其应用范围较广。

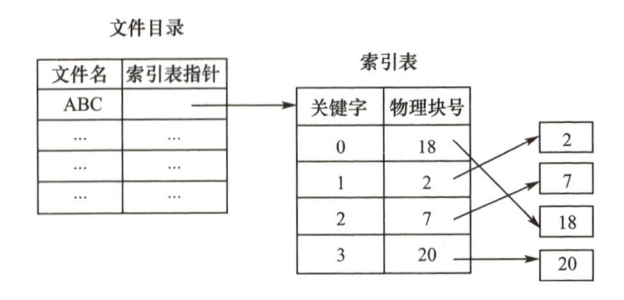

图 6-3 索引文件结构

要点讲解

6.2.1 节和 6.2.2 节主要学习如下知识要点：

1. 文件的逻辑结构

(1) 文件的逻辑结构

用户从使用的角度来组织文件，用户把能观察到的且可以处理的信息根据使用要求构造文件，这种构造方式是独立于物理环境的，所以称为文件的逻辑结构。

(2) 逻辑文件

逻辑文件是指用户组织的文件，简称为文件。

(3) 逻辑文件的分类

①流式文件是指用户对文件中的信息不再划分可独立的单位，整个文件是由依次的一串信息组成。

②记录式文件是指用户对文件中的信息按逻辑上独立的含义再划分信息单位。

2. 文件的存储结构

(1) 文件的存储结构

文件系统从文件的存储和检索的角度来组织文件，文件系统根据存储设备的特性、文件的存取方式来决定以怎样的形式把用户文件存放到存储介质上，在存储介质上的文件构造方式称为文件的存储结构。

(2) 物理文件

物理文件是指存放在存储介质上的文件。

(3) 磁盘文件的组织

①顺序结构

一个文件在逻辑上连续的信息存放到磁盘上依次相邻的块上，便形成顺序结构。

优点：顺序结构适合顺序存取，其优点是存取信息的速度快、存取文件时不必每次去查找信息的存放位置，只要记住当前块号，则该文件的后继信息一定在下一块中，减少了检索时间。

缺点：磁盘存储空间的利用率不高；对输出文件很难估计需多少磁盘块；影响文件的扩展。

②链接结构

A. 链接结构：顺序的逻辑记录被存放在不相邻的磁盘块上，再用指针把这些磁盘块按逻辑记录的顺序链接起来，便形成了文件的链接结构。

B. 链接文件：也称串联文件，是指采用链接结构的文件。

③索引结构

A. 索引结构为每一个文件建立一张索引表，把指示每个逻辑记录存放位置的指针集中在索引表中。

B. 索引文件是指采用索引结构的文件。

C. 特点：索引结构既适合顺序存取记录，又可方便地按任意次序随机存取记录，且容易实现记录的增、删和插入。但采用索引结构必须增加索引表占用的空间和读写索引表的事件。

典型例题分析

1. 存放在磁盘上的文件（　　）。
  A. 只能是随机访问　　　　　　　　B. 不能随机访问
  C. 既可随机访问，又可顺序访问　　D. 只能是顺序访问

【答案】C

【分析】存放在磁盘上的文件既可随机访问，又可顺序访问。

2. 文件的组织是指文件的构造方式。其中，独立于物理环境的称为文件的_____；与存储介质有关的称为文件的_____。

【答案】逻辑结构、物理结构（存储结构）

【分析】从用户观点出发看到的文件组织形式称为文件的逻辑结构，文件的逻辑结构独立于物理环境。文件的物理结构（存储结构）是文件在存储介质上的存储组织形式，与存储介质的存储特性有关。

3. 能实现文件长度可变的磁盘文件物理结构是_____和_____。

【答案】链接结构、索引结构

【分析】文件的物理结构有顺序结构、链接结构和索引结构。采用顺序结构的文件叫顺序文件，顺序文件的长度变化需要改变与其相邻的磁盘块，但这些磁盘块可能已经被其他文件占用，所以无法实现长度可变，而链接结构和索引结构不需要存储在连续的物理块中，所以长度的改变是可能的。

6.2.3 存取方式

所谓文件的存取方式（或方法），是指读/写文件存储介质上的一个物理块的方式，是指操作系统为用户程序提供的使用文件的技术和手段。文件的存取方式不仅与文件使用的方式有关，而且与存储介质的特性有关。常用的存取方式如下：

(1) 顺序存取方式。按文件的逻辑地址顺序存取。在记录式文件中，就是按记录的排列顺序，依次存取记录第 i 条，下一次则存取第 i+1 条；在字符流式文件中，以字符序列的顺序，依次存取，反映当前读写指针的变化。这种方法可以使用缓冲技术加速文件的输入/输出。

(2) 随机存取方式，又称直接存取方式。允许用户随意存取文件中的任何一个物理记录，而不管上次存取了哪一个记录。在无结构的流式文件中，直接存取方式必须事先用必

要的命令把读/写位移到欲读/写的信息开始位置,然后再进行读/写。对于记录文件,情况就大有不同。例如,要记录 Ri,则必须从文件的起始位置开始顺序通过前面的所有记录,并要其中每一个记录前面的存放记录长度的单元,才能确定记录 Ri 的首址。显然,这种逻辑组织对于直接存取是十分低效的。为了加速存取,通常采用索引表的组织。在索引结构文件中,将欲存取的记录首址存放在索引表项中。

要点讲解

6.2.3 节主要学习如下知识要点:

1. 顺序存取

文件中的信息按顺序依次进行读写的存取方式。

2. 随机存取

文件中的信息不一定要按顺序读写,而是可以按任意的次序随机读写的存取方式。

典型例题分析

文件的存取方式包括顺序存取和_____两种方式。

【答案】随机存取

【分析】文件的存取方式包括顺序存取和随机存取两种方式。

6.2.4 文件的存储设备

常用的存储设备有磁盘、磁带和光盘等。其中磁盘又可以分为硬盘、软盘和 U 盘等。存储设备上的存储空间被划分为大小相同的物理块,不同的操作系统对物理块的大小和格式的定义不尽相同,一般通过格式化实现。存储设备的特性决定了文件可能的物理结构和存取方式(方法)。

1. 顺序存取设备

磁带是一种典型的顺序存取设备。顺序存取设备的特点是从前到后依次访问物理块,为了让磁带机在存取物理块时有加速和停止的缓冲区域,磁带上两个相邻的物理块之间设计了一个间隔将它们隔开,如图 6-4 所示。

| …… | 第 i 块 | 间隔 | 第 i+1 块 | 间隔 | …… |

图 6-4 磁带机构

如果盘速高,信息密度大,且块间隔小(磁头启动和停止所需要的时间少),则磁带存取速度和数据传输率就高。

另外,由磁带的读写方式可知,只有当第 i 块被存取之后,才能对第 i+1 块进行存取操作,访问某个特定记录或物理块的速度,与该物理块到磁头当前位置的距离有很大关系。如果相距甚远,则花费较长的存取时间移动磁头。这使得按随机方式或按键方式存取磁带上的文件信息,存取效率很低。因此,磁带设备适用于顺序存取方式,在该方式下,它具有容量大、存取效率高等优点。

2. 随机存取设备

该设备允许文件系统随机(直接)存取磁盘上的任意物理块。访问指定的物理块时，磁头可直接定位到目标位置，无须像磁带顺序设备那样事先存取其前面的物理块。

磁盘一般由若干盘片组成。每个盘片被格式化成若干磁道，每磁道又被划分为若干个扇区，每个扇区存放相同容量的信息，一般为 512 B 的信息。多个盘面的同一磁道形成一个柱面。其中每个盘片对应一个装有读写头的磁头臂，由磁头臂上两个读写磁头分别对磁盘片的上下两面进行读写。所以，磁盘上每个物理盘块的位置可以由柱面号、磁头号和扇区号表示。硬盘基本结构(实物)如图 6-5 所示，硬盘盘体结构如图 6-6 所示，硬盘结构示意图如图 6-7 所示。

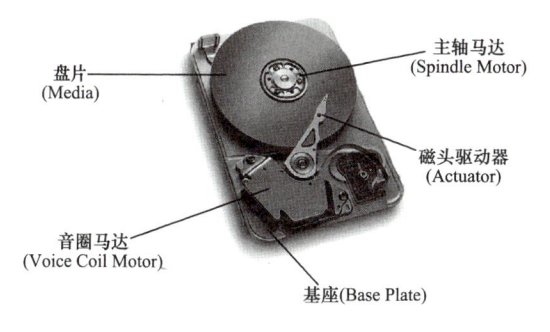

图 6-5　硬盘基本结构(实物)

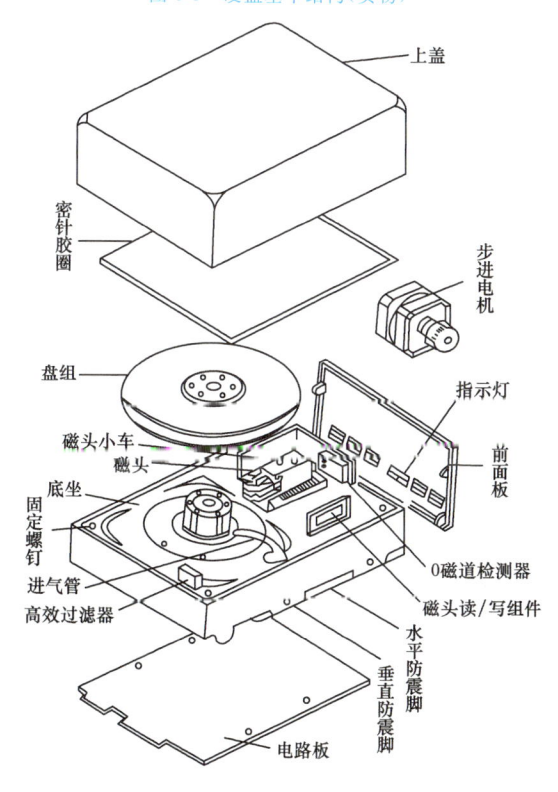

图 6-6　硬盘盘体结构

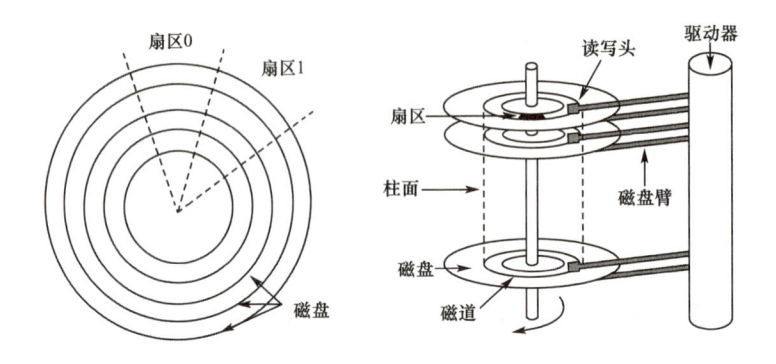

图 6-7　硬盘结构示意图

由于磁带是一种顺序存取设备。用它存储文件时应采用顺序结构存放,顺序存取时效率较高。磁盘是直接存储设备,上述三种文件物理结构都可以采用,究竟采用哪种结构最合适,则应根据文件的使用情况而定。若文件是顺序存取的,采用顺序结构和链接结构都可行。若采用直接存取方式(随机存取)且文件大小不固定,则应采用索引方式;若文件大小固定,则也可以采用顺序结构。存储设备、存取方式(方法)和物理结构之间的关系见表 6-3。

表 6-3　　　　　存储设备、存取方式和物理结构之间关系

存储设备	磁盘			磁带
物理结构	顺序结构	链接结构	索引结构	顺序结构
存储方式	直接或顺序	顺序	直接或顺序	顺序
文件长度	固定	可变、固定	可变、固定	固定

要点讲解

6.2.4 节主要学习如下知识要点:

我们把可用来记录信息的磁带、硬磁盘组、软磁盘片、光盘、卡片等称为存储介质,把可安装存储介质的设备称为存储设备。要把信息记录到存储介质上或从存储介质上读出信息必须启动相应的磁带机、磁盘驱动器等设备。

我们把存储介质的物理单位定义为卷,例如,一盘磁带、一张软盘片、一个磁盘组都可称为一个卷。

我们把存储介质上连续信息所组成的一个区域称为块(物理记录)。块是主存储器与这些设备进行信息交换的单位。目前常用的存储设备是磁带机和磁盘机。

典型例题分析

1.通过(　　)表示磁盘上每一磁盘块的唯一地址。

A.柱面号、扇区号　　　　　　　　　B.磁头号、扇区号
C.柱面号、磁头号　　　　　　　　　D.柱面号、磁头号、扇区号

【答案】D

【分析】磁盘存储空间的每一块的位置由柱面号、磁盘号和扇区号确定,每个参数从"0"开始编号。

2. 磁盘存储空间的位置由_____、_____和_____确定。

【答案】柱面号、磁盘号和扇区号

【分析】同上题。

6.2.5 文件存储空间管理

微课

磁盘存储空间的管理

存放文件的存储介质分为一个个单位,称为文件卷。例如一个光盘作为一个卷。只能保存一个文件的卷称为单文件卷,否则称为多文件卷。保存在多文件卷上的文件称为多卷文件;多个文件保存在多个卷上称为多卷多文件。存储介质上连续的存储单元组成固定大小的区域称为物理块(这在前面已介绍)。文件存储空间的管理主要就是空闲物理块的管理,常用方法如下:

1. 空闲文件目录法

这种方法的基本思想是若干连续的空闲块组成一个空闲文件,系统为每个空闲文件建立一个目录项,里面记录空闲文件的起始空闲块号和块数。空闲块的分配和回收方法类似于主存管理中的可变分区。见表 6-4。

表 6-4　　　　　　　　　　空闲文件目录

序号	起始空闲块号	空闲块数	物理块号
0	5	4	5、6、7、8
1	13	3	13、14、15
2	20	5	20、21、22、23、24
3	…		…

当请求分配存储空间时,操作系统依次扫描空闲文件目录中的表目,直到找到一个合适的空闲文件为止。当用户撤销文件时,操作系统回收该文件空间,这时也要扫描空闲文件目录表,寻找一个空白表目,将释放的空闲文件的有关信息填入该表目中。

这种空闲块的管理方式只有当空闲区不多时才有好的效果。当空闲区很多时,就需要很多表目,空闲文件目录也就增大,使管理效率降低,而且这种分配技术适用于连续文件。

2. 空闲块链法

空闲块链法是将所有空闲块通过指针链接起来,当请求分配空间时从链的头部依次取下需要的块数,回收时也很简单,只需将释放的空闲块链接到空闲块链即可。系统只需要在主存中保留链头指针,即可实现空闲块链的管理,所以管理简单方便。但在链表上每增加或移动一个空闲块时就需要一次 I/O 操作,因而效率较低。

3. 位示图法

建立一个位示图,位示图中的位和物理块一一对应,块空闲则对应的位置为 0,否则为 1。利用这个位示图就能进行分配和回收。而且位示图不大,系统运行时可以保存在主存中。例如,一个盘组共有 100 个柱面,编号 0~99。每个柱面上有 8 个磁道,编号为

0～7。每个盘面分成 4 个扇区,编号为 0～3。则整个磁盘空间共有 $4 \times 8 \times 100 = 3200$ 个存储块。如果用字长为 32 位的字来构造位示图,共需要 100 字,见表 6-5。

表 6-5　　　　100 柱面、8 磁道、4 扇区、32 位字长的位示图

字节	位				
	0	1	2	...	31
0	0/1	0/1	0/1	...	0/1
1	0/1	0/1	0/1	...	0/1
2	0/1	0/1	0/1	...	0/1
...	...	...	...	...	...
99	0/1	0/1	0/1	...	0/1

如果磁盘块的块号按柱面顺序和盘面顺序来编排,则第 0 号柱面第 0 盘面上的块号是 0,1,2,3;第 0 号柱面第 1 盘面上的块号是 4,5,6,7。依次计算,第 0 号柱面上共有 32 块,编号为 0～31,第 1 号柱面上的块就为 32～63,……于是位示图中,第 i 个字的第 j 位对应的块号为:

块号 = $i \times 32 + j$

当有文件要存放到磁盘上时,根据需要的块数查位示图为"0"的位,表示对应的那些存储块空闲,可供使用。一方面在位示图中查到的位上置占用标志"1",另一方面根据查到的位,先计算出块号,然后确定这些可用的存储块在哪个柱面上,对应哪个扇区,属于哪个磁头。按表 6-5 的示例,假定 M = [块号/32],N = 块 mod 32,那么,由块号可计算出:

柱面号 = M

磁头号 = [N/4]

扇区号 [N mod 4]

于是,文件信息就可按确定的地址存放到磁盘上。

当要删除某个文件,归还存储空间时,可以根据归还块的柱面号、磁头号和扇区号计算出相应的块号,由块号再推算出它在位示图中的对应位。把这一位的占用标志"1"清成"0",表示该块已成了空闲块。仍以表 6-5 为例,根据归还块所在的柱面号、磁头号和扇区号,计算对应位示图中的字号和位号:

块号 = 柱面号 × 32 + 磁头号 × 4 + 扇区号

字号 = [块号/32]

位号 = 块号 mod 32

注意:以上计算公式都是以表 6-5 为例进行的。在实际应用时,应根据磁盘的结构确定位示图的构造,以及每个柱面上的块数和每个盘面上的扇区数,列出相应的换算公式。

确定空闲块地址的通用公式为:

块号 = 字号 × 字长 + 位号

柱面号 = [块号/柱面上的块数]

磁头号 = [(块号 mod 柱面上的块数)/盘面上的扇区数]

扇区号 = (块号 mod 柱面上的块数) mod 盘面上的扇区数

当归还一块时,寻找位示图中位置的通用公式为:

块号＝柱面号×柱面上的块数＋磁头号×盘面上的扇区数＋扇区号

字号＝[块号/字长]

位号＝块号 mod 字长

为了提高对位示图的操作效率,可以将位示图放在主存中。位示图法常用于微机和小型计算机操作系统中,如 CP/M、Apple-DOS 等操作系统。

要点讲解

6.2.5 节主要学习如下知识要点:

1. 空闲文件目录法

系统为每个磁盘建立一张空闲块表,表中每个登记项记录一组连续空闲块的首块号和块数。空闲块数为"0"的登记项为无效登记项。

2. 空闲块链法

把所有的磁盘空闲块用指针链接在一起构成空闲块链。分配空间时从链中取出空闲块,归还空间时把归还块加到链中。对磁盘空闲块可用单块链接法链接起来。每一个空闲块中都设置一个指向另一个空闲块的指针,最后一个空闲块中的指针为"0"。

3. 位示图法

用一张位示图来指示磁盘存储空间的使用情况,磁盘分块后,根据可分配的总块数决定位示图由多少个字组成,它的每一位与一个磁盘块对应。某位为"1"状态表示相应块已被占用,为"0"状态表示所对应的块是空闲块。

确定空闲块常用的公式为:

(1) 块号＝字号×字长＋位号

(2) 柱面号＝[块号/柱面上的块数]

(3) 磁头号＝[(块号 mod 柱面上的块数)/盘面上的扇区数]

(4) 扇区号＝(块号 mod 柱面上的块数)mod 盘面上的扇区数

典型例题分析

1. 在磁盘存储管理中,位示图法确定空闲块地址的通用公式错误的是(　　)。

A. 块号＝字号×字长＋位号

B. 柱面号＝[块号/盘面上的扇区数]

C. 磁头号＝[(块号 mod 柱面上的块数)/盘面上的扇区数]

D. 扇区号＝(块号 mod 柱面上的块数)mod 盘面上的扇区数

【答案】B

【分析】根据公式可知,柱面号＝[块号/柱面上的块数](柱面上的块数＝磁头数×扇区数)。

2. 常用的磁盘空间管理方法不包括(　　)。

A. 位示图法　　　B. 空闲文件目录法　C. 空闲块链法　　　D. 先进先出调度算法

【答案】D

【分析】先进先出调度算法是进程管理、作业管理、虚拟存储管理中页面等的调度算法。

3.顺序存储结构的主要问题是什么?

【答案】
(1)磁盘存储空间的利用率不高。
(2)影响文件的扩展。
(3)对输出文件很难估计需多少磁盘块。

4.文件的物理结构不包括的类型(　　)。

A.顺序结构　　　　B.链接结构　　　　C.流式　　　　D.索引结构

【答案】C

【分析】文件的逻辑结构有两种形式:流式和记录式;文件的物理结构有三种形式:顺序结构、链接结构和索引结构。

5.假设一个磁盘组有 100 个柱面,编号为 0～99,每个柱面有 32 个磁道,编号为 0～31,每个盘面有 16 个扇区,编号为 0～15。现采用位示图方法管理磁盘空间,令磁盘块号按柱面顺序和盘面顺序编排。请回答下列问题:

(1)若采用 32 位的字组成位示图,共需要多少个字?
(2)第 40 字的第 18 位,对应的块号是多少?
(3)第 1320 块对应的字号和位号是多少?

【答案】
(1)$(16 \times 32 \times 100)/32 = 1600$,共需要 1600 个字。
(2)块号 = 字号 × 字长 + 位号 = $40 \times 32 + 18 = 1298$。
(3)字号 = $\left[\dfrac{\text{块号}}{\text{字长}}\right] = \left[\dfrac{1320}{32}\right] = 41$。

位号 = 块号 mod 字长 = 1320 mod 32 = 9。

6.3　目录管理

在计算机系统中有许多文件,为了便于对文件进行存取和管理,必须建立文件名与文件物理位置的对应关系。在文件系统中将这种关系称为文件目录。操作系统中对文件目录的管理有以下要求:

(1)实现"按名存取"。用户只需要提供文件名,即可对文件进行存取,这是目录管理中最基本的功能,也是文件系统向用户提供的最基本的服务。

(2)提高对目录的检索速度。通过合理组织目录结构来加快对目录的检索速度,从而加快了对文件的存取速度,这是在设计大中型文件系统时所追求的主要目标。

(3)实现文件共享。在多用户系统中应允许多个用户共享一个文件,这样只需在外存中保留一份该文件的副本,供不同用户使用,就可以节省大量的存储空间并方便用户。

(4)允许文件重名。操作系统中应允许不同用户对不同文件存取相同名字的文件,以便于用户按照自己的习惯命名和使用文件。

6.3.1 文件目录的组成

文件目录是文件系统实现按名存取的重要手段,文件目录由若干目录项组成,每个目录项中除了指出文件的名字和文件存放的物理地址外,还可包含存取控制信息和文件使用信息等对文件静态信息的描述。操作系统使用一个数据结构存放文件说明部分的或全部信息,此数据结构称为文件控制块(FCB)。

FCB 是操作系统管理文件的依据,在实施文件管理过程中需要的所有信息都必须在FCB 中加以描述,不同的操作系统由于管理算法的不同,其 FCB 的结构也不尽相同,但至少都包括以下内容:

(1) 基本信息
- 文件名:每个文件都必须有一个文件名作为文件的唯一标识。
- 文件物理位置:标明文件在外存上的位置,包括存放文件的设备名、文件在外存中的起始地址、文件长度等。
- 文件结构:指示文件的逻辑结构和物理结构,它决定了文件的寻址方式。

(2) 存取控制信息

各类用户(文件主、核准用户、普通用户)的存取权限,实现文件的共享和保密。

(3) 使用信息

文件创建或修改的日期和时间,当前使用的状态信息。

对于不同操作系统的文件系统,由于功能的不同,可能只含有上述信息中的某些部分。图 6-8 MS-DOS 中的文件控制块,它含有文件名、文件所在的第一个盘块号(首簇号)、文件属性、文件建立日期和时间及文件长度等信息。

文件名	扩展名	属性	保留	时间	日期	首簇号	文件长度

图 6-8 磁带机构

6.3.2 文件目录结构

一个文件卷可以存放许多文件,如果没有很好地组织起来,那么在文件卷上寻找信息就像大海捞针,常用的办法是为每个文件卷上的文件建立文件目录(前面已经介绍过)。文件目录的组织可以采取不同的结构,常见的有如下几种结构:

1. 一级目录

这种结构为一个文件卷设置一个目录表,就是文件系统在存储介质上建立一个文件目录,这样的目录结构称为一级目录。目录文件中的每个目录项对应一个磁盘文件的FCB,如图 6-9 所示。这种目录结构很简单,但由于一个文件卷中的所有文件都登记在一个目录文件中,目录文件会变得非常大,通过它来查找文件,效率就变得很低,而且会遇到文件命名冲突情况。

2. 二级目录

为了解决命名冲突,获得灵活的命名,考虑为每个用户建立一个用户文件目录,各用户可以将自己的文件组织在自己的目录下,以此避免重名。

用户名	文件名	类型	长度	口令	…	存放位置
zhang	ABC	读写	1024 KB		…	
li	DEFG	执行	15 KB		…	
wang	HIJK	只读	24 KB		…	
…	…	…	…	…	…	…

图 6-9 一级目录示意图

二级目录结构将文件目录分为两级:第一级为系统目录,也称主文件目录,它包含了用户文件目录名和指向该用户文件目录的指针;第二级为用户文件目录,它包含了该用户所有文件的文件目录项。二级目录示意图如图 6-10 所示。

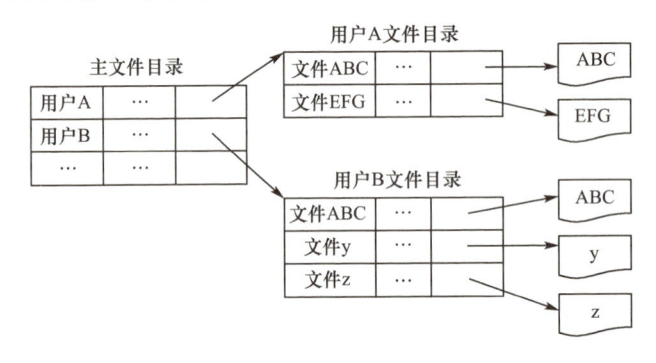

图 6-10 二级目录示意图

二级文件目录结构下,每个文件均由系统中的用户文件目录名和用户文件目录中的文件名这两部分进行标识。其中,用户文件目录名可由操作系统控制,不会重名,因此这种标识具有唯一性。即便不同用户对文件使用相同的文件名,由于用户名的不同而避免了命名冲突。比如图 6-10 中,用户 A 的 ABC 文件与用户 B 的 ABC 文件,由于用户名不同而属于不同的文件名,一个是 A/ABC,一个是 B/ABC,当然,在二级目录结构中,同一用户文件目录下的文件名不允许重名。

二级目录结构中,访问一个文件时,首先在系统目录中按用户名查找指定的用户文件目录,然后在用户文件目录中按文件名查找指定文件的物理位置,因此,各用户被隔离开来。当这些用户各自独立,互不往来时,将用户文件目录及其文件隔离开是优点,但当它们是相互协作的用户时,这就变成了阻隔它们不能互相访问的一道鸿沟,因此,二级目录不方便共享。

在二级目录的基础上,对目录文件结构进行优化,便产生了多级目录结构。

3. 多级目录

多级目录结构采用树形数据结构组织目录和文件。多级目录结构中,除了最末一级(树叶)外,任何一级目录的目录项都对应一个目录文件或信息文件,信息文件一定在树叶上,用矩形框表示目录文件,圆形框表示信息文件,多级目录的树形结构如图 6-11 所示。

为了突出多级目录的树形结构,图中的目录项只给出了文件名和地址指针,将 FCB 的其他信息屏蔽了(更详细的见 6.7 节)。

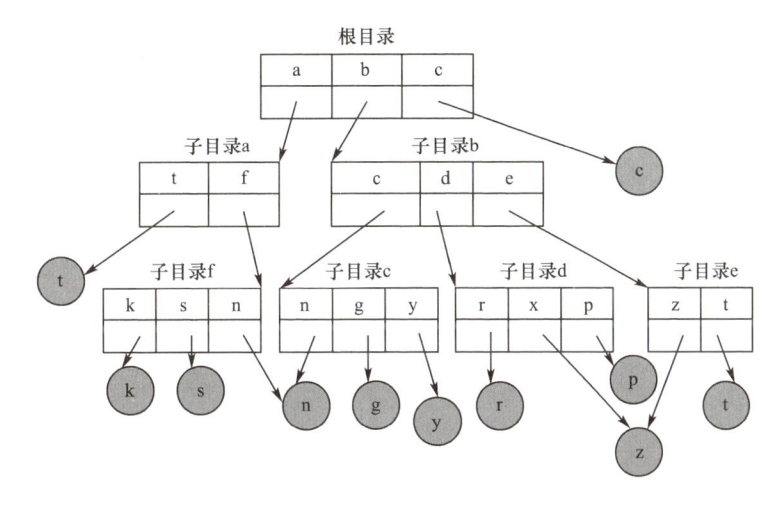

图 6-11 多级目录文件结构

多级目录结构中,文件的路径名是由根目录到该文件的路径上所有目录文件名和该文件的符号名组成,它是文件的外部标识。多级目录结构下,不同文件的符号名相同,但是它们的路径不同,那么它们就具有不同的文件外部标识,操作系统就不会将它们混淆。如图 6-11 所示中/a/t 文件和/b/e/t 文件,文件符号名都是 t,但是由于路径不同,它允许一个用户为自己不同的文件取相同的名字,只要这些同名的文件不在同一个子目录下即可。

多级目录结构具有如下优点:

(1) 有利于文件分类。系统或用户可以把不同类型的文件登录在不同的子目录下,并可按层次建立子目录,便于查找和管理。

(2) 解决了重名问题。不仅允许不同的用户用相同的文件名,而且允许同一个用户在自己的不同子目录中使用相同的名字来命名文件或下级子目录。因为访问这些同名的子目录或文件时,使用的路径名是不同的,所以不会混淆。

(3) 提高检索文件的速度。利用当前目录和相对路径不仅方便了用户,由于系统不是从根目录而是从当前目录开始检索文件,因而缩短了检索路径,提高了检索速度。

(4) 方便文件共享。如图 6-11 中的/a/f/n 与/b/c/n 属于同名共享,即不同用户共享同一个文件名 n;/b/d/x 与/b/e/z 属于不同名共享,即以不同的文件名 x 和 z 对同一个文件进行共享。

要点讲解

6.3 节主要学习如下知识要点:

1. 文件目录的主要内容及作用

文件目录由若干个目录项组成,目录项应包括:

(1) 存取控制信息(用户名、文件名、文件类型、文件属性等)。

(2) 文件的结构信息(文件的逻辑结构、物理结构、记录个数以及文件在存储介质上的位置等)。

(3) 文件管理信息(文件的建立日期、文件的修改日期等)。

2. 一级目录结构

(1)基本思想:把一卷存储介质上的所有文件都登记在一个文件目录中。

(2)要求:在文件目录中登记的各个文件都有不同的文件名。

3. 二级目录结构

(1)用户文件目录:是二级目录结构中为每个用户设置的一张目录表。

(2)主文件目录:是一张用来登记各个用户的目录表存放地址的总目录表。

4. 多级目录结构

(1)多级目录结构:也称树形目录结构。

(2)绝对路径:路径名可以由从根目录开始到该文件的通路上所有各级子目录名及该文件名顺序拼起来组成,各子目录与文件名之间用"\"隔开。

(3)相对路径:访问文件时,从当前目录开始设置路径。

(4)多级目录结构优点

①有利于文件分类。

②解决了重名问题。

③提高了检索文件的速度。

④方便文件共享。

5. 文件目录的管理

(1)目录文件

通常把文件目录页作为文件保存在存储介质上,由文件目录组成的文件称为目录文件。如 UNIX/Linux 系统中,目录文件是由目录组成的文件。

(2)文件目录的管理

文件系统可以根据用户的要求从目录文件中找出用户的当前目录,把当前目录读入主存储器。这样既不占用太多的主存空间,又可减少搜索目录的时间。

典型例题分析

1. 文件目录是用于_____的,它是文件系统实现_____的重要手段。

【答案】检索文件、按名存取

【分析】文件目录主要用于提高检索文件的速度,解决重名问题,实现对文件的按名存取。

2. 目录结构有一级、二级和多级目录结构。简单叙述多级目录结构的优点。

【答案】

(1)有利于文件分类。

(2)解决了重名问题。

(3)提高了检索文件的速度。

(4)方便文件共享。

3. 假设用户甲要用到文件 A、B、C、E,用户乙要用到文件 A、D、E、F。已知:用户甲的文件 A 与用户乙的文件 A 实际上不是同一文件;用户甲与用户乙又分别用文件名 C 和 F 共享同一文件;甲、乙两用户的文件 E 是同一个文件。请回答下列问题:

(1) 系统应采用怎样的目录结构才能使两用户在使用文件时不至于造成混乱?
(2) 画出这个目录结构。
(3) 两个用户使用了几个共享文件?写出它们的文件名。

【答案】
(1) 可采用二级目录结构(或多级目录结构)
(2) 目录结构如图 6-12 所示。

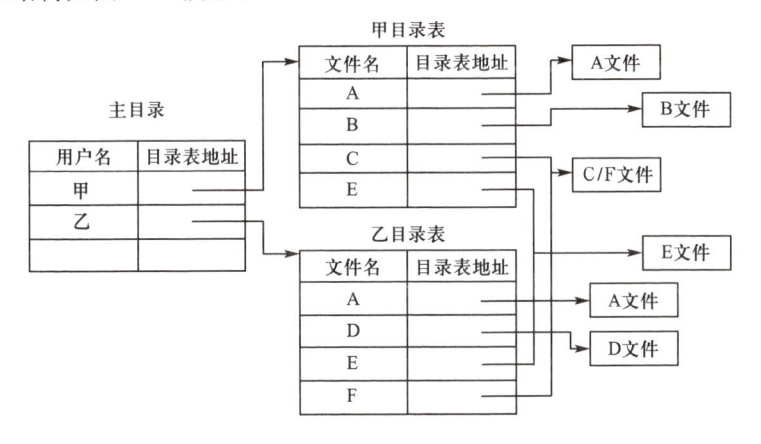

图 6-12 一个二级目录例子

(3) 两个用户使用了两个共享文件,它们的文件名分别是 C/F 文件,E 文件。

6.4 文件的使用

文件系统把用户组织的逻辑文件按一定的方式转换成物理文件存放在存储介质上,当用户需要文件时,文件系统又要从存储介质上读出文件并把它转换成逻辑文件,文件系统为用户提供按名存取的功能,方便用户。为了保证文件的安全,文件系统也要求用户按系统的规定和提供的手段来使用文件。文件系统提供给用户使用文件的一些命令,用户使用这些命令能够灵活、方便、有效地使用和控制文件。最基本的命令包括建立文件和删除文件,打开文件和关闭文件,读文件和写文件。

1. 建立文件

当用户想要把他的一批信息建立为一个文件时,他就使用系统提供的建立文件的命令。

2. 打开文件

当用户要使用一个已经存放在存储介质上的文件时,必须先调用打开命令,向系统提出使用一个文件的要求。

3. 读文件

用户要求读文件时调用文件系统的读命令,系统允许用户对已经调用过打开命令的文件进行读取。调用读命令时,用户应提供如下参数:用户名、文件名、主存地址、存取方式、记录号或记录键、长度等。

4. 写文件

用户要求写文件时调用文件系统的写命令,系统允许用户对已经调用过建立命令的文件进行写入。调用写命令时,用户应提供如下参数:用户名、文件名、主存地址、存取方式、记录号或记录键、长度等。

5. 关闭文件

用户要求关闭文件时调用文件系统的关闭命令,归还文件的使用权,用户关闭自己打开或建立的文件。

6. 删除文件

用户要求删除文件时调用文件系统的删除命令,删除一个保存在磁盘或磁带上的文件。

要点讲解

6.4 节主要学习如下知识要点:

1. 基本文件操作

最基本的文件操作有建立、打开、读、写、关闭和删除等。

用户启用删除操作可请求文件系统删除一个保存在磁盘或磁带上的文件。注意调用这些操作时必须提供用户名、文件名等参数。

2. 文件操作的使用

(1)读一个文件信息过程:打开文件→读文件→关闭文件。

(2)写一个文件信息过程:建立文件→写文件→关闭文件。

(3)删除一个文件过程:关闭文件→删除文件。

典型例题分析

1. 最基本的文件操作是( )。
A. 打开操作、读写操作、关闭操作　　B. 读写操作、增补操作、关闭操作
C. 打开操作、增补操作、关闭操作　　D. 打开操作、读写操作、增补操作

【答案】A

【分析】文件的基本操作有打开操作、读写操作、关闭操作和删除操作。

2. 为了避免一个共享文件被几个用户同时使用而造成混乱,规定使用文件前必须调用( )文件操作。
A. 打开　　　　B. 读写　　　　C. 关闭　　　　D. 删除

【答案】A

【分析】为了避免一个共享文件被几个用户同时使用而造成混乱,规定使用文件前必须先调用"打开"操作,一个被打开的文件不允许非打开者使用。

3. 文件系统提供了一些基本文件操作,下面不属于基本文件操作的是( )。
A. 建立文件、删除文件　　　　　　B. 打开文件、关闭文件
C. 读文件、写文件　　　　　　　　D. 移动文件、复制文件

【答案】D

【分析】文件的基本操作分为建立、打开、读/写、关闭、删除操作六种。

6.5 文件的共享、保护和保密

不同用户使用同一文件称为文件的共享,限制非法用户使用或破坏文件的措施称为文件的安全。随着多用户环境和计算机网络的发展,为了利用资源,文件共享的范围不断扩大,在方便用户的同时,也给文件和计算机系统带来了安全隐患。因此,提供文件共享和保证文件的安全成了文件系统的重要内容。

6.5.1 文件共享

在多用户环境下,如果系统提供文件共享功能,可以提高文件的利用率,避免存储空间的浪费。否则,文件系统需要为每个用户保留一份文件的副本,将占用极大的存储空间,造成浪费。因此,系统应提供文件共享,使所有共享用户可以通过文件名来访问同一个文件。

不同的系统实现的方法不尽相同,主要有绕道法、链接法和基本文件目录法三种。

1. 绕道法

用户在某个子目录下,需要访问另一个子目录下某个文件时可以采用绕道法。

实现共享时,令用户从当前目录出发,向上返回到与将要共享的文件具有的路径的交叉点,再从该交叉点向下访问共享文件,如图 6-13 所示。

绕道法需要用户指定所要共享的文件的逻辑位置或到达被共享文件的路径。显然,绕道法要访问多级目录,比较费时,因而效率不高。

2. 链接法

另一解决文件共享的方法是链接法,它比绕道法更快捷。

操作系统在实现当前用户的共享时,在共享文件指定的目录下为该共享文件建立一个目录项,其地址指向被共享文件所在的目录,用户通过该指针找到被共享文件的目录,然后在该目录中找到被共享文件。共享与被共享文件可以有不同的文件名。

由于文件所有信息都在目录下,所以使用链接法实现文件共享时,不仅需要用户指定被共享的文件名,而且还要指定被共享文件所在的目录。

例如,用户需要在当前目录下建立一个 x 文件共享某个目录路径下的 y 文件,则操作系统在当前目录下增加一个目录项,其文件名为 x,其指针指向给定路径的目录,其中包括了被共享文件 y,如图 6-14 所示。

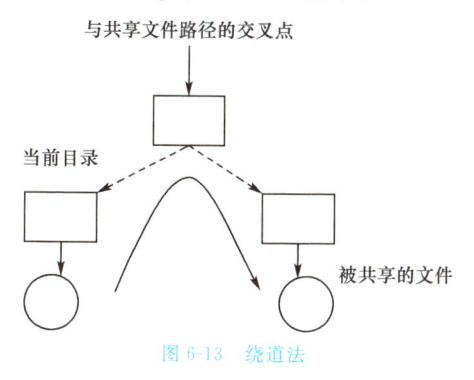

图 6-13 绕道法

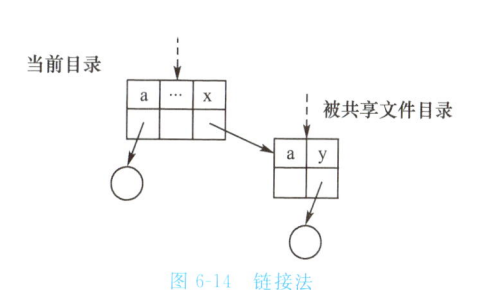

图 6-14 链接法

3. 基本文件目录法

基本文件目录是实现文件共享的有效方法,它将文件目录的内容分为两个部分:基本文件目录表和符号文件目录表。

(1)基本文件目录表。存放文件目录信息中除了文件名以外的其他信息,诸如文件结构信息、物理块号、存取控制和管理信息等,由操作每个文件的基本文件目录表赋予一个唯一的内部标识。

(2)符号文件目录表。由用户给出的文件名和操作系统赋予的文件内部标识两项组成。符号文件目录表仍然作为文件的多级目录结构保留在目录表中,目录是由文件名和ID组成。

这样将文件数据结构中的内容分为内部信息和外部信息,好处是便于实现文件共享,以及提高文件查询效率。

6.5.2 文件保护

文件系统在实现按名存取为用户方便的同时,必须考虑文件的安全性。文件保护是文件安全性的一个方面。

文件保护是防止文件被破坏和非法访问。文件一旦被破坏,会引起数据丢失或信息混乱,给用户带来损失。造成文件可能被破坏的原因大致有四个方面:自然与人为因素(如地震、洪水、存储介质损坏、磁带或磁盘安装错误等);硬件故障或软件失误;共享文件时引起错误;计算机病毒的侵害。在实现文件保护时应根据不同的情况采取不同的保护措施。

(1)防止自然与人为因素造成的破坏

为防止这种意外而造成的文件破坏,通常采用建立多个副本的办法来保护文件。建立副本是把同一文件存放到多个存储介质上,当某个存储介质上的文件被破坏时,可用其他存储介质上的备用副本来替换。

(2)防止系统故障造成的破坏

对于因硬件故障或软件失误而引起的文件的被破坏,应经常采用建立副本和定时转储的办法来解决。

①建立副本

副本既可建立在同类型的不同存储介质上,也可建立在不同类型的存储介质上。当系统出现故障时,应根据系统故障的具体情况来选取副本。例如,当磁带机发生故障不能读出文件时,可以通过磁盘驱动器把保存在磁盘上的文件副本读出来。

建立副本的方法简单易行,但系统开销增大,当文件更新时必须要改动所有副本。因此,这种方法适用于容量较小且极为重要的文件。

②定时转储

在文件执行过程中,定时地把文件转储到某个存储介质上。当文件发生故障时,就用转储的文件来复原。这样可把有故障的文件恢复到某一时刻的状态,仅丢失了自上次转储以来新修改或新增加的信息,只要从恢复点重新执行就可得到弥补。UNIX系统就采用定时转储来保护文件,提高文件的安全性。

(3) 防止文件共享时造成的破坏

文件共享是指一个文件可以让多个用户共同使用,这在文件共享部分已经阐述。讨论文件的保护首先要讨论文件安全(共享、保护和保密)的存取控制问题。

文件控制是与文件的共享、保护和保密三个不同而又互相联系的问题紧密相关的。

一般有两种方式来验证用户的存取操作:

- 存取控制矩阵。
- 存取控制表。

下面简单介绍这两种方法。

① 存取控制矩阵

存取控制矩阵方式以一个二维矩阵来进行存取控制。矩阵元素包括用户和用户对相应文件的存取控制权,包括读 R、写 W 和执行 E,见表 6-6。

表 6-6　　　　　　　　　　存取控制矩阵的矩阵元素

文件	用户			
	用户 a	用户 b	用户 c	…
File1	RW	W	RWE	…
File2	RWE	W	WE	
File3	E	RW	RWE	…

② 存取控制表

存取控制表以文件为单位,把用户按某种关系划分为若干组,同时规定每组访问权限。这样,所有用户访问权限的集合就形成了该文件的存取控制表,见表 6-7。

表 6-7　　　　　　　　　　存取控制表

文件名	用户			
	文件主	A 组	B 组	其他
ABC	RWE	RW	E	E
EFG	RWE	RW	R	
HIJK	R	E	E	NONE

在每一个文件说明中也就是基本目录中都存放一张该文件的存取控制表,该表中包含所有用户对文件的访问权限。Linux 系统采取的就是这种方法。

(4) 防止计算机病毒的侵害

大多数计算机病毒都是利用某一特定操作系统的不足之处而设计的。病毒程序往往附在合法程序中。当程序执行时,病毒程序也被启动。病毒程序被启动后就去检查系统中的文件,如果发现了未感染的程序,则它就把病毒代码加在尾部,然后把原来程序的第一条指令改成跳转指令,转向执行病毒代码,之后再返回原来的程序执行。这样每当被感染的程序运行时,它总是去感染更多的程序。

为了减少病毒的侵害,除了针对各种病毒设计相应的杀毒软件外,还可在二进制文件目录中设置一般用户只读权限,以提高病毒入侵的难度,防止病毒感染其他文件,限制病毒渗透系统的能力。

6.5.3 文件保密

文件保密是指防止他人窃取文件。随着计算机网络的迅速发展,有些人会怀着各种目的侵入银行系统、窥视商业机密、剽窃专利技术、窃取军事情报等。因此为文件设计加密机制也是确保文件安全性的重要工作之一。常用的保密措施有以下几种:

(1)隐藏文件目录

把保密文件的文件目录隐藏起来,不让它在显示器显示,非授权的用户不知道这些文件的文件名,因而不能作用这些文件。

在采用这些方法的系统中,都设计了可以隐藏或解除隐藏指定文件目录的专用口令。

(2)设置口令

为文件设置口令是实现文件保密的一种可行方法。只有当使用文件者提供的口令与文件目录中的口令一致时,才允许他使用文件,且在使用时必须遵照规定的存取权限。得不到文件口令的用户是无法使用该文件的。为了防止口令被盗窃,系统应采取隐藏口令的措施,即在显示文件时应把口令隐藏起来。当口令泄密时,应及时更改口令。

(3)使用密码

对极少数极为重要的保密文件,可把文件信息翻译成密码形式保存,使用时再把它解密。密码的编码方式只限文件主及允许使用该文件夹同组用户知道,这样其他用户就难以窃取到文件信息,当然这种方法会增加文件重新编码和译码的开销。

要点讲解

6.5节主要学习如下知识要点:

1.文件共享:一个文件可以让多个用户共同使用。

2.文件保护:防止文件被破坏和非法访问。

(1)防止自然与人为因素造成的破坏:采用建立多个副本的办法。

(2)防止系统故障造成的破坏:采用建立副本和定时转储的办法。

(3)防止文件共享时造成的破坏:不允许同时使用;或允许同时使用但限制对文件使用的权限。

(4)防止计算机病毒的侵害:针对各种病毒设计相应的杀毒软件,还可在二进制文件的目录中设置一般用户的只读权限。

3.文件保密:防止他人窃取文件。

(1)隐藏文件目录

(2)设置口令

相当于我们平时使用软件的登录密码。

(3)使用密码

就是把文件翻译成另一种形式,在使用时再翻译回原来的形式,它不同于设置口令。

典型例题分析

1.下列不是文件保密的常用措施是(　　)。

　　A.隐藏文件目录　　B.设置口令　　C.使用密码　　D.建立副本

【答案】D

【分析】常用文件保密措施有隐藏文件目录、设置口令和使用密码。建立副本只是文件保护的措施。

2. 什么是文件保护？简述对用户共享文件进行文件保护的方法。

【答案】文件的保护是防止文件被破坏和非法访问。

常用的实现对共享文件的保护有如下两种方法：

(1)存取控制矩阵。矩阵元素包括用户和用户对相应文件的存取控制权，包括读、写和执行。

(2)存取控制表。存取控制表以文件为单位，列出文件主、伙伴和一般用户对该文件的使用权限。

6.6　Linux 的文件系统

Linux 文件系统的最大特点是采用了虚拟文件系统(VFS)，它隐藏了各种硬件的具体细节，为所有设备提供了统一的接口，能够支持 ext、ext2、MS-DOS、VFAT 等多达 15 种文件系统，并且能够将多种本地的或远程的文件系统共存于 Linux 中，并实现这些文件系统之间的互访。

文件系统是操作系统用来存储和管理文件的方法，在 Linux 中每个分区都是一个文件系统，都有自己的目录层次结构。Linux 将这些分属不同分区的相互独立的文件系统，按一定的方式形成一个系统的总的目录结构。

6.6.1　Linux 的 ext2 文件系统

在众多可以使用的文件系统中，ext2 是 Linux 自行设计且具有较高效率的一种文件系统。虽然最新的 Linux 已经将 ext3 作为默认的文件系统，但是作为一种经典的文件系统，ext2 在性能和健壮性上依然具有其独特的优点，它建立在超级块、块组、i 节点、目录项等概念的基础上，ext2 文件系统灵活、功能强大而且在性能上进行了全面的优化，并且在主存映射、数据块的申请与释放算法上也有自己的独到之处。

1. ext2 文件系统支持标准的 UNIX 特性

(1)支持 UNIX 文件类型，比如长文件名、目录文件、特殊设备文件等。

(2)支持 4 GB 的文件和长文件名，ext2 文件系统的文件名最长可以达 255 个字符，足以满足任何应用需求，且文件名在目录项中是变长的，所以不浪费存储空间。

(3)ext2 文件系统为超级用户保留了一些块，一般有 5% 的数据块预留。这样允许超级用户在用户进程占满文件系统时重新恢复。

2. ext2 文件系统具有自己特有的性能

(1)ext2 文件系统具有同步更新的能力。文件系统安装时默认设置超级用户需要修改的 inode、位图块、间接块、目录块等数据同步写到磁盘。

(2)ext2 文件系统允许超级用户在创建文件系统时选择逻辑块的大小，其大小一般为 1 KB、2 KB 或 4 KB。在 I/O 请求少的情况下，大的数据块可以提高 I/O 存取速度，其缺点是浪费磁盘空间。

3. ext2 文件系统对数据块的分配所采用的优化策略

在给文件系统分配数据块时，ext2 文件系统尽量从同一块组中分配数据块作为文件的索引节点，从而使得索引节点与数据块在磁盘上靠得很近，在访问文件时减少磁头移动的距离，以减少访问时间。

在给文件分配数据块或写文件时，ext2 文件系统总是预分配多达 8 块的连续数据块，方便文件的动态增加，同时也方便数据块位图，因为 8 个块正好使用一个字节存放其位图信息。同时这种预分配得到的空间的连续性也使得文件的读写操作的 I/O 速度得以大大提高。

ext2 文件系统提供快速符号连接，由于快速符号连接不使用文件系统的任何数据块，其目标路径名不存放在数据块中，而是直接存放在 i 节点中，所以既能节省磁盘空间，又能提高连接速度。

ext2 文件系统可以跟踪文件系统的状态，内核使用超级块中的一个字段指示文件系统的状态，当文件系统以读写方式安装时，该字段设置为"脏"；当文件系统以只读方式卸载时该字段重新设置为"干净"，启动时可以利用该字段检查文件系统是否需要被检查。

6.6.2 ext2 文件系统逻辑结构与物理结构

1. 逻辑结构

ext2 文件系统中文件的逻辑结构采用字符式无结构的流式文件结构。文件由逻辑块序列组成，所有数据块的长度可变，但一经定义后则长度相等。

ext2 文件系统中文件的物理结构采用 UNIX 系统的三级索引结构来实现文件数据块的物理存储。这种物理结构的优点是兼顾了各种不同容量文件的物理存储和对检索速度的不同需求，使系统具有更好的适应性。

当一个文件被打开后，其磁盘 i 节点的内容会由系统复制到主存 i 节点中，主存 i 节点中除了从磁盘 i 节点复制来的文件静态信息外还有针对该文件在使用过程中产生的活动信息。磁盘 i 节点的结构为 ext2_inode，主存 i 节点的结构为 ext2_inode_info（略）。

2. 物理结构

由上述磁盘 i 节点 ext2_inode 的结构所知，其中 i_block（文件占用块数）指针数组中包含了 15 个指向磁盘块的指针，其中前 12 个指针是直接指向文件的前 12 个逻辑块；其余的 3 个指针分别为一次间接、二次间接和三次间接指针。

如果一个小文件不超过 12 个逻辑块，则该文件的每一块都由一个直接指针指向它们，这些逻辑块可以直接访问，每访问一块为一次读盘操作。因为在文件打开时，系统会将该文件的磁盘 i 节点调入相应的主存活动 i 节点表中。

如果文件大小超过 12 个逻辑块，则超过的部分就要通过一次间接索引才可以访问，所以超过的部分需要读 2 次盘；第一次读盘访问间接索引得到物理地址，第二次读盘访问文件块。

如果文件大到超过一次间接读索引所能容纳的物理块数，则超过的部分就要采用二次间接索引来完成，对于一部分内容就要读盘 3 次了。

对于极大的文件,Linux 也可以通过 3 次间接索引来完成其物理存储的组织,只不过访问大文件的内容需要读盘至多 4 次。

这种文件的物理组织方式基本上沿用了 UNIX 的方法,其优点在于兼顾了大中小文件的物理组织。对于中小型文件致力于其对读写速度的要求,而对于大型或巨型文件则满足其能够使用的要求,由于绝大多数文件都是中小型的,所以极大地方便了用户。

按每块大小 1 KB 计算,指针长度 32 位占 4 B,则每个索引块存放索引指针 256 个,照此计算每级索引可以容纳的文件物理块数最多为:

直接索引:12 块　　　12 KB
一级索引:256 块　　 256 KB
二级索引:256^2 块　　64 MB
三级索引:256^3 块　　16 GB

所以理论上文件可容许的最大长度为 12 KB+256 KB+65 MB+16 GB,而实际可以容纳文件夹的最大长度在 i 节点中决定。由于文件长度字段 32 位,所以系统可以接受的文件最大长度为 4 GB。

6.6.3　ext2 文件系统对存储空间的管理

1. ext2 文件系统的磁盘格式

Linux 将整个磁盘划分为若干分区,一般为一个主分区 native 和一个交换分区 swap,每个分区都作为一个独立的设备对待。磁盘主分区用于存放文件系统,交换分区用于虚拟主存。主分区由引导块和一系列的块组组成,每个块组的结构相同。ext2 文件系统的磁盘结构如图 6-15 所示。

| 引导块 | 块组 1 | 块组 2 | … | 块组 n | 交换区 |

图 6-15　ext2 文件系统的磁盘结构

其中引导块用于存放引导程序,负责启动系统,每个块组具有相同的结构,如图 6-16 所示。

| 超级块 | 组描述符表 | 块位图 | inode 位图 | inode 表 | 数据块 |

图 6-16　ext2 文件系统的块组结构

超级块是系统用来管理文件系统(磁盘块)的数据结构。组描述符表是所有块组的组描述符的集合,一个组描述符用于描述一个块组的信息。上述超级块和组描述符表是针对整个文件系统的,每个块组中都有相同的副本,启动时调入块组 0,其他作为备份,这样做的好处是当系统崩溃时可以用备份恢复,提高了系统的可靠性。

块位图用来记录本组内各个数据块的使用情况,其中每一位对应一个数据块,0 表示空闲,非 0 表示已分配。

inode 位图记录了 inode 表中的块使用情况,同样是每一位对应一个 inode 块,0 表示空闲,非 0 表示已分配。

inode 表中所包含的空闲块用于分配给文件的 i 节点,每个 i 节点一个文件,有唯一的 i 节点号。

数据块是文件物理结构图的存储块,用于存放物理文件的数据。该块所属文件的 i 节点中,索引指针指向这些数据块。

2. ext2 文件系统的磁盘空闲块的分配

ext2 文件系统对磁盘空闲块的管理是通过超级块和组描述符表来完成的。

为了提高文件系统访问的效率,尽量避免碎片问题,ext2 文件系统在实施分配时总试图分配一个与当前文件数据块在物理位置上邻接或者位于同一个块组的新块,只有在这种分配策略失败后才在其他块组中分配。

当进程写文件时,ext2 文件系统首先检查是否已经超出了文件最后被分配的块空间。如果超出了就必须为该文件分配一个新的数据块。由于分配或释放数据块会改变超级块的某些域,为了保持数据一致性,ext2 的块分配程序将该文件系统的 ext2 超级块作为临界资源提供给各进程共享;一次只允许一个进程进入,各进程对它的访问遵循先来先服务的原则,进入时加锁,释放时解锁。其分配过程如下:

(1) 如果采用预分配块策略,则从预先分配数据块中取得一个,预先分配块实际上并不存在,它们只是包含在已分配块的位图中。

(2) 如果没有使用预分配策略,则 ext2 文件系统必须分配一个新数据块。如上所述,首先检查该文件最后一个块之后有无空闲块,如果没有则在同一个块组的 64 个数据块中选择一个。

(3) 如果同一个块组中没有空闲块,则将在其他块组中搜寻,此时首先查找 8 个一簇的连续块,直至找到一个空闲块实施分配。

(4) 找到空闲块后,块分配程序将更新该数据块的块位图,并在调整缓存中为它分配一个数据缓存且初始化。初始化包括修改缓存 buffer_head 的 b_bdev 和 b_blocknr,缓存中的数据区被置 0,缓存被标记为 dirty,dirty 表示其内容还未写入物理磁盘空间,最后超级块的 s_dirt 也要置位,表示它已经被更新需要写回设备,并解锁释放超级块。

限于篇幅,ext2 文件系统的文件目录共享和 VFS(虚拟文件系统)内容就不再赘述。

6.6.4 Linux 文件和目录结构

Linux 采用的是树形目录结构,整个文件系统有一个"根(root)",然后在根目录下分"杈",任何一个分杈上都可再分"杈",杈上也可以长出"叶子","根"和"杈"在 Linux 中被称为"目录"或"文件夹",而"叶子"则是一个个的文件。

典型的 Linux 文件目录结构,见表 6-8。

表 6-8　　　　　　　　　　　Linux 目录结构

目录	说明	目录	说明
/root	根目录	/mnt	挂载点目录
/root/home/tcl	用户目录	/etc	配置目录
/bin,/usr/bin/,/usr/local/bin	用户可执行文件目录	/tmp	临时文件目录
/sbin,/usr/sbin/,/usr/local/sbin	系统可执行文件目录	/var	服务器数据目录
/boot	内核及 Linux 引导程序目录	/proc,/sys	系统信息目录
/lib,/usr/lib,/usr/local/lib	共享库目录		

6.6.5 Linux 文件和目录管理的常用命令

1. pwd 命令

功能：pwd 命令显示用户所在的位置，并输出当前工作目录。

格式：pwd

示例：显示当前目录。

```
localhost login：tcl
Password：
[tcl@localhost tcl]$ pwd
/lome/tcl
[tcl@localhost tcl]$ _
```

2. ls 命令

功能：列出当前目录或指定目录的内容。

格式：ls [选项][目录]

示例：显示/home 目录下文件或目录。

```
[tcl@localhost tcl]$ ls -l /home
drwx------ tcl tcl 4096 1月 12 20:18 tcl
```

3. mkdir 命令

功能：建立目录。

格式：mkdir [目录名]

示例：在/home/tcl 目录下建立 abc 目录。

```
[tcl@localhost tcl]$ mkdir /home/tcl/abc
[tcl@localhost tcl]$ ls -l /home/tcl
drwx r wxr - x 2 tcl tcl 4096 1月 12 20:54 abc
```

4. cd 命令

功能：改变当前目录。目的目录名可用相对路径表示，也可以用绝对路径表示。

格式：cd [目的目录名]

```
[tcl@localhost tcl]$ cd /home/tcl/abc
[tcl@localhost abc]$ _
```

5. rmdir 命令

功能：删除空目录。

示例：删除 abc 目录。

```
[tcl@localhost tcl]$ rmdir /home/tcl/abc
```

6. cp 命令

功能：复制文件。

格式：cp [源文件名][目标文件名]

示例：将/etc/host.conf 复制到 abc 目录下。

```
[tcl@localhost tcl]$ cp /etc/host.conf /home/tcl/abc
[tcl@localhost tcl]$ ls abc
```

host.conf
[tcl@localhost tcl]$ _

7. mv 命令

功能：移动且重命名文件。

格式：mv [源文件名] [目标文件名]

示例：将/host.conf 移动到 tcl 目录下，且改名为 a.conf。

[tcl@localhost tcl]$ mv /home/host.conf a.conf

8. rm 命令

功能：删除文件。

格式：rm [文件名]

示例：删除文件 a.conf。

[tcl@localhost tcl]$ rm a.conf

9. chmod 命令

功能：chmod 命令用于改变或设置文件或目录的访问权限。

格式：chmod [选项] 模式 文件或目录名

示例：将文件的权限修改为所有用户对其都有执行权限。

[tcl@localhost tcl]$ cp /etc/host.conf a.conf
[tcl@localhost tcl]$ chmod a+x a.conf
[tcl@localhost tcl]$ ls -l a.conf
-rwxr-xr-x 1 tcl tcl 17 1月 12 22.36 a.conf

限于篇幅，Linux 系统中文件目录操作命令只讲上面几条。

本章小结

用户是从使用的角度来组织文件的，由用户确定的文件结构称逻辑结构或称逻辑文件。逻辑文件有两种类型：流式（文件是依次的一串信息集合）和记录式（文件由若干个逻辑记录组成）。系统是从存储介质的特性、用户的使用要求、怎样有效地存储和检索的角度来组织文件的，由系统确定的文件结构称物理结构，也称作物理文件。物理文件的类型有顺序文件、链接文件和索引文件等。

文件系统必须实现把逻辑文件转换成物理文件的功能，为了能把逻辑文件映射成物理文件，必须考虑文件存储空间的分配。当用户需要文件信息时，文件系统又要把物理文件转换成逻辑文件，为此必须考虑一种有效的目录结构。尤其在多道程序设计的系统中，为解决重名问题可采用二级或多级目录结构，以保证从物理文件到逻辑文件的正确转换。

用户使用文件时可采用顺序存取或随机存取的方法。

文件的基本操作有打开文件、建立文件、关闭文件、读/写文件、删除文件等。

文件的成组和分解操作不仅可提高文件存储空间的利用率，而且能减少启动存储设备的次数，是有利于提高系统效率的。

最后简单介绍了 Linux 系统设备管理方面的知识。

习 题

一、选择题

1. 文件管理实际上是对( )的管理。
   A. 主存空间　　　B. 外存空间　　　C. 逻辑地址空间　　D. 物理地址空间
2. 采用哪种文件存取方式,取决于( )。
   A. 用户的使用要求　　　　　　　B. 存储介质的特性
   C. 文件的逻辑结构　　　　　　　D. 用户的使用要求和存储介质的特性
3. 在文件系统中,( )要求逻辑记录顺序与磁盘块顺序一致。
   A. 顺序文件　　　B. 链接文件　　　C. 索引文件　　　D. 串联文件
4. 记录式文件内可以独立存取的最小单位是( )。
   A. 字　　　　　　B. 字节　　　　　C. 数据项　　　　D. 物理块
5. 数据库文件的逻辑结构是( )。
   A. 链接文件　　　B. 流式文件　　　C. 记录式文件　　D. 只读文件
6. 存放在磁盘上的文件( )。
   A. 既可以随机访问又可以顺序访问　　B. 只能顺序访问
   C. 只能随机访问　　　　　　　　　　D. 必须通过操作系统访问
7. 位示图可用于( )。
   A. 文件目录的查找　　　　　　　B. 磁盘空间的管理
   C. 主存空间的共享　　　　　　　D. 实现文件的保护和保密
8. 在下列文件的物理结构中,( )不利于文件长度的动态增长。
   A. 顺序结构　　　B. 链接结构　　　C. 索引结构　　　D. hash 结构
9. 文件系统采用二级目录结构,这样可以( )。
   A. 缩短访问文件存取时间　　　　B. 实现文件共享
   C. 节省主存空间　　　　　　　　D. 解决不同用户之间文件的命名冲突
10. 文件系统的主要目的是( )。
    A. 实现对文件的按名存取　　　　B. 实现虚拟存储器
    C. 提高外设的输入/输出速度　　 D. 用户存储系统文档
11. 允许不同用户的文件具有相同的文件名,通常在文件系统中采用( )。
    A. 重命名　　　　B. 树形目录　　　C. 约定　　　　　D. 路径

二、填空题

1. 文件的组织是指文件的构造方式。其中,独立于物理环境的称为文件的_____;与存储介质有关的称为文件的_____。
2. 从对文件信息的存取次序考虑,存取方式可以分为两种:_____和_____。
3. 文件的保密是指防止他人窃取文件。常用的保密措施有以下几种:_____、_____和_____。
4. 文件目录是用于_____的,它是文件系统实现按名存取的重要手段。

5.用户组织的文件称为逻辑文件,逻辑文件有两种形式,它们是_____和_____。

6.文件的存取方式有两种,它们是_____存取和_____存取。

三、简答题

1.什么叫文件?

2.文件系统应具有哪些功能?

3.文件的逻辑结构和存储结构?

4.解释顺序文件、链接文件和索引文件。

5.有一个文件可供两个用户共享,但这两个用户却对这个文件定义了不同的名字,为保证两个用户都能存取该文件,应怎样设置文件目录?简单画出目录结构关系且解释说明。

6.文件系统提供的文件基本操作有哪些?

7.如何区分文件的保护和保密。

第7章　接口管理

本章目标

- 理解与掌握用户与操作系统接口的基本知识。
- 理解程序状态字、特权指令、目态和管态知识。
- 理解与掌握系统调用的基本知识。

操作系统是用户与计算机之间的接口,用户通过操作系统提供的帮助,可以快速、有效、安全和可靠地使用计算机系统中的各种资源。为使用户方便地使用操作系统,操作系统在隐藏了内部实现细节后向用户提供了接口,支持用户与操作系统之间进行交互。

用户接口可以两种形式呈现在用户面前:一种是命令接口形式,命令接口又分联机用户接口和脱机用户接口;另一种是系统调用形式,提供给用户在编程时使用。人们通常把上述两种形式分别称为联机命令接口(操作员接口)和程序接口(程序员接口)。在新操作系统中,为进一步方便用户使用计算机,又普遍增加了一种基于图像的图形化用户接口。

7.1　用户接口

命令接口提供了用户直接或间接控制计算机的方式。操作系统向用户提供了命令接口。用户利用操作系统提供的命令组织和控制程序的执行以及管理计算机系统。命令的执行一般是在命令输入界面上输入命令行,由系统在后台执行,并将结果反映到前台或者特定的文件内。命令接口又分为脱机用户接口和联机用户接口。

7.1.1　脱机用户接口

脱机用户接口源于早期批处理系统,在批处理系统中,系统不具备交互性,用户既不能直接控制作业的执行过程,也不能用自然语言描述控制意图,所以操作系统为脱机用户提供了相应的接口。

脱机用户接口一般是专为批处理作业的用户准备的,所以,也称为批处理用户接口。操作系统中提供了一个作业控制语言(Job Control Language,JCL),它由一组作业控制卡、作业控制语言和作业控制操作命令组成。在作业的控制中,脱机作业方式主要是通过作业控制语言编写用户作业的说明书。在整个控制过程中,用户不直接干预作业的运行,而是将作业和作业的说明书一起提交给系统,当系统调度到一作业时,由操作系统根据作业说明书的顺序对其中的作业控制语言和命令进行编译执行。

脱机用户接口的主要特征是用户事先使用作业控制语言描述好对作业控制的步骤，由计算机上运行的主存驻留程序（执行程序、管理程序、作业控制程序和命令解释程序）根据用户的预设要求自动控制作业的执行。

批处理作业的用户在作业的运行过程中，不能直接与作业进行交互，只能由操作系统对作业进行控制和干预，而 JCL 就是提供给用户，为实现所需作业控制功能、委托系统控制的一种语言。批处理命令的一些应用方式有时也被认为是联机控制方式下对脱机用户接口的一种模拟。因此，UNIX/Linux 中的 Shell 也可以认为是一种 JCL。

在进行处理之前，用户事先使用 JCL 语句，将用户的运行意图和需要对作业进行的控制与干预写在作业说明书上，将作业与作业说明书一起提交给系统。当系统调度到该作业运行时，系统调用 JCL 语句处理程序或命令解释程序，对作业说明书上的语句或命令进行逐条解释执行。如果在作业执行的过程中出现异常情况，系统会根据用户在作业说明书中的指示进行干预。就这样，作业一直在作业说明书的控制下进行运行，直到作业运行完毕。由此可见，JCL 为用户的批处理作业担任了一种作业级的接口。

7.1.2 联机用户接口

联机用户接口由一组命令及命令解释程序组成，它为联机用户提供了调用操作系统功能，也是请求操作系统为用户服务的手段。用户通过终端设备输入操作命令，向系统提出各种要求，这种输入方式又可以分为命令行输入和图形化用户接口。

1. 命令行输入

命令行输入即用户在控制台界面中输入一条命令，控制台就转入系统命令的解释、执行，完成要求的功能，之后又转向控制台。用户又可继续输入命令使计算机工作。这种命令行输入的方式对用户操作要求较高，命令不易记忆，因此后来发展出图形化用户接口。

命令语言具有规定的词法、语法和语义，它以命令为基本任务，完整的命令集构成命令语言，反映了系统提供给用户可使用的全部功能。每个命令以命令行的形式输入并提交给系统，一个命令行由命令关键词和一组参数构成，指示操作系统完成系统规定的功能。对初级用户来说，命令行形式十分烦琐，难以记忆；但对有经验的用户来说，命令行方式用起来十分方便快捷，可以进行多种组合，完成用户的各种复杂要求，所以至今还有许多用户喜欢使用这种命令形式。

简单的命令的一般形式为：

<命令关键词>[参数 1 参数 2 … 参数 n]

其中，命令关键词规定了命令的功能，又叫命令动词，是命令名。参数表示命令的自变量，如文件名、参数值等。命令动词所带的参数数目是由命令关键词决定的，是可有可无、可多可少的，依据具体命令的要求而定。

例如，MS-DOS 的常用命令行命令如下：

(1) CD 命令

功能：显示当前目录的路径名。

示例：CD \WPS\DATA

说明：CD 命令后接一个空格和要转换至目录的路径名。目录的路径名常以一个反斜杠开始,但不以反斜杠结束。

(2)CLS 命令

功能:清屏。

示例:CLS

说明:CLS 起清屏作用,除去屏幕上显示的所有信息。

(3)COPY 命令

功能:做一个文件的拷贝。

示例:C:\>COPY C:\WPS\DATE\FILE A:\FILE1

说明:这将 FILE 从 C 盘拷贝至 A 盘。用户可以更改拷贝的文件名为 FILE1,但若拷贝与源文件处于同一目录下,就必须更改文件名。

(4)DEL 命令

功能:删除一个或多个文件,将其从盘上清除并释放其占用的空间。

示例:DEL USELESS.TXT 或 DEL *.BAK

说明:DEL 命令完全清除一个文件(若使用通配符,还可清除一组文件)。这对于清除旧文件并释放磁盘空间是常用的。

(5)DIR 命令

功能:显示磁盘上文件列表。

示例:DIR C:\WPS

说明:DIR 可能是最常用的 DOS 命令,并且也是唯一查看磁盘文件的方式。用户可以在 DIR 命令后接上某个驱动器符或子目录路径名来查看其上的文件列表。

(6)MD

功能:建立目录命令。

示例:C:\>MD STU 或 C:\>MD D:\STU

(7)RD

功能:删除目录。

示例:C:\>RD STU 或 C:\>RD D:\STU

(8)REN

功能:更改文件名,在不改动内容的同时给它起一个新名字。

示例:REN OLDNAME NEWNAME

2. 图形化用户接口

图形化用户接口采用了图形化的操作界面,用非常容易识别的各种图标来将系统各项功能、各种应用程序和文件直观、逼真地表示出来。用户可能通过鼠标、菜单和对话框来完成对应用程序和文件的操作。图形化用户接口包括窗口、图标、菜单和对话框操作等。图形化用户接口的优点非常明显,用户不需要去记忆那些操作系统命令和它们的格式、参数,并且可以将文字、图形和图像集成在一个文件中。

在新推出的操作系统中,都提供了图形化用户接口,其中,Microsoft 公司的 Windows 最具有代表性。

(1)桌面、图标、任务栏和窗口

①桌面

Windows 操作系统运行时,所有操作都是在桌面上进行的。桌面即整个屏幕空间,如图 7-1 所示。

图 7-1 Windows 桌面

Windows 操作系统桌面供多个任务共享。为避免混淆,每个任务都用各自的窗口来显示其操作和运行情况,并可以通过对任务的运行进行控制。因此桌面上可以同时存在多个窗口,多个窗口有平铺、层叠和最小化等形式,桌面上还可以存在一些代表着可以运行任务的小图标,通过单击桌面上的图标,可方便用户更快捷地启动任务运行。桌面的最下方显示一个长条,称为任务栏,其中最显著的是左边的"开始"按钮。

②图标

图标是图形化用户接口的重要元素。所谓图标,是代表一个对象的小图像,如代表一个文件夹或一个应用程序的图标,实际上是最小化的窗口。双击图标,可以打开其代表的任务窗口;当用户暂时不用某窗口时,可利用鼠标去双击最小化按钮,即可将该窗口缩小为图标。

Windows 操作系统比较常见的图标有如下几种。

a. 我的电脑

其代表本地计算机。双击"我的电脑"图标,会打开"我的电脑"窗口,其中将显示计算机的所有资源,因此可通过该窗口来查看本地计算机以及对这些资源进行管理。比如,打开和查看硬盘中的资源,对文件和文件夹进行复制、移动、删除等操作,添加和删除设备、软件,设置系统环境等。

b. 我的文档

其代表硬盘上一个特殊的文件夹,用于让用户存放属于自己的文档或文件夹。

c. 回收站

其用于暂存用户所删除的文件和文件夹,以便在需要时可以恢复。Windows 操作系统中,用户删除文件和文件夹时,并没有真正将它删除,而是将其移到"回收站"中。用户双击"回收站"图标,可以打开"回收站"窗口,看到所有已被删除的文件或文件夹,可以从中选择将需要的文件或文件夹恢复到删除前的位置。只有在"回收站"中将文件和文件夹删除,才是真正地将其删除。

d. Internet Explorer(简称 IE)

IE 是由 Microsoft 公司开发的 WWW 浏览器,是用户上网浏览 Web 页面的重要工具。

e. 网上邻居

如果用户计算机已连接到局域网上,则通过"网上邻居"可以访问局域网中其他计算机上的可共享资源。

(3) 任务栏和"开始"按钮

任务栏一般位于桌面的最下方(其位置可以移动),目的是帮助用户快速启动常用的任务,便于进行多任务之间的切换。任务栏中最显著的对象是最左边的"开始"按钮。

① "开始"按钮

"开始"按钮位于任务栏的最左端,用鼠标单击它,可以打开一个"开始"菜单,其中包含所有系统中安装的工具软件和用户程序。"开始"菜单包括"程序""文档""设置""运行"和"帮助"等选项(Windows XP 等 Windows 系统)。因此,可使用"开始"按钮来运行一个程序。如果右击"开始"按钮,将打开一个快捷菜单,其中包括"资源管理器"等选项。在关闭计算机之前,应先关闭 Windows,单击"开始"按钮,然后选择"关闭计算机"选项。

② 任务栏

设置任务栏的目的是帮助用户快速启动常用的程序,方便切换当前的程序。任务栏是一个长条,表面有若干常用的应用程序小图标,可以让用户快速启动这些任务,如图 7-2 所示。

图 7-2 Windows 任务栏

任务栏可以始终完整地显示在屏幕上,即无论用户运行什么任务,都不能把任务栏覆盖掉;也可以"自动隐藏",使任务栏在桌面上不占用空间,只在屏幕下方显示一条白线,只有当鼠标移到白线上时,任务栏才显示出来。

(4) 窗口

窗口是 Windows 操作系统最重要的对象,熟练使用 Windows 操作系统,必须首先熟悉窗口对象,了解窗口的组成元素及其使用方法。

① Windows 窗口组成,如图 7-3 所示。

• 标题栏。标题栏是位于窗口顶端的横条,其中有显示相应窗口的标题,两端分别是控制菜单框和最小化、最大化和关闭按钮。

• 菜单栏。菜单栏一般位于标题栏的下方,以菜单条形式出现。不同任务窗口的菜单栏不同,但菜单条上都显示主菜单项,用鼠标单击打开其下级菜单,提供不同的操作功能。

226 操作系统

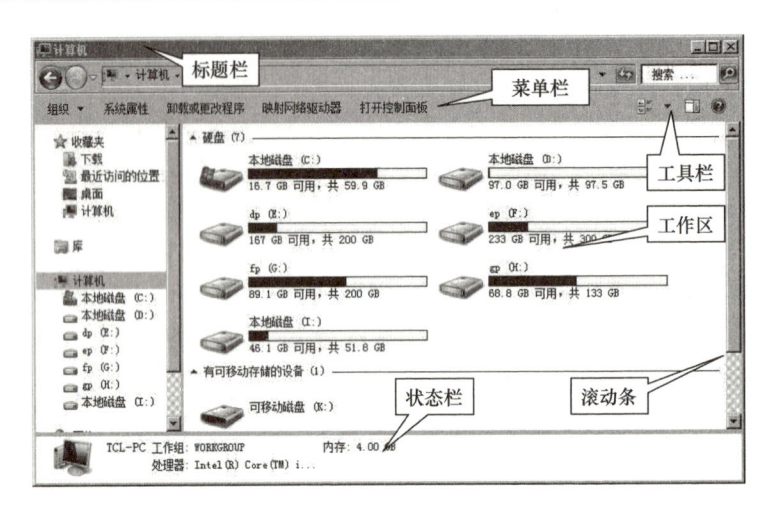

图 7-3　Windows 窗口

- 工具栏。工具栏一般位于菜单栏下方，以工具条形式出现。其中显示一些小按钮或图标，每一个小按钮图标代表一个菜单功能，以方便用户更快捷地执行这些功能。可以自行设置工具栏中的工具。
- 工作区。它是窗口内部的主体部分，程序的运行机制在这里进行。
- 滚动条。当窗口的大小不足以显示整个文件(档)内容时，可使用位于底部最右边的滚动条，以显示该文件(档)的其余部分。
- 状态栏。状态栏一般位于窗口下方，显示程序运行的状态，如文本编辑时的页数、当前编辑位置等信息。

2. 菜单控制方式

菜单控制方式将操作系统的功能进行划分，然后再进行更小类型的划分，直到落实到每一个具体的功能。分类的功能采用横向和纵向列表的形式直接显示在窗口中供用户选择，如图 7-4 所示。

图 7-4　Windows 窗口菜单

从图 7-4 可以看出，对文档的操作作为一个主功能，其下又划分成多个子功能。

菜单控制的好处:由于菜单列表一目了然,直观易懂,用户不再需要熟记任何命令,只需要在菜单的提示下进行选择来实现相应的功能;程序运行中间及最终都直接显示在指定的输出界面上;由于菜单控制的直观易懂,没有受过训练的用户都可以直接使用计算机,为计算机的快速普及提供了基础。

要点讲解

7.1节主要学习如下知识要点:

1. 脱机用户接口

作业控制语言,用来编制作业控制说明书。脱机用户接口所处理的作业也称批处理作业。分时系统的前台运行作业是终端用户作业;后台运行的作业是批处理作业。

2. 联机用户接口

操作控制命令。联机用户接口所处理的作业也称终端用户作业。联机用户接口包括命令行输入、图形化用户接口。

两者统称为操作员接口(或用户接口),操作员接口是一级操作控制命令,它们供用户提出如何控制作业的执行要求。

典型例题分析

1. 在批处理系统中,用户可以使用(　　)编写控制作业执行步骤的作业说明书。

A. 操作控制命令　　　　　　　　B. 作业控制语言
C. 作业启动命令　　　　　　　　D. 窗口或菜单

【答案】作业控制语言

【分析】批处理操作系统中为用户提供了一种控制作业执行步骤的手段:作业控制语言。用户使用作业控制语言事先准备好一份作业执行步骤的"作业控制说明书"。

2. 用作业控制语言编写作业控制说明书主要用于(　　)系统。

A. 分时　　　　B. 实时　　　　C. 批处理　　　　D. 多CPU

【答案】C

【分析】操作系统可以根据作业控制说明书自动控制作业的执行,不必守候在计算机旁进行联机操作,有利于系统对作业形成批处理。

3. 批处理操作系统根据用户提供的_____自动控制作业的执行。

【答案】作业控制说明书

【分析】作业控制说明书是用户事先准备好的作业执行步骤。

7.2　系统调用

1. 程序状态字、特权指令、管态和目态

(1) 程序状态字

程序状态字(PSW)是用来表示程序执行过程中的各种状态,控制指令顺序的一个字或多个字,其主要作用是实现程序状态的保护和恢复。每个正在执行的程序都有一个与其执行相关的PSW,CPU通过PSW判断是在目态还是在管态下执行当前程序。不同机

器的 PSW 格式不尽相同,但一般包括的内容差不多。

程序状态寄存器 PSW 是计算机系统的核心部件——运算器的一部分,PSW 用来存放两类信息:一类是体现当前指令执行结果的各种状态信息,如有无进位(CY 位)、有无溢出(OV 位)、结果正负(SF 位)、结果是否为零(ZF 位)、奇偶标志位(P 位)等;另一类是存放控制信息,如允许中断(IF 位)、跟踪标志(TF 位)等。

(2)特权指令

这得从 CPU 指令系统(用于控制 CPU 完成各种功能的命令)的特权级别说起。在 CPU 的所有指令中,有一些指令是非常危险的,如果错用,将导致整个系统崩溃。比如:启动外设、设置时钟以及设置中断屏蔽等指令。如果所有的程序都能使用这些指令,那么系统一天死机 n 回也就不足为奇了。所以,CPU 将指令分为特权指令和非特权指令两类:对于那些危险的指令,只允许操作系统使用的一类指令称为特权指令;普通的应用程序只能使用那些不会造成灾难的指令,这类指令称为非特权指令。

(3)管态和目态

我们规定用户程序中不允许使用特权指令,但万一用户程序出现了特权指令怎么办? 为了解决一个问题,中央处理器设置了两种工作状态:管态和目态。CPU 的状态属于程序状态字 PSW 的一位。CPU 交替执行操作系统程序和用户程序。

管态又叫特权态、系统态或核心态。CPU 在管态下可以执行指令系统的全集。通常,操作系统在管态下运行。

目态又叫常态或用户态。机器处于目态时,程序只能执行非特权指令。用户程序只能在目态下运行,如果用户程序在目态下执行特权指令,硬件将发生中断,由操作系统获得控制,特权指令执行被禁止,这样可以防止用户程序有意或无意地破坏系统。

从目态转换为管态的唯一途径是中断。CPU 是处于管态还是目态,硬件会自动设置与识别。

从管态到目态可以通过修改程序状态字来实现,这将伴随着由操作系统程序到用户程序的转换。例如,当系统启动时,硬件置中央处理器的初态为管态,然后装入操作系统程序。如果操作系统选择了用户程序占用 CPU,则把管态转换成目态。如果程序执行中出现了一个事件,则又将目态转换成管态,让操作系统去处理出现的事件。所以,总能保证操作系统在管态下工作,操作系统退出执行时,让用户程序在目态下执行。

例如,如用户程序调用了"访管指令",它一定处在目态中,否则它也无法访问特权指令了。形象地说,就像把家中的大门钥匙锁在家中无法打开大门一样。

2. 系统调用

从前面已经讲解的知识来看,操作系统为用户提供两种类型的使用接口,一种是操作员接口,另一种是程序(员)接口,以便用户与操作系统建立联系。操作员接口是一组操作控制命令,它们为用户提供如何控制作业执行的要求。程序接口是一组系统功能调用,它们为用户程序提供服务功能。

操作系统编制了许多不同功能的子程序(例如,读文件子程序,写文件子程序,分配主存空间子程序,启动 I/O 子程序等),供用户程序执行时调用。这些由操作系统提供的子程序称为系统功能调用程序,简称系统调用。

系统调用是操作系统为用户程序提供的一种服务界面，或者说，是操作系统保证程序设计语言能正常工作的一种支撑。在源程序一级，用户用程序设计语言描述算题任务的逻辑要求，例如读文件、写文件、请求主存资源等。这些要求的实现只有通过操作系统的系统调用才能完成，其中有些要求还必须执行硬件的特权指令（如I/O指令）才能达到目的。

系统调用应是在管态下执行的程序。

现代计算机系统的硬件系统都有一条"访管指令"。这是一条可在目态下执行的指令。编译程序在把源程序翻译成目标程序时把源程序中需调用操作系统功能的逻辑要求转换成一条访管指令，并设置一些参数。当处理器执行到访管指令时就产生一个中断事件，实现用户程序与系统调用程序之间的转换。系统调用程序按规定的参数实现指定功能，当一次系统调用结束后，再返回用户程序。如图7-5所示，指出了用户程序与系统调用之间的关系。

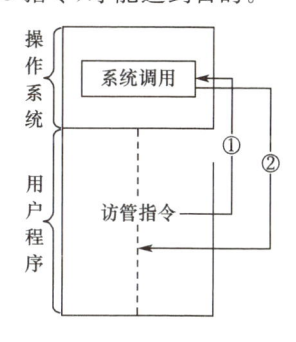

图 7-5　系统调用

图7-5中①是指当前用户程序执行到访管指令产生一次中断后，硬件使CPU在原来目态下执行用户服务程序变成在管态下执行操作系统的系统调用程序；②是指一次系统调用功能完成后，操作系统使CPU又返回到目态下执行用户程序。

3. 系统调用分类

不同的操作系统提供的系统调用不全相同，大致分如下几类：

(1) 文件操作类

这类系统调用有打开文件、建立文件、读文件、写文件、关闭文件和删除文件等。

(2) 资源申请类

用户调用系统功能有请求分配主存空间、归还主存空间、分配外设、归还外设等。

(3) 控制类

执行中的程序可以请求操作系统中止其执行或返回到程序的某一点再继续执行。操作系统要根据程序中止的原因和用户的要求做出处理。因而这类系统调用有正常结束、异常结束、返回断点/指定点等。

(4) 信息维护类

例如，设置日历时间、获取日历时间、设置文件属性、获取文件属性等。

要点讲解

7.2节主要学习如下知识要点：

1. 系统调用定义，即系统功能调用程序，是指操作系统编制的许多不同功能的供程序执行中调用的子程序。

2. 管态与目态

系统调用在管态下运行，用户程序在目态下运行，用户程序可以通过"访管指令"实现用户程序与系统调用程序之间的转换。

3. 系统调用分类：文件操作类、资源申请类、控制类、信息维护类。

典型例题分析

1. 操作系统提供给程序员的接口是(　　)。
   A. 库函数　　　　B. 进程　　　　C. 线程　　　　D. 系统调用

【答案】D

【分析】操作系统为用户提供两种类型的接口：操作员接口（用户级接口）和程序员接口（程序级接口）。程序员接口就是系统调用。

2. 使 CPU 的状态从管态转换到目态的原因可能是(　　)。
   A. 系统初始化　　B. 发生中断事件　　C. 系统调用完成　　D. 执行完一条指令

【答案】C

【分析】用户程序执行到访管指令产生一次中断，CPU 由目态转换为管态，由执行用户程序转换为执行系统调用程序，当系统调用功能完成后，CPU 由管态返回到目态，执行用户程序。

3. 系统调用的目的是(　　)。
   A. 请求系统服务　　B. 终止系统服务　　C. 申请系统资源　　D. 释放系统资源

【答案】A

【分析】系统调用就是调用操作系统服务程序。

4. CPU 在管态下执行计算机的(　　)。
   A. 访管指令　　B. 特权指令　　C. 一切指令　　D. 非特权指令

【答案】A

【分析】CPU 的硬件设置两个状态：管态和目态，管态下可执行一切指令，目态下可执行非特权指令。

7.3　Linux 系统的命令接口

Linux 系统命令接口是 Shell，Shell 为用户提供了使用 Linux 操作系统的接口，它是命令语言、命令解释程序及程序设计语言的统称，负责用户和操作系统之间的沟通，把用户下达的命令解释给系统去执行，并将系统传回的信息再次解释给用户，所以 Shell 也称为命令解释器。

Shell 还是一种高级程序设计语言，它有变量、关键字、各种控制语句，如 if、case、while、for 等，还有自己的语法结构。利用 Shell 程序设计语言可以编写出功能强大的代码程序，可以把相关的 Shell 命令有机地组合在一起，大大提高编程效率，利用 Linux 系统的开放性能，就能设计出适合自己要求的程序。

有一些命令（如改变工作目录的命令 cd）是包含在 Shell 内部的，还有一些命令（如 cp 和 rm）是存在于文件系统中某个目录下的单独的程序。对用户而言，不必关心一个命令是建立在 Shell 内部还是一个单独的程序。Shell 接到用户输入的命令后首先检查命令是不是内部命令，若不是再检查是不是一个应用程序；然后，Shell 在搜索路径里寻找这些应用程序，如果输入的命令不是一个内部命令并且在路径里没有找到这个可执行文件，将会显示一条错误信息；如果能够成功找到命令，该内部命令或应用程序将被系统传送给 Linux 系统内核。

Shell 命令的一般格式如下：

命令名［选项］［参数 1］［参数 2］…

说明：

(1)［选项］是对命令的特别定义，以减号(-)开始，多个选项可以用一个减号(-)连起来，如 ls -l -a 与 ls -la 相同。

(2)［参数 1］提供命令运行的信息，或者是命令执行过程中所使用的文件名。

使用分号";"可以将两个命令隔开，这样可以实现一行中输入多个命令。命令的执行顺序和输入的顺序相同。

示例：在当前目录下建立子目录 tmp。

%mkdir tmp

示例：将文件 file1 拷贝到文件 file2。

%cp file1 file2

本章小结

为了使用户能够更加方便灵活地运用系统的各项功能与服务，操作系统为用户提供了各种类型的接口，用户可根据自身的不同需要选用不同的用户接口。

本章简要介绍了操作系统为用户提供的接口类型，即脱机用户接口、联机用户接口、图形化用户接口和系统调用。在联机用户接口中，比较详细地介绍了 MS-DOS 的常用命令，使读者初步理解 MS-DOS 的命令。在系统调用中对系统调用的概念和系统调用分类做了简要的介绍。

MS-DOS 的常用命令：REN(改名)、COPY(复制文件)、DEL(删除文件)、MD(建立目录)、CD(改变目录)、RD(删除目录)等。

本章还简单讲解了程序状态字(PSW)、特权指令和非特权指令、管态和目态。

系统调用的分类：文件操作类、资源申请类、控制类和信息维护类。

最后还简单介绍了 Linux 中的命令接口(Shell 命令)。

习 题

1. 操作系统的接口有哪几种类型？
2. 脱机命令接口和联机命令接口有什么不同？
3. 简述系统调用的过程。

第8章　计算机系统安全简介

📖 本章目标

- 了解计算机系统安全的基本概念。
- 了解计算机系统安全的内容和性质。
- 了解系统安全的评价准则、现代加密技术、信息认证技术、信息访问技术以及防火墙技术。

在计算机技术、通信技术和网络技术综合为一体而广泛深入应用于IT技术的今天，如何保证信息的安全是人们最为关心的大事。要确保信息的安全，就必须知道影响安全的因素有哪些方面。

8.1　计算机系统安全的概念

计算机系统所涉及的安全问题，包括狭义安全和广义安全。
(1) 狭义安全。主要是指对外部攻击的防范。
(2) 广义安全。主要是指保障系统中数据的保密性、完整性和可用性。当前主要是使用广义安全概念。

计算机系统安全定义：为数据处理系统建立和采取的技术和管理的安全保护，保护计算机硬件、软件、数据不因偶然的或恶意的原因而遭到破坏、更改和泄露。

> 👉 **网络安全——国家战略**
> 2017年6月1日起《中华人民共和国网络安全法》正式实施。我们每个公民都应遵守它，不信谣、不传谣、不发表非正能量的信息，自觉维护个人、集体和国家形象，做一名守法的公民是我们每个人的义务。

8.2　系统安全的内容和性质

1. 系统安全的内容

通常，计算机系统安全包含三方面的内容：物理安全、逻辑安全和安全管理。
(1) 物理安全。物理安全是指系统设备及相关设施所采取的物理保护，使之免受破坏或丢失。
(2) 逻辑安全。逻辑安全是指系统中的信息资源的安全。它包括如下六个方面：
①保密性；②完整性；③可用性；④真实性；⑤实用性；⑥占有性。
逻辑安全是将机密信息置于保密状态，仅供有访问权限的用户使用。

(3)安全管理。安全管理包括各种安全管理的政策和制度。
安全管理包括如下几个方面：
① 安全管理的原则
a.多人负责原则：每一项与系统安全有关的工作进行时都必须有两人或多人在场。
b.任期有限原则：安全管理的职务最好不要长期由某个人担任，这样可以防止某些人利用长期的工作机会，从事有损于他人利益的活动却不易被发现。
c.职责分离原则：在信息处理系统工作的人员不要打听、了解或参与本人业务范围以外的与安全有关的事情。
② 安全管理工作
a.根据工作的重要程度，确定系统的安全等级。
b.制定严格的安全制度，如机房出入管理制度、设备管理制度、软件管理制度、备份制度等。
c.制定严格的操作规程，遵循职责分离和多人多责管理的原则。
d.制定完备的系统维护制度，对系统维护前就报主管部门批准，维护时要详细记录故障原因、维护内容、系统维护前后的状况等。
e.制定应急恢复措施，以便在紧急情况下尽快恢复系统正常运行。
f.加强人员管理，对调离人员要求其有安全保密义务并及时收回其相关证件和钥匙，工作人员调离时还要及时调整相应授权并修改相关口令。

2. 系统安全的性质

计算机系统安全涉及多方面，既有硬件方面的原因，又有软件方面的原因，同时又有人为因素、自然因素等，所以在考虑计算机系统安全时，应该从诸多方面考虑。

安全性也涉及多方面和多层次的内容，如多面性、动态性、层次性、适度性。

3. 系统安全威胁的类型

为破坏计算机系统的安全，攻击者会通过多种手段来获取所需要的信息，主要手段有假冒、数据截取、拒绝服务、修改、伪造、否认、中断、通信量分析等以实现对计算机系统的安全威胁。其中"通信量分析"，就是攻击者通过窃听手段来窃取通信信道中的信息，分析所传输信息的流量、类型，了解通信者的身份、地址和工作性质等，以达到获取通信者私人信息的目的。

4. 对各类资源的威胁

(1)对硬件的威胁

比如电压不稳、雷电、病毒、带电插拔、静电、室温过高、灰尘等都可能引起硬件故障。

(2)对软件的威胁

通常会通过对计算机系统删除软件、拷贝软件、恶意修改等构成对系统和用户软件的威胁。

(3)对数据的威胁

在现代计算机系统中，信息(数据)的安全是人们最为关切的。通常，攻击者会通过窃取机密信息、破坏数据的可用性和破坏数据的完整性来造成对数据的破坏。

(4)对远程通信的威胁

对远程通信的威胁，一是采取被动攻击方式：对于有线信道，攻击者在通信线路上搭接，截获在线路上传输的信息，以了解其中的内容或数据的性质；二是主动攻击方式，此方式危害更大，攻击者不仅可以截获在线路上传输的信息，还可以冒充合法用户，对网络中的数据进行修改、删除或者创建虚假数据，攻击者主要是通过对网络中各类节点中的软件和数据加以修改来实现对系统的破坏，这些节点是主机、路由器或各种交换器。

8.3　信息技术安全评价公共准则

随着计算机安全问题的被重视，1983 年，美国国防部提出一套《可信计算机评估标准》。之后，国际标准化组织采纳了美国、英国提出的"信息技术安全评价公共准则(CC)"作为国际标准。

CC 为相互独立的机构对相应信息技术安全产品进行评价提供了可比性。

1. CC 的安全等级

它将计算机的安全等级划分为 4 大类——D、C、B、A，8 级，分别有 D、C1、C2、B1、B2、B3、A1、A2。

(1) D 级：最低保护。无帐户，任意访问文件，没有安全功能。

(2) C1 级：选择性安全保护。系统能够把用户和数据隔开，用户根据需要采用系统提供的访问控制措施来保护自己的数据。C1 类不能控制进入系统的用户的访问级别，所以用户可以将系统中的数据任意移走，可以控制系统配置，获取比系统管理员允许的更高权限。

(3) C2 级：受控访问控制。控制粒度更细，舍不得允许或拒绝任何用户访问单个文件成为可能。

(4) B1 级：有标签安全保护。系统中的每个对象都有一个敏感性标签，而每个用户都有一个许可级别。

(5) B2 级：结构化安全保护。系统的设计和实现要经过彻底的测试和审查。

(6) B3 级：安全域机制。系统的使用功能足够小，以利于广泛测试。

(7) A 级：核实保护。这是 CC 的最高级别。它包含一套严格的设计、控制和验证过程。

我国于 2001 年 1 月 1 日起实施《计算机信息系统安全保护等级划分准则》，该准则将信息系统安全分为 5 个等级：

(1) 自由保护级：相当于 C1 级。

(2) 系统审计保护级：相当于 C2 级。

(3) 安全标记保护级：相当于 B1 级，属于强制保护。

(4) 结构化保护级：相当于 B2 级。

(5) 访问验证保护级：相当于 B3～A 级。

2. CC 的组成

CC 分为以下两部分：

(1) 信息技术产品的安全功能需求定义

这是面向用户的，用户可按照安全需求来定义"产品的保护框架"(PP)，CC 要求对 PP 进行评价以检查它是否能满足对安全的要求。

(2) 安全保证需求定义

这是面向厂商的,厂商应根据 PP 文件制定产品的"安全目标文件"(ST),CC 同样要求对 ST 进行评价,然后厂商根据产品规格和 ST 去开发产品。

安全功能需求包括一系列的安全功能定义,它们是按层次式结构组织起来的,其最高层为类(class)。CC 将整个产品(系统)的安全问题分为 11 类,每一类侧重于一个安全主题。中间层为帧(Family),最低层为组件(Component)。

保障计算机系统的安全性,涉及许多方面,有工程问题、经济问题、技术问题、管理问题,有时甚至涉及国家的立法问题。

保障计算机系统安全的基本技术:认证技术、访问控制技术、密码技术、数字签名技术、防火墙技术等。

8.4 数据加密技术

现代的计算机应用中所涉及的数据加密技术主要集中在两方面:
(1) 以密码学为基础来研究各种加密措施(保密密钥算法、公开密钥算法)。
(2) 以计算机网络(Internet、Intranet)为对象的通信安全研究。

数据加密技术是对系统中所有的存储和传输的数据进行加密。

数据加密技术包括数据加密、数据解密、数字签名、签名识别、数字证明。

1. 数据加密技术的发展

密码学是一门既古老又年轻的学科,几千年前人类就有通信保密的思想,先后出现了易位法和置换法等加密方法。1949 年,信息论的创始人香农论证了由传统的加密方法所获得的密文,几乎都是可以破译的,人们就开始了不断的探索。到了 20 世纪 60 年代,由于电子技术和计算机技术的发展,以及结构代数可计算性理论学科研究成果的出现,使密码学得到了新的发展,美国的数据加密标准 DES 和公开密钥密码体系的迅速发展,出现了广泛应用于 Internet 和 Intranet 服务器和客户机中的安全电子交易 SET 和安全套接层 SSL 规程,近几年数据加密技术更成为人们研究的热门。

2. 数据加密模型

可以通过图 8-1 了解信息的加密、解密过程。

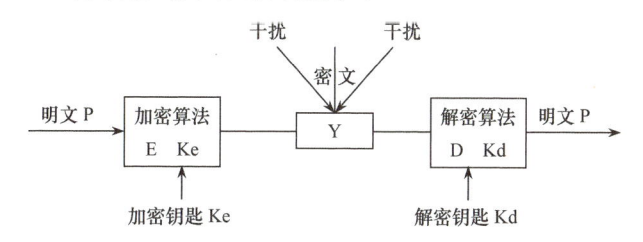

图 8-1 加密/解密过程示意

一个数据加密模型,通常由四部分组成:
(1) 明文。被加密的文本 P。
(2) 密文。加密后的文本 Y。

(3)加密(解密)算法 E(D)。通常是公式、规则或程序。

(4)密钥。密钥是加密和解密算法中的关键参数。它是在明文转换为密文或将密文转换为明文的算法中输入的数据。

加密过程:在发端利用加密算法 E 和加密密钥 Ke 对明文 P 进行加密,得到密文 Y=E(ke)(P),密文 Y 被传到接收端后进行解密。

解密过程:接收端利用解密算法 D 和解密密钥 Kd 对密文 Y 进行解密,将密文还原为明文 P=D(kd)(Y)。

在密码学中,把设计密码的技术称为密码编码,把破译密码的技术称为密码分析,它们统称为密码学。

在加密系统中,算法是较稳定的。为了加密数据的安全,应经常更换密钥。

3. 加密算法的类型

(1)对称加密算法/非对称加密算法

对称加密算法,是数据加密的标准,速度较快,适用于加密大量数据的场合。对称加密就是加密和解密使用同一密钥,通常称为"Session Key",这种加密技术目前被广泛采用,如美国政府所采用的 DES(Data Encryption Standard)加密标准就是一种典型的"对称"加密法,它的 Session Key 长度为 56 bits。

非对称加密就是加密和解密使用的不是同一个密钥,通常有两个密钥,称为"公钥"和"私钥",它们必须配对使用,否则不能打开加密文件。这里的"公钥"是指可以对外公布的,"私钥"则不能,只能由持有人一个人知道。它的优越性就在这里,如果在网络上传输加密文件,对称的加密访求就很难把密钥告诉对方,不管用什么方法都有可能被别人窃听到;而非对称的加密方法有两个密钥,且其中的"公钥"是可以公开的,也就不怕别人知道,收件人解密时只要用自己的私钥就可以,这样就很好地避免了传输的安全性问题。

(2)序列加密算法/分组加密算法

序列加密算法针对地图的存储特性,提出了一个混沌序列加密算法。该算法首先用单向 Hash 函数把密钥散列为混沌映射的迭代初值,混沌序列经过数次迭代后才开始取用;然后将迭代生成的混沌序列值映射为 ASCII 码后与地图数据逐字节进行异或运算。考虑到实际计算中的有限精度效应,该算法效率高,保密性好,使用简单。

分组密码是一种加密解密算法,将输入明文分组当作一个整体处理,输出一个等长的密文分组。分组加密算法有多种,DES 是应用最为广泛的分组密码。

4. 基本加密方法

(1)易位法。按一定的规则,重新安排明文的顺序,而字符本身保持不变。

例如,把"易位法按照一定的规则"几个字用易位法进行两次单双位置排队后,该句内容就变成"易按法一位则照是定"。

密钥是"MEGABUCK",其长读为 8,按 a 为 1,B 为 2 进行排列,再把明文的每个字母对齐在排序的下面。

M E G A B U C K
7 4 5 1 2 8 3 6

(2)置换法。按一定的规则,用一个字符去替代另一个字符以形成密文。

例如,发信人将"YES"这个英文单词发给他的朋友,在发送前,用 ASCII 码对"YES"

进行编码。首先在 ASCII 码中找出"YES"各自表示的值:89、69、83,即"YES"用 ASCII 码表示为"896983",如果再在这三个 ASCII 码数中各加上 ASCII 码中"A(65)"的值,"YES"就变成了"154134148"。对方收到该内容后再减去 ASCII 码"A"的值 65 就得到所需要的信息。在较复杂的商业活动中,多进行几次置换,就可以在一定程度内对所传输信息进行保密。

(3)对称加密算法。现代加密技术所用的基本手段仍然是易位法和置换法,只是有所改变,古典法中密钥较长,而现代加密技术则采用十分复杂的算法,将易位和置换法交替使用多次而形成乘积密码。最有代表性的对称加密算法是数据加密 DES。该算法是 IBM 公司于 1971 年研制的,后被美国国家标准局将其选为数据加密标准,于 1977 年颁布使用。ISO 现也将 DES 作为数据加密标准。随着 VLSI 的发展,现在可利用 VLSI 芯片来实现 DES 算法,并用它做成数据加密处理器 EDP。

在 DES 中使用的密钥长度为 64 位,其中实际密钥 56 位,奇偶校验码 8 位。DES 采用分组加密算法,将明文按 64 位一组分成若干个明文组,每次利用 56 位密钥对 64 位的二进制明文数据进行加密,产生 64 位密文数据。

(4)非对称加密算法。DES 属于对称加密算法。就是加密和解密所使用的密钥相同。DES 的保密性主要取决于对密钥的保密程度。加密者可以通过信使或网络传递密钥,如果通过网络传递,则需对密钥本身加密。通常把此法称为对称保密密钥算法。

1976 年美国的 Diffie 和 Hallman 提出了一个新的非对称密码体制,其最主要特点是在对数据加密和解密时,使用不同的密钥。每个用户都保存一对密钥,每个人的公开密钥都对外公开。假如某用户要与另一用户通信,他可用公开密钥对数据加密,而收信者则用自己的私用密钥解密以保证信息不外泄。

5. 公开密钥算法的特点

(1)设加密算法为 E、加密密钥为 Ke,用其对明文 P 加密,得到密文 $E_{Ke}(P)$。设解密算法为 D、解密密钥为 Kd,用其对密文解密而得到明文,即

$$D_{Kd}(E_{Ke}(P))=P$$

(2)要保证从 Ke 推出 Kd 是极困难的。
(3)在计算机上很容易产生成对的 Ke 和 Kd。
(4)加密和解密可以对调,即可用 D_{Kd} 对明文加密,用 E_{Ke} 对密文解密。

$$E_{Ke}(D_{Kd}(P))=P$$

由于对称加密算法和非对称加密算法各有优缺点,在许多新的安全协议中,同时应用这两种加密技术。

6. 数字签名和数字证明书

(1)数字签名

在计算机网络传输报文时,可将公开密钥法用于电子(数字)签名来代替传统的签名。要实现此工作,需满足三个条件:

①接收者能核实发送者对报文的签名。
②发送者事后不能抵赖其对报文的签名。
③接收者无法伪造对报文的签名。

数字签名分两种:简单数字签名和保密数字签名。

(2)数字证明书

一个大家都信得过的认证机构 CA(Certification Authority),由该机构为公开密钥发放一份公开密钥证明书,又把该公开密钥证明书称为数字证明书,用于证明通信请求者的身份。

7. 网络加密技术

网络加密技术用于防止网络资源的非法泄漏、修改和破坏,是保障网络安全的重要技术手段。在开放式系统互联参考模型中,可在网络的各个层次采用加密机制,为网络提供安全服务,如在物理层和数据链路层中,实现链路加密,而在传输层到应用层中,采用端-端加密。

(1)链路加密

链路加密是对在网络相邻点间通信线路上传输的数据进行加密。链路加密通常采用序列加密算法,它能有效防止搭线窃听。两个数据加密设备分别置于通信线路的两端,使用相同的数据加密密钥。

(2)端加密

端加密在单纯采用链路加密方式时,所传送的数据在中间节点将被恢复为明文,因此,链路加密方式不能保证通信的安全性;而端-端加密方式是在源主机或前端机 FEP 中的高层(从传输层到应用层)对所传输的数据加密。在整个网络的传输过程中,不论是在物理信道还是在中间节点,报文始终是密文,直至信息落地后才被译成明文。

但这种加密方式中,不能对报头中的控制信息(如目标地址、路由信息)进行加密,否则中间节点将无法得知目标地址和有关的控制信息。这也给攻击者提供了条件。

网络加密技术通常是采用上述两种加密方式。

8. 认证技术

认证又称为验证或鉴别,用于检测被认证的对象(人和事)是否符合要求。认证用来确定对象的真实性,以防止入侵者进行假冒、篡改等。通常,认证技术是网络安全保障的第一防线。

通常把认证技术分为如下几种:

(1)基于口令的身份证技术。口令是当今人们应用最多的一种身份识别技术。在使用口令的系统中,对口令的设置都有一定的要求。

(2)基于物理标志的认证技术。20 世纪初使用证件,到了 20 世纪 80 年代开始使用磁卡、IC 卡。通常把 IC 卡分为存储卡、微处理卡和密码卡三种。

(3)基于生物标志的认证技术。随着计算机技术的发展,人们利用指纹、视网膜组织和声音生物标志来识别身份。

(4)基于公开密钥的认证技术。随着 Internet 和 Intranet(企业内部网)的发展和应用,以及信息传播和电子商务的普及,人们对如何保护自己的利益进行了诸多的技术研究,开发出多种用于身份认证的协议。例如申请数据证书、SSL 握手协议(通信前,必须先运行 SSL 握手协议,以完成身份认证、协商密码算法和加密密钥)和 SET 安全电子交易协议来保障 Internet 上信息的安全。SSL 协议已经成为利用公开密钥进行身份认证的工业标准。

通常,基于公开密钥的认证技术有两个方面:申请数据证书、SSL 握手协议。

9. 访问控制技术

访问控制技术是当前应用最为广泛的一种安全保护技术。

当一个用户通过身份验证而进入系统后要访问系统中的资源时，还必须先经过相应的"访问控制检查机构"验证其对资源的合法性，以保证对系统资源进行访问的用户是被授权用户。

8.5 防火墙

随着计算机网络的飞速发展和广泛应用，一些经济领域、政治领域和其他各个领域得益于网络带来的加快业务动作的同时，其上网的数据也遭到了不同程序的破坏、非授权使用，数据的安全性和自身的利益受到了严重的威胁。为了有效地控制和管理网络安全，人们采取了多种保护系统安全的措施，例如防火墙技术、代理技术等。

防火墙(Firewall)是伴随着 Internet 和 Intranet 的发展而产生的。它是专门用于保护 Internet 安全的软件。

在计算机网络中，一个网络接到 Internet 上，内部网络就可以访问外部 Internet 上的计算机并与之通信，同时，外部 Internet 上的计算机也同样可以访问该网络并与之交互。为了安全起见，在该网络和 Internet 之间插入一个中介系统，竖立一道安全屏障，这道屏障的作用是阻断来自外部通过网络对本网络的威胁和入侵，这种中介系统就是防火墙。

防火墙是一个或一组实施访问控制策略的系统，在内部网络（专用网络）与外部网络（公用网络）之间形成一道安全保障屏障，以防止非法用户访问内部网络上的资源和非法向外传递内部消息，同时也防止这类非法和恶意的网络行为导致内部网络的运行遭到破坏，如图 8-2 所示。

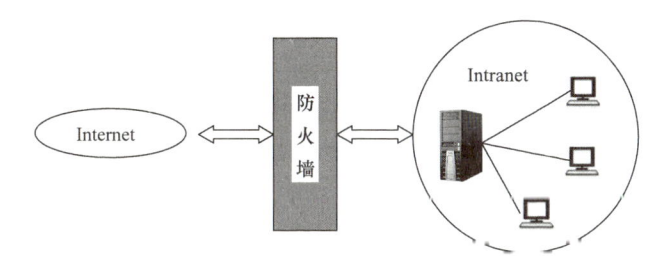

图 8-2 防火墙在网络中的位置

防火墙可能是软件，也可能是硬件或两者都有，但防火墙最基本的构件是构造防火墙的思想，即允许哪些用户能够访问内部网络，这也是传统意义上防火墙概念的出发点。通常防火墙系统是位于内部网络和 Internet 之间的路由器，也可以由 PC、主机系统或是一批主机系统，专门用于把网点或子网同那些可能被子网外的主机系统滥用的协议和服务隔绝。防火墙是设置在可信任的内部网络和不可信任的外界之间的一道屏障，它可以通过实施比较广泛的安全政策来控制信息流，防止不可预料的潜在的入侵破坏。

用于防火墙功能的技术可分为：包过滤防火墙、代理服务技术。

1. 包过滤防火墙

(1) 包过滤防火墙的基本原理

将一个包过滤防火墙软件置于 Intranet 的适当位置(通常是放在路由器或服务器中)。这样对进出 Intranet 的所有数据包按照指定的过滤规则进行检查,仅符合指定规则的数据包才准予通行,否则将其抛弃,如图 8-3 所示。

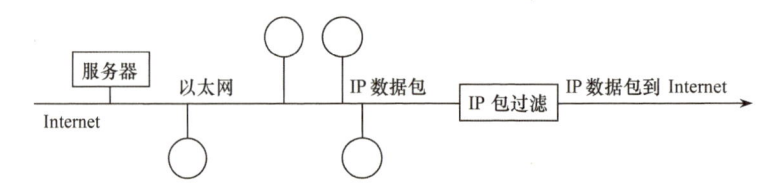

图 8-3 包过滤防火墙

包过滤防火墙的特点:只要特定的数据包能符合过滤规则,则在防火墙内外的计算机系统之间便能建立直接链路,使外部网或 Internet 上的用户能够获得内部网络的结构和运行情况。

(2) 包过滤防火墙的优缺点

包过滤防火墙的优点:有效灵活、简单易行。

包过滤防火墙的缺点:不能防止假冒;只在网络层和传输层实现;缺乏可审核性;不能防止来自内部人员造成的威胁。

2. 代理服务技术

代理服务器技术是针对防火墙的缺陷(特点)而引入的。

(1) 基本原理

为了防止 Internet 上的其他用户直接获得 Intranet 中的信息,在 Intranet 中设置了一个代理服务器,并将外网(Internet)与内部网之间的连接分为两段。一段是从 Internet 上的主机引到代理服务器;另一段是由代理服务器连到内部网中的某一个主机(服务器)。

每当有 Internet 的主机请求访问 Intranet 的某个应用服务器时,该请求总是被送到代理服务器,并在此通过安全检查后,再由代理服务器与内部网中的应用服务器建立连接。以后,所有的 Internet 上的主机对内部网中应用服务器的访问,都被送到代理服务器,由后者去代替在 Internet 上的相应主机对 Intranet 的应用服务器的访问。这样,把 Internet 主机对 Intranet 应用服务器的访问置于代理服务器的安全控制之下,从而使访问者无法了解到 Intranet 的结构和运行情况。

(2) 代理服务技术的优缺点

代理服务技术的优点:屏蔽被保护网、对数据流的监控。

代理服务技术的缺点:实现复杂、需要特定的硬件支持、增加了服务延迟。

代理服务器技术的特点:只要特定的数据包能符合过滤规则,则在防火墙内外的计算机系统之间,便能建立直接链路,使外部网或 Internet 上的用户能够获得内部网络结构和运行情况。

（3）规则检查防火墙

规则检查防火墙综合了包过滤和代理服务器技术两者的优点,既能过滤非法的数据包,又能防止非法用户对网络的访问。

规则检查防火墙的功能:认证、内容安全检查、数据加密、负载均衡。

本章小结

本章简要介绍了计算机系统安全的基本概念、计算机系统安全的内容和性质、系统安全的评价准则、现代加密技术、信息认证技术、信息访问技术、防火墙技术。

中华人民共和国网络安全法

中华人民共和国数据安全法

中华人民共和国个人信息保护法

GB/T 22239－2019 信息安全技术-网络安全等级保护基本要求

习 题

1. 系统安全的内容和性质有哪些?
2. 软件的威胁来自哪几个方面?
3. 计算机系统安全评价准则将计算机系统安全分为哪几个等级?
4. 什么是代理服务器技术?请叙述其工作过程。

第9章　云计算简介

本章目标

- 了解"云""云终端"等基本概念。
- 了解云计算的关键技术知识。
- 了解云计算安全管理平台(H3C SecCenter)知识。

现今，计算机资源在人们的日常生活中逐渐变得不可或缺，如何以更好的方式给公众提供计算机资源，受到很多研究人员和实践者的关注。

随着多核处理器、虚拟化、分布式存储、宽带互联网和自动化管理等技术的发展，产生了一种新型的计算机模式——云计算技术，它使资源与用户需求之间是一种弹性化的关系，资源的使用者和资源的整合者并不是一个企业，资源的使用者只需要对资源按需付费，从而敏捷地响应客户不断变化的资源需求，这一方法降低了资源使用者的成本，提高了资源的利用率。

云计算是新一代 IT 模式，在后端规模庞大、自动化程度和可靠性都非常高的云计算中心支持下，用户可以非常方便地访问云中心提供的各种信息和应用。从本质上来讲，云计算是指用户终端通过远程连接，获取存储、计算、数据库等计算资源。云计算在资源分布上包括"云"和"云终端"。"云"是互联网或大型服务集群的一种比喻，由分布的互联网基础设施(网络设备、服务器、存储设备、安全设备等)构成，几乎所有的数据和应用软件都可存储在"云"里。"云终端"，只需要拥有一个功能完备的浏览器，并安装一个简单的操作系统，通过网络接入"云"，就可以轻松地使用云中的计算资源，例如计算机、手机、车载电子设备等都是"云终端"。

9.1　云计算的概念

1. 产生背景

云计算技术是硬件技术和网络技术发展到一定阶段而出现的一种新的技术模型，通常技术人员在绘制系统结构图时用一朵云的符号来表示网络，云计算因此而得名。云计算并不是对某项独立技术的称呼，而是对实现云计算模式所需要的所有技术的总称。云计算技术的内容很多，包括分布式计算技术、虚拟化技术、网络技术、服务器技术、数据中心技术、云计算平台技术、分布式存储技术等。目前新出现的一些技术有 Hadoop、HPCC、Storm、Spark 等。从广义上讲，云计算技术包括了当前信息技术的绝大部分。

维基百科中对云计算的定义：云计算是一种基于互联网的计算方式。通过这种方式，共享的软、硬件资源和信息可以按需求提供给计算机和其他设备，它就像我们日常生活中用水和电一样,按需付费,而无须关心水、电是从何而来的。

2012年的国务院政府工作报告将云计算作为国家战略性新兴产业给出了定义:云计算是基于互联网的服务的增加、使用和交互模式,通常涉及通过互联网来提供动态、易扩展且经常是虚拟化的资源。云计算是传统计算机和网络技术发展融合的产物,它意味着计算能力也可作为一种商品通过互联网进行流通。

2. 云计算的定义

为了更好地理解云计算,先来看一个生活中的例子,就好比是从古老的单台发电机模式转身电厂集中供电模式,计算能力也可以作为一种商品进行流通,就像煤气、水电一样,取用方便,费用低廉,最大的不同在于,它是通过互联网进行传输的。让用户通过高速互联网租用计算资源,而不再需要自己进行大量的软、硬件投资。

由于云计算是在分布式处理(Distributed Computing)、并行处理(Parallel Computing)和网格计算(Grid Computing)的基础上发展起来的,它可以按照需求部署计算资源,用户通过终端远程连接,获取存储、计算、数据库等计算资源,且只需按使用的资源付费即可。

实现学校的云计算就是把学校的计算机教学实验服务器接入相应的服务器资源池,如图9-1所示,这个服务器资源池也称为"服务集群"或者"云",各实验室用户终端通过网络借助浏览器就可以很方便地访问某一物理服务器的"云"。

图 9-1 云计算实验室架构示意图

云计算在资源分布上包括"云"和"云终端"。"云"包括互联网或大型服务器集群,它由分布的互联网设施(网络设备、服务器、存储设备、安全设备和通信设备等)和无所不能的应用软件、数据等构成;"云终端"则是用户的个人计算机、手机、车载电子设备等,只需一个功能完备的浏览器并安装一个简单的操作系统,通过网络接入"云",就可以随心所欲地使用"云"的计算资源。

云计算是一种新兴的共享基础架构的方法。它统一管理大量的物理资源,并将这些资源虚拟化,形成一个巨大的虚拟化资源池,云是一类并行和分布式的系统,这些系统由一系列互联的虚拟计算机组成,这些虚拟计算机是基于服务器级别协议(生产者和消费者之间协商确定)被动态部署的,并且作为一个或多个统一的计算资源而存在。

云计算可以按照用户对资源和计算能力的需求动态部署虚拟资源,而不受物理资源的限制。用户所有基于云的计算和应用工作在虚拟化的资源上,不需要关心这些资源部署在哪些物理资源上,用户可以方便地变更对计算资源的需求。

3. 云计算的特点

从现有的云计算平台来看,它与传统的单机和网络应用模式相比,具有如下特点:

(1)超大规模。绝大多数的云计算中心都具有相当的规模,例如Google、IBM、Yahoo、Microsoft的云计算中心已经拥有上百万台服务器的规模。通过云计算中心整合、管理连接于云计算中心的巨大计算机集群。

(2) 虚拟化技术。这是云计算最强调的特点,包括资源虚拟化和应用虚拟化。每一个应用部署的环境和物理平台都是没有关系的。通过虚拟平台管理完成对应用的扩展、迁移、备份等操作。

(3) 动态可扩展。通过动态扩展虚拟化的层次对应用进行扩展的目的:可以实时将服务器加入现有的服务器机群中,增加"云"的计算能力。

(4) 按需部署。用户运行不同的应用需要不同的资源和计算能力,云计算平台可以按照用户的需求部署资源和计算能力。

(5) 高灵活性。现在大部分的软件和硬件都对虚拟化有一定支持,各种 IT 资源,如软件、硬件、操作系统、存储网络等要素都可以通过虚拟化放在云计算虚拟资源池中进行统一管理。同时,"云"能够兼容不同硬件厂商的产品,兼容低配置机器和外设而获得高性能计算。

(6) 高可靠性。虚拟化技术使得用户的应用和计算分布在不同的物理服务器上面,即使单点服务器崩溃,仍然可以通过动态扩展功能部署新的服务器作为资源和计算能力添加进来,保证应用和计算的正常运转。

(7) 高性价比。云计算采用虚拟化资源池的方法管理所有资源,对物理资源的要求较低,可以使用廉价的计算机组成云,而计算性能却可超过大型主机。

4. 云计算的技术支撑

众所周知,IT 技术是指计算机技术、通信技术和网络技术的融合。云计算在现有的 IT 基础上又整合了传统的技术。

(1) 摩尔定律。随着摩尔定律持续推动整个硬件产业的发展,CPU 芯片、内存、硬盘等 I/O 设备在性能和容量上都有非常大的提升。摩尔定律也为云计算提供了充足的"动力"。

(2) 网络设施。由于网络带宽的不断提高,人们已经从应用传统的通信手段转到了依靠计算机网络的访问和服务,这样也为云计算的发展和应用提供了广阔的市场。

(3) Web 技术。Web 是一种典型的分布式应用结构。Web 应用中的每一次信息交换都要涉及客户端和服务器端。因此,Web 开发技术大体上也可以被分为客户端技术和服务器端技术两大类。

① Web 客户端技术。Web 客户端的主要任务是响应用户操作,展现信息内容。Web 客户端设计技术主要包括 HTML 语言、Java Applets、脚本程序、CSS、DHTML、插件技术以及 VRML 技术。

② Web 服务器端技术。与 Web 客户端技术从静态向动态的演进过程类似,Web 服务器端的开发技术也是由静态向动态逐渐发展、完善起来的。Web 服务器技术主要包括服务器、CGI、PHP、ASP、ASP.NET、Servlet 和 JSP 技术。

(4) 系统虚拟化。其核心思想是使用虚拟化软件在一台物理机上虚拟出一台或多台虚拟机。虚拟机是指使用系统虚拟化技术,运行在一个隔离环境中、具有完整硬件功能的逻辑计算机系统,包括客户操作系统和其中的应用程序。

(5) 移动设备。

5. 云计算基础架构

这类云计算提供底层的技术平台以及核心的云服务，是最为全面的云计算服务。Amazon、Google 等推出的云计算服务可以归于这类。这种云计算服务形态将支撑起整个互联网的虚拟中心，使其能够将内存、I/O 设备、存储和计算能力集中起来成为一个虚拟的资源池为整个网络提供服务。

根据云计算提供的服务不同，通常把云计算架构分为云计算基础架构、云计算平台服务架构、云计算软件服务架构和云计算 API 架构，如图 9-2 所示。

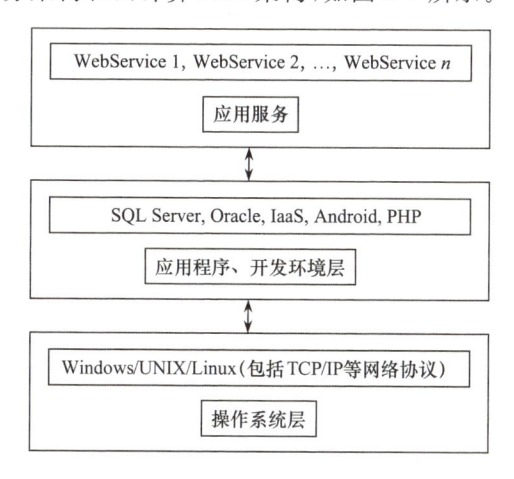

图 9-2 云计算实验平台结构示意图

(1) 云计算平台服务。这种形式的云计算也被称为平台服务 PaaS(Platform as a Service)，它将开发环境作为服务来提供。这种形式的云计算可以使用供应商的基础架构来开发自己的程序，然后通过网络从供应商的服务器上传递给用户。典型的实例比如 Salesforce.com 的 Force tom 开发平台。

(2) 云计算软件服务。这种类型的云计算称为软件即服务 SaaS，它通过浏览器把程序传给用户。从用户的角度来看，这样会省去在服务器和软件上受干预的开支；从供应商的角度看，这样只需要维持一个程序就够了，减少了维护成本。Salesforce.com 是迄今为止这类服务最为有名的公司。SaaS 在 CRM、ERP 中比较常用，Google Apps 和 Zoho Office 也提供类似的服务。

(3) 云计算 API。这类服务供应商提供 API(Application Programming Interface)让开发者能够开发更多基于互联网的应用，帮助开发商拓展功能和服务，而不是只提供成熟的应用软件，他们的服务范围提供从分散的商业服务到 Google Maps 等的全套 API 服务。这与软件即服务有着密切的关系。

(4) 云计算互动平台。该类云计算为用户和供应商之间的互动提供了一个平台。例如，RightScale 利用 Amazon EC2 网络计算服务和 S3 网络存储服务的 API 提供一个操作面板和 AWS(Amazon Web Services) 前端托管服务。

6. 几个典型的云计算平台

(1) 亚马逊的亚马逊网络服务(AWS)。包括简单存储服务，弹性计算云，简单排列服务和简单数据库。即：通过网络访问的存储、计算机处理、信息排队和数据库管理系统接入服务。

（2）Google（谷歌）的分布式文件系统、分布式计算模型、分布式存储系统。它是"云"的基础架构。其规模是大约由 100 万台计廉价的服务器组成的网络。

（3）IBM 的"蓝云"基于 Almaden 研究中心的云基础架构而来，包括 Xen 和 PowerVM 虚拟化、Linux 操作系统映像以及 Hadoop 文件系统与并行构建。"蓝云"由 Tivoli 软件支持，通过管理服务器来确保基于需求的最佳性能，包括能够跨越多服务器实时分配资源的软件，为客户带来一种无缝体验，加速性能并确保系统在最苛刻环境下的稳定性。

（4）Sun 公司的"黑盒子"计划。Sun 公司推出一款包装在便于堆放的集装箱中的工作数据中心，从而真正实现可搬运的计算机系统的特性。它可以将各种计算机硬件以及必要的供电和冷却设备全部装到一个 20 英尺长、8 英尺宽、8 英尺高的标准集装箱中。

另外，还有 Salesforce、Oracle、EMC 等公司加入进来。但是每种平台都有其优点和局限性。

目前，云计算还没有一个统一的标准，虽然一些平台已经为很多用户使用，但是云计算在私有权、数据安全、IT 业标准、厂商锁定和高性能应用软件方面也面临各种问题，这些问题需要技术的进一步发展。

9.2　云计算的关键技术

按需部署是云计算的核心。要解决好按需部署，必须解决好资源的动态重构、监控和自动化部署等，而这些又需要以虚拟化技术、高性能存储技术、处理器技术、高速互联网技术为基础。所以除了需要仔细研究云计算体系结构外，还要特别注意研究资源的动态可重构、自动化部署、资源监控、虚拟化技术、高性能存储技术、处理器技术等。

本节简要探讨云计算的体系结构和部分关键技术。

1. 体系结构

为了有效支持云计算，平台的体系结构必须支持几个关键特征。首先，这些系统必须是自治的，也就是说，它们需要内嵌自动化技术，减轻或消除人工部署和管理任务的负担，而允许平台自己智能地响应应用的要求。其次，云计算架构必须是敏捷的，能够对需求信号或变化的一组负载做出迅速反应。换句话说，内嵌的虚拟化技术和集群化技术，能应付增长或服务级要求的快速变化。

云计算平台的体系结构如图 9-3 所示。

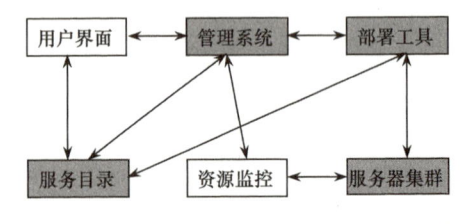

图 9-3　云计算平台体系结构示意图

(1)用户界面。"云"用户请求服务的交互界面。
(2)服务目录。用户可选择的服务列表。
(3)管理系统。用来管理可用计算资源和服务。
(4)部署工具。根据用户请求智能地部署资源和应用、动态地部署、配置和回收资源。
(5)监控。监控云系统资源的使用情况,以便迅速做出反应。
(6)服务器集群。虚拟的或者物理的服务器,由管理系统管理。

2. 自动化部署

自动化部署是指通过自动安装和部署,将计算资源从原始状态变为可用状态。在云计算中体现为将虚拟资源池中的资源划分、安装和部署成可以为用户提供各种服务和应用的过程。这里的资源包括硬件资源(服务器)、软件资源(用户需要的软件和配置),还有网络资源和存储资源。

系统资源的部署需要多个步骤,自动化部署通过调用脚本,实现不同厂商设备管理工具的自动配置、应用软件的部署和配置,确保这些调用过程可以以静默的方式实现,免除了大量的人机交互,使得部署过程不再依赖于现场人工操作。整个部署过程基于工作流来实现,如图9-4所示。其中,工作流引擎在数据模型中,管理工具可以标识并在工作流中调度这些资源,实现分类管理。工作流引擎用于调用和触发工作流,实现部署的自动化的核心机制,自动将不同种类的脚本流程整合在一个集中、可重复使用的工作流数据库中。这些工作流可以自动完成原来需要人工完成的服务器、操作系统、中间件、应用程序、存储器和网络设备的供应和配置任务。

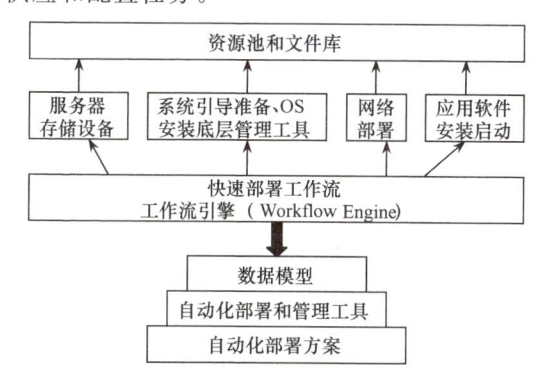

图 9-4 云计算平台的自动化部署结构

3. 资源监控

"云"通常具有大量服务器,并且资源是动态变化的,需要及时、准确、动态的资源信息。资源监控可以为"云"对资源的动态部署提供依据,并有效地监控资源的使用和负载情况。资源监控是实现"云"资源管理的一个重要环节。它可提供对系统资源的实时监控,并为其他子系统提供系统性能信息,以便更好地完成系统资源的分配。

云计算通过一个监视服务器监控和管理计算机资源池中的所有资源。通过在云中的各个服务器上部署 Agent 代理程序,配置并监控各种资源服务器,定期将资源使用信息数据传送至数据仓库。监视服务器类数据仓库中的"云"资源使用数据进行分析,跟踪资源可用性和性能,并为问题故障的排除和资源的均衡提供信息。

9.3　云计算安全管理平台简介

在云计算应用中,最受关注的是云计算的安全管理。那么,应该从哪些方面加强云计算的安全呢?下面以 H3C SeeCenter* 为例,说明其安全管理平台的主要功能。

H3C SeeCenter 是功能强大的安全管理中心,它采用先进的 SOA 开放架构,包括了 Firewall Manager、UTM Manager、IPS Manager、ACG Manager 和 FW Manager 等组合部件,如图 9-5 所示。各功能模块有机地融合在统一的 Web 操作门户下,实现对云计算网络中各类安全设备的集中管理,这就是智能、开放的个人安全管理平台。

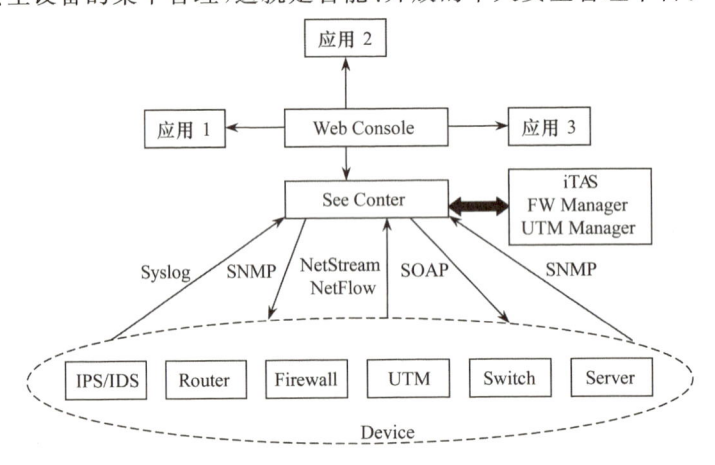

图 9-5　H3C SeeCenter 平台系统结构

SeeCenter 能够利用多种协议集中采集网络中安全设备的各种事件及流量信息,包括 Syslog、NetStream/NetFlow、SNMP 等,实时监控、分析设备状态和安全状况,还提供集中分析与审计平台。同时,H3C SeeCenter 能够直接对各安全设备进行集中的控制和策略部署,集中管理虚拟环境中的安全策略,提供集中策略部署平台。为适应云安全管理对开放的需求,SeeCenter 还支持通过适配方式为第三方管理平台提供开放窗口。

1. 统一的虚拟化资源管理

H3C SeeCenter 能够管理 H3C 防火墙、UTM、IPS、ACG 等在内的各种安全设备,实现网络资源的集中化管理。用户可以根据实际情况划分区域,并将虚拟设备划分为不同的虚拟设备组,同时提供灵活的权限管理,允许不同用户管理不同的虚拟化安全设备,满足对虚拟化资源的分级权限管理需求。

2. 集中的事件监控和分析

(1) 实时监控与统合分析

H3C SeeCenter 基于虚拟化资源,不仅仅针对基于设备进行事件采集和统计分析,还

---

* H3C SeeCenter 是业界管理功能最强大的软、硬件一体化安全管理中心,能对各类网络、安全产品进行统一管理,提供超过 1000 种网络安全状况与政策符合性审计报告。

H3C SeeCenter 基于先进的深度挖掘及分析技术,集安全事件收集、分析、响应等功能为一体,解决了网络与安全设备相互孤立、网络安全状况不直观、安全事件响应慢、网络故障定位困难等问题,使 IT 及安全管理员脱离繁琐的管理工作,极大地提高了工作效率,使管理员能够集中精力关注核心业务。

能够以基于设备＋虚拟ID的方式,提供对整个网络安全事件的实时监控,形成一个完整的事件快照,从而为用户提供当前网络安全事件的概览信息,帮助管理员直观地了解到最新安全状况。通过实时监控窗口,用户可监控正在发生的紧急安全事件,轻松了解突发事件,快速纠正危险,保障网络安全。

H3C SeeCenter 能够对全网范围内的安全事件进行集中统计分析,并提供各种直观、详细的报告。在全景式的分析报告中,客户可以轻松地看到整个网络过去的安全状况和未来的安全趋势。

综合分析和统计报告是评估网络安全状况的有力手段,H3C SeeCenter 能够满足用户的安全报告需求,提供完善的综合分析和丰富的统计报告,可即时寻找出目前环境的攻击来源、目标等。提供基于天、周、月及特定时间段内的趋势分析,从而得知 TopN 的攻击状态和趋势等全面数据,有效帮助用户了解需要重点关注的网络攻击、病毒情况,发现各种安全风险,以便提早防范。

(2) 细致的事件及内容审计

H3C SeeCenter 提供强有力的审计能力,能够从历史数据中快速查找到相关的安全事件信息。通过深入的数据查询,对具体的安全事件深入分析,能够一步一步追踪,剥茧抽丝,最终发现安全事件攻击来源及根本原因。通过这种深入查询能力,能够解决多种问题。

H3C SeeCenter 同时能够监测网络中的应用情况,对用户在网络中的各种应用行为(包括 Web 浏览、电子邮件收发、文件传输、通信、网络游戏)进行监测、分析和审计,从而有效控制和审计使用网络访问非法网站、进行非法操作、发送非法或泄密邮件、散布非法或泄密言论等行为。H3C SeeCenter 还能够统计每个用户的业务使用趋势和分布,详细记录用户的 URL、E-mail、FTP、NAT 使用记录,便于事后审计和追踪等。

通过对各种安全事件的深入分析和总结,用户能够最直接地了解攻击行为和活动,并有针对性地部署安全策略。

3. 集中的策略管理和安全策略自动迁移

如果管理员在面对众多的网络安全设备进行策略配置时,一次仅能维护一件设备,要维护全部设备将是非常耗费资源的一件事,同时也会因策略比较连贯而增加系统产生误差的可能性。H3C SeeCenter 可以通过单一的管理控制台对整个网络安全设备进行集中管理和配置,为分布在各地的多个虚拟设备部署安全策略,这样可以减少管理费用、减少误差,确保网络的持续安全。图 9-6 所示为安全策略迁移示意图。

当云计算环境内的虚拟机迁移时,H3C SeeCenter 能够即时感应到虚拟机迁移状况,从虚拟机管理系统中获取虚拟机迁移前后的各种信息(包括虚拟机迁移前所在物理主机以及迁移后物理主机位置以及 IP 地址等信息),H3C SeeCenter 通过自行维护的防火墙与物理主机对应有关系表,获取迁移后物理主机所在的防火墙,然后自动匹配虚拟机原有安全策略,将原策略重新部署到新的防火墙中,实现安全策略的自动迁移,这样就可以确保云计算环境中多种安全设备的安全策略的一致性,收到了快速部署、保障网络安全的效果。

从图 9-6 中可以看出,迁移前:Server1 的 VM1 属于 VLAN 10;对应的 DC1 的 FW1 上的 VFW ID=10。

迁移后:VLAN 10 属性不变;IP 地址/MAC 地址不变,仍为 DC2;FW1 上,配置 VLAN 10 也对应 VFW 10。

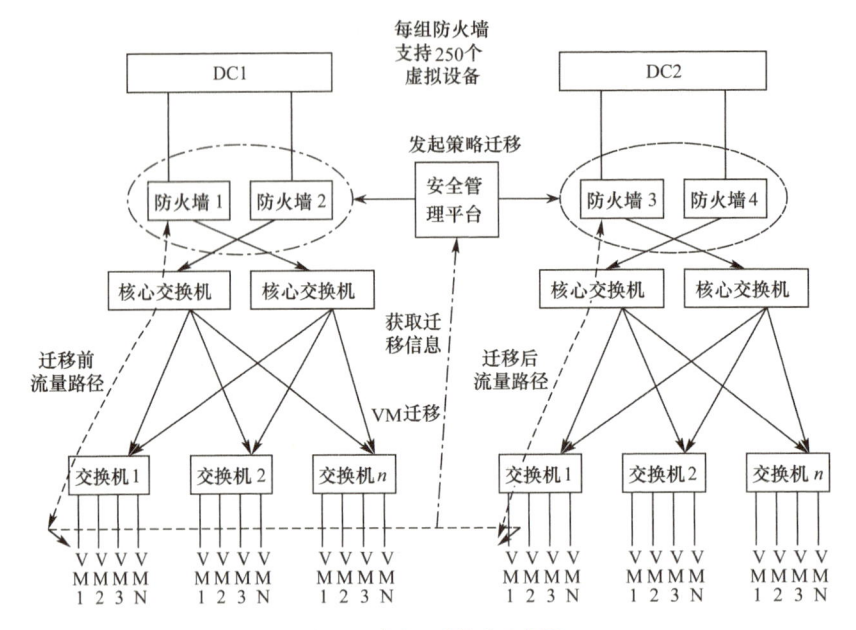

图 9-6 安全迁移策略示意图

4. 开放的接口

在更大规模的复杂的网络中(包括更多厂商,更多类型设备),通常需要一个综合的安全管理平台来实现对多厂商设备的统一管理,如图 9-7 所示。在这种情况下,SeeCenter 能够通过定制化手段,以 Agent 或适配层的方式,提供开放的 API 接口。通过这些 API 接口,SeeCenter 支持按照管理平台的要求进行相应的日志格式转换并实时上报,以利于上层管理平台的分析处理,实现整个网络安全事件的统一分析;SeeCenter 也支持上层的安全策略管理平台调用策略部署的接口,实现对全网安全设备的统一策略部署。

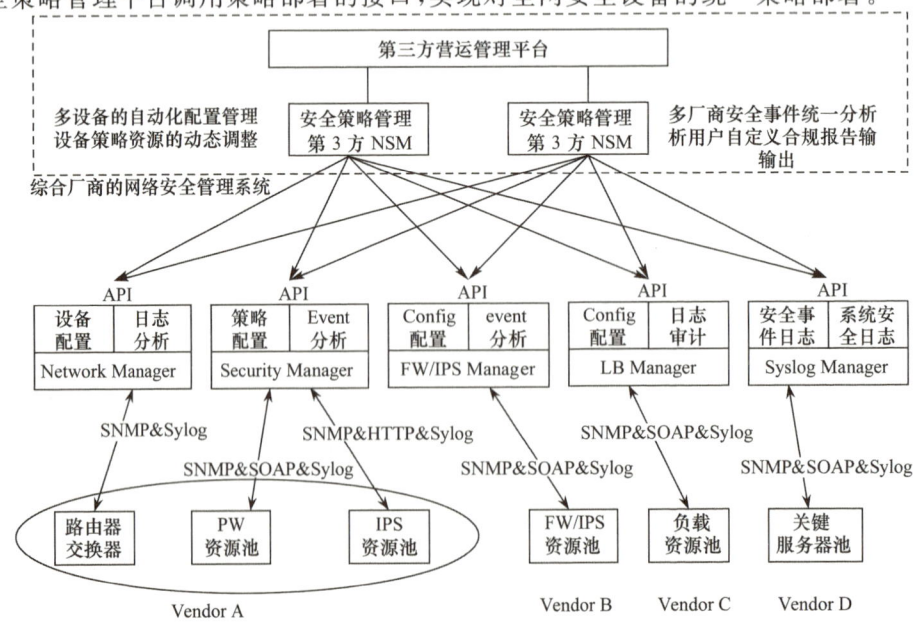

图 9-7 一个综合的安全管理平台

参 考 文 献

[1] 王秀平.Linux系统管理与维护[M].北京:北京大学出版社,2016.

[2] 杨云,唐柱斌.Linux操作系统及应用[M].4版.大连:大连理工大学出版社,2017.

[3] 夏笠芹.Linux网络操作系统配置与管理[M].3版.大连:大连理工大学出版社,2018.

[4] 杨云,王秀梅,孙凤杰.Linux网络操作系统及应用教程[M].北京:人民邮电出版社,2016.

[5] 冯裕忠,方智,周舸.计算机操作系统[M].北京:人民邮电出版社,2013.

[6] (美)西尔伯查茨,(美)高尔文,(美)加根.操作系统概念[M].7版.郑扣根,译.北京:高等教育出版社,2010.

[7] 邹恒明.操作系统之哲学原理[M].北京:机械工业出版社,2009.

[8] 张兆信,赵永葆,赵尔丹,等.计算机网络安全与应用技术[M].北京:机械工业出版社,2015.

[9] 汤子瀛.计算机操作系统[M].西安:西安电子科技大学出版社,2000.

[10] 汤小丹,梁红兵,哲凤屏,等.计算机操作系统[M].西安:西安电子科技大学出版社,2015.

[11] 李俊杰,石慧,谢志明,等.云计算和大数据技术实战[M].北京:人民邮电出版社,2015.